Galyna L. Myronchuk
Myron Ya. Rudysh

# Caraterísticas Optoelectrónicas e Ópticas Não Lineares de Calcogenetos Complexos

Galyna L. Myronchuk
Myron Ya. Rudysh

# Caraterísticas Optoelectrónicas e Ópticas Não Lineares de Calcogenetos Complexos

**Imprint**

Any brand names and product names mentioned in this book are subject to trademark, brand or patent protection and are trademarks or registered trademarks of their respective holders. The use of brand names, product names, common names, trade names, product descriptions etc. even without a particular marking in this work is in no way to be construed to mean that such names may be regarded as unrestricted in respect of trademark and brand protection legislation and could thus be used by anyone.

Cover image: www.ingimage.com

This book is a translation from the original published under ISBN 978-620-8-01203-8.

Publisher:
Sciencia Scripts
is a trademark of
Dodo Books Indian Ocean Ltd. and OmniScriptum S.R.L publishing group

120 High Road, East Finchley, London, N2 9ED, United Kingdom
Str. Armeneasca 28/1, office 1, Chisinau MD-2012, Republic of Moldova, Europe
Printed at: see last page
**ISBN: 978-620-8-12926-2**

G. L. Myronchuk, M. Ya. Rudysh, I. V. Kityk, M. Piasecki, A.
O. Fedorchuk, K. Ozga, P. Rakus, J. Jedryka

# Caraterísticas Optoelectrónicas e Ópticas Não Lineares de Calcogenetos Complexos

# Sistemas Ag-Ga(In)-Si(Ge)-S(Se)

## Monografia

2024

# Conteúdo

# Lista de abreviaturas

**AOM** – acousto-optic modulator
**B3LYP** – three-parameter Becke, Lee-Yang-Parr (functional etc.)
**BZ** – Brillouin zone
**CBM** – bottom of the conduction band
**DFT** – density functional theory
**DOS** – density of states
**EPMA** – electronic probe microanalysis
**EVGGA** – Engel-Vosko generalized gradient approximation
**FTIR** – Fourier-transform infrared spectroscopy
**GGA** – generalized gradient approximation
**IR** – infrared (spectra etc.)
**LDA** – local density approximation
**LNO** – lithium niobate crystal
**mBJ** – modified Becke-Johnson (potential etc.)
**NLO** – nonlinear optics
**OAP** – optical attenuation spectrum of the inherent photoconductivity
**SEM** – scanning electron microscope
**SHG** – second harmonic generation
**TPA** – two-photon absorption
**VBM** – top of the valence band
**VWN** – Vosko-Wilk-Nuser (local density approximation etc.)

## Introdução

Alguns problemas fundamentais e aplicados importantes, como a modulação da luz laser, a comutação ótica, as telecomunicações, a deteção remota, a monitorização espetral, etc., numa vasta gama espetral, incluindo o infravermelho, exigem a síntese de novos materiais sensíveis ao tratamento com luz laser. Simultaneamente, devem alterar as suas constantes ópticas sob a influência da irradiação laser. Esta abordagem é utilizada na conceção de sistemas modernos operados por laser para variar o comprimento de onda, a fase e a potência. Embora a tecnologia para comprimentos de onda laser variáveis tenha sido desenvolvida há décadas, as gamas espectrais de comprimentos de onda coerentes disponíveis comercialmente com eficiência suficiente são ainda limitadas por parâmetros tecnológicos relativamente baixos. Isto é especialmente importante para a banda do infravermelho (IR). Uma das formas mais prometedoras de resolver este problema é a transformação coerente paramétrica da frequência de radiação através de métodos de ótica não linear.

Recentemente, foi sintetizado um grande número de materiais ópticos não lineares para o infravermelho, que já são amplamente utilizados para a transformação paramétrica coerente de frequências na gama do visível e do infravermelho próximo. O principal requisito para a aplicação é a alteração máxima das funções ópticas sob irradiação laser, que pode ser controlada por irradiação laser externa. Simultaneamente, os cristais ópticos não-lineares para aplicação prática em dispositivos de eletrónica quântica devem possuir um coeficiente relativamente elevado de suscetibilidade ótica não-linear de segunda ordem, uma ampla janela de transparência espetral, uma correspondência de fase adequada (sincronização de fase) e uma elevada estabilidade foto-térmica.

Nas últimas décadas, os cristais ópticos não lineares de sais e óxidos metálicos têm sido amplamente aplicados para estes objectivos. Entre eles: $KTiOPO_4$ (KTP), $KH_2 PO_4$ (KDP), $LiNbO_3$ (LNO), $BaB\ O_{24}$, e $LiB\ O_{35}$ (LBO), que satisfazem os requisitos práticos nas gamas espectrais do ultravioleta e do visível. No entanto, não são eficazes na região espetral do infravermelho médio devido à absorção eletrónica fundamental dos óxidos na região do infravermelho (com comprimentos de onda superiores a 2,5 µm). Uma vez que esta é a gama de ressonâncias moleculares de várias moléculas orgânicas e inorgânicas poluentes, é essencial para a monitorização ambiental e a deteção remota utilizada em lidares de infravermelhos.

Os cristais ópticos não lineares orgânicos têm uma suscetibilidade ótica não linear de segunda ordem gigante, mas a sua estabilidade a uma forte irradiação laser é relativamente baixa devido à destruição foto-térmica. Além disso, estes cristais sofrem uma degradação foto-térmica a temperaturas superiores a 300 K, sendo frequentemente solúveis em água.

Outra variedade de cristais ópticos não lineares promissores são os halogenetos, uma vez que, regra geral, têm um intervalo de banda relativamente grande (proporcionando uma elevada resistência à destruição foto-térmica do laser) e são transparentes na gama espetral do infravermelho. No entanto, o maior intervalo de banda, que se deve à forte componente iónica da ligação química nos halogenetos, é geralmente desfavorável à obtenção de elevadas eficiências de suscetibilidade não linear de segunda ordem.

Atualmente, os fosforetos são muito promissores devido ao seu coeficiente de suscetibilidade ótica não linear relativamente grande e à birrefringência moderada. Entre eles, parecem ser muito promissores os cristais $ZnGeP_2$ ($d_{33}$ = 75 pm/V) com transparência espetral na gama de comprimentos de onda de 0,74 a 12 μm. Substituindo os átomos de Zn e Ge no $ZnGeP_2$ por átomos de Cd e Si, obteve-se outro cristal ótico não linear eficaz, nomeadamente o $CdSiP_2$. O valor da suscetibilidade ótica não linear $d_{33}$ neste cristal é de 84,5 pm/V, que é superior ao do $ZnGeP_2$. Mas o $CdSiP_2$ é transparente apenas na gama espetral até 9 μm. Assim, não cobrem completamente a segunda janela de transparência (8-12 μm). O material é também difícil de fabricar porque os recipientes, como os cadinhos de quartzo, explodem frequentemente durante o processo de crescimento dos cristais de $CdSiP_2$.

Consequentemente, os cristais de calcogenetos tornaram-se recentemente os mais promissores entre outros materiais cristalinos para aplicações na gama espetral, porque têm valores extremamente elevados de anarmonicidade fónica que contribuem para os efeitos ópticos estimulados por laser. A anisotropia considerável, as amplas janelas de transparência espetral e a polarização significativamente mais elevada dos átomos de calcogénio em relação ao oxigénio tornam os calcogenetos mais preferíveis para estas aplicações.

Materiais calcogenetos cristalinos (predominantemente cristais) como $AgGaS_2$ e $AgGaSe_2$ estão disponíveis comercialmente para a gama espetral do infravermelho. São amplamente utilizados como filtros de interferência ótica no infravermelho de banda estreita para transformar a radiação laser $CO_2$ na região do visível e do infravermelho próximo. No entanto, estes cristais têm algumas desvantagens: dificuldades tecnológicas de fabrico de monocristais de alta qualidade que afectam os custos da sua produção, e têm limiares laser ainda relativamente baixos.

Os monocristais $AgGaGeS_4$ e $AgGaGe_3Se_8$ são análogos electrónicos de $AgGaS_2$ e $AgGaSe_2$ . Foram descobertos durante a melhoria dos parâmetros ópticos e fotoeléctricos não lineares das fases ternárias através da adição de dicalcogenetos de germânio. Além disso, estes compostos quaternários têm um grande número de defeitos intrínsecos que, por um lado, contribuem para as propriedades optoelectrónicas operadas por laser, enquanto que, por outro lado, conduzem a efeitos foto-térmicos indesejáveis que restringem as suas aplicações devido à destruição térmica.

O principal fator que impede o desenvolvimento de conversores de frequência paramétricos é a falta de cristais ópticos não lineares que sejam transparentes na gama do visível, do infravermelho próximo e do infravermelho médio, satisfazendo simultaneamente os requisitos dos materiais ópticos não lineares. Por isso, continua o estudo de novos materiais com propriedades potenciais para trabalhar na gama do infravermelho. A alteração da composição química dos cristais de calcogenetos permite variar as suas propriedades físicas numa ampla gama espetral. Este facto favorece a continuação dos estudos dos compostos.

# Capítulo 1
# Panorâmica dos principais cristais de calcogenetos para aplicações optoelectrónicas e ópticas não lineares

**I. V. Kityk, M. Piasecki, G. L. Myronchuk**

## 1.1. Caraterísticas físico-químicas gerais dos cristais de calcogenetos para aplicações ópticas não lineares e optoelectrónicas

Há meio século (no início dos anos 60), quase imediatamente após a invenção do laser, Peter Franken observou pela primeira vez sinais ópticos de geração de segundo harmónico (SHG) em quartzo cristalino $SiO_2$ [1]. O sinal possuía uma frequência dupla coerente. Este foi um efeito ótico não linear básico em que as constantes ópticas dependem da densidade de potência fundamental do laser. Desde então, os materiais que apresentam grandes coeficientes ópticos não lineares (NLO) suscitam um interesse crescente devido à sua utilização generalizada nas tecnologias laser, na fotónica e na eletrónica quântica, devido à geração de radiação coerente na gama espetral do infravermelho (IV), à conceção de osciladores paramétricos ópticos e de dispositivos analíticos, moduladores de luz, deflectores e disparadores, elementos de memória ótica, etc. Simultaneamente, estes dispositivos na gama espetral do infravermelho são utilizados para detetar vários produtos químicos, tanto elementos como compostos com determinados espectros de vibração. Os dispositivos paramétricos ópticos são utilizados na monitorização ambiental de poluentes atmosféricos ($CH_4$ , $N_2 O$, $NO_2$ , $SO_2$ , $NH_3$ e $C H_{22}$ ) (lidars ópticos), bem como na análise do ar, no diagnóstico de $NO_2$ $(CH )_{32}$ $CO$ e $C H_{24}$ na prática médica, e em muitas outras áreas [2-4]. Estes dispositivos são tradicionalmente designados por lidars de infravermelhos.

A gama espetral de 2,5-25 µm (ou 400-4000 $cm^{-1}$ , e 12-120 THz) é de particular importância, uma vez que inclui janelas transparentes de elevada transparência atmosférica e áreas exteriores com forte absorção de vapor de água. A janela atmosférica entre 3-5 µm (2000-3300 $cm^{-1}$ ) é especialmente importante, uma vez que contém as bandas de absorção mais fortes dos hidrocarbonetos dos hidratos de carbono (Fig. 1-1).

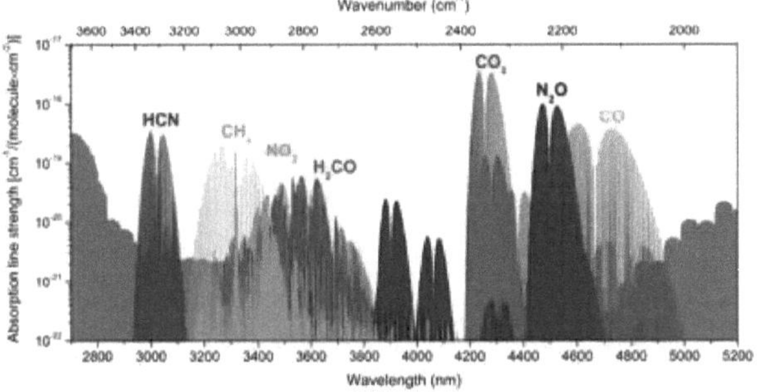


Fig.1-1. Espectros de absorção de alguns gases na janela atmosférica de 3-5 μm [4]

Os materiais ópticos não lineares de calcogenetos são importantes para expandir a região espetral para a gama do infravermelho médio. São materiais de utilização binária e são efetivamente utilizados tanto em dispositivos civis como militares. Por exemplo, os cristais de calcogenetos NLO podem ser utilizados para fabricar um novo tipo de sensores de vários poluentes atmosféricos para a monitorização ambiental da atmosfera a distâncias até 10 km [5, 6]. O principal objetivo do seu desenvolvimento é a deteção e identificação remota de fontes de infeção. Normalmente muito eficazes para estes objectivos são os lidars de infravermelhos baseados na absorção molecular selectiva da radiação ótica [4] por moléculas específicas. Em atmosfera pura, onde não existem centros de absorção, quando reflectidos a partir de objectos topográficos, os impulsos laser são absorvidos de forma igual. Mas quando um dos impulsos laser atinge uma impureza da matriz, a resposta é diminuída mais fortemente do que numa atmosfera pura. O processamento moderno de sinais permite identificar a impureza se forem conhecidos os coeficientes de absorção em comprimentos de onda de referência. Este permite mesmo avaliar a concentração das impurezas detectadas em função da diminuição da intensidade do sinal. As tecnologias IR lidar utilizam lasers moleculares de $CO_2$ que geram radiação laser coerente na gama espetral de 9,4 μm ... 10,6 μm com duração do impulso laser de vários microssegundos. No entanto, muitas pequenas moléculas orgânicas e inorgânicas têm bandas de absorção com ressonâncias espectrais fora desta gama espetral. Utilizando monocristais de calcogenetos como elementos de controlo da luz e moduladores coerentes do comprimento de onda, podemos variar os comprimentos de onda do laser de saída e aumentar a gama espetral de ressonâncias moleculares para as moléculas estudadas. Em particular, este método abre uma oportunidade para monitorizar toda uma gama de substâncias orgânicas venenosas que têm bandas de absorção na região do infravermelho.

O funcionamento eficiente dos conversores paramétricos ópticos exige a utilização de cristais NLO para produzir luz coerente a frequências em que os comprimentos de onda fundamentais do laser são fracos ou não estão disponíveis. Em geral, os cristais NLO para a região do infravermelho médio a utilizar na prática devem satisfazer os seguintes requisitos [7-10]:

1) ampla região de transparência espetral na gama do infravermelho médio, incluindo duas importantes janelas atmosféricas - de 3 a 5 $\mu$m e de 8 a 12 $\mu$m;

2) O coeficiente de suscetibilidade não linear de segunda ordem deve ser pelo menos 10 vezes superior ao do KDP ($d_{36} \sim 0,39$ pm/V) ou, no melhor dos casos, melhor do que o do AgGaS$_2$ *($d_{36} \sim 13$ pm/V)*;

3) limiar de dano laser relativamente elevado, que depende da energia do intervalo de banda. Para um bom material na região do infravermelho médio, o intervalo de banda deve ser de ~2-3 eV;

4) birrefringência moderada ($\Delta$ n $\sim$ 0,03-0,10; a birrefringência é a diferença máxima dos índices de refração que dependem da polarização e da direção de propagação da luz) para alcançar as condições de correspondência de fase durante o processo de conversão de frequência. Nos cristais NLO incompatíveis com a fase, os segundos harmónicos de camadas sucessivas, definidos pelo comprimento coerente, têm fases opostas, o que pode levar à diminuição ou mesmo ao desaparecimento do SHG resultante;

5) boa estabilidade química e mecânica.

A principal tarefa neste domínio é a procura de compostos que satisfaçam simultaneamente todos os requisitos de materiais ópticos não lineares eficazes. Por conseguinte, a procura de novos cristais NLO, especialmente para as regiões espectrais do infravermelho (IV), é atualmente muito intensa [2-11].

Uma maior eficiência SHG exige uma maior densidade de potência no comprimento de onda fundamental do laser. Por conseguinte, é necessário sublinhar que os cristais NLO possuem um limiar de dano laser mais elevado. É sabido que o limiar de dano do laser está intimamente relacionado com a energia do intervalo de banda do cristal, principalmente devido aos efeitos da absorção de dois fotões e de múltiplos fotões. O aumento do intervalo de banda favorece, regra geral, um limiar de dano laser mais elevado. Deve sublinhar-se que, em geral, o aumento da energia do intervalo de banda conduz a uma diminuição dos coeficientes NLO, pelo que, ao desenvolver novos materiais NLO, é necessário alcançar um certo compromisso entre $d_{eff}$ e $E_g$ [12].

Os materiais NLO mais promissores são os cristais de calcogenetos [8]. As ligações interatómicas nos compostos de calcogenetos são mais fracas do que nos óxidos, o que leva a um desvio espetral para o vermelho da gama de transparência [13]. Os óxidos são transparentes apenas até 3-5 µm, enquanto que nos sulfuretos, selenetos e teluretos a gama de transparência é espectralmente deslocada até comprimentos de onda de 11, 15 e 20 µm, respetivamente. Ao mesmo tempo, os átomos de calcogénio são muito mais polarizados do que o oxigénio, o que conduz a intervalos de banda mais baixos e a um aumento da suscetibilidade não linear de segunda ordem.

Uma revisão efectuada por Kui Wu e Shile Pan [12] concentra-se apenas em 49 calcogenetos que satisfazem as condições de equilíbrio entre a energia do intervalo de banda e os coeficientes ópticos não lineares ($d_{ij} \geq$ 0,5 × AgGaS$_2$ ). Entre eles, 10 são calcogenetos ternários e 29 quaternários. A maioria destes compostos são sulfuretos metálicos (85,7%), mais de metade cristalizam em grupos de simetria espacial ortorrômbicos (36,7%) e tetragonais (24,5%). Os catiões desejados na estrutura cristalina são maioritariamente metais alcalinos e alcalino-terrosos (83,7%). Estes últimos actuam por $E_g$ dos materiais NLO de infravermelhos. Os grupos aniónicos actuam geralmente como "unidades NLO activas" e dão contribuições predominantes para o SHG.

Com base na análise efectuada nas ref. [8, 9], podem ser tiradas as seguintes conclusões:

1) Ao contrário dos óxidos, os calcogenetos metálicos têm uma gama espetral de transparência mais ampla que abrange a região do infravermelho médio;

2) o átomo de calcogénio torna-se mais polarizado na série S$\rightarrow$ Se$\rightarrow$ Te. Como resultado, a energia do intervalo de banda é geralmente reduzida e a magnitude dos efeitos ópticos não lineares e da birrefringência aumenta;

3) a adição de elementos de terras raras reduz significativamente a

energia do intervalo de banda, mas esta favorece a procura de novos materiais funcionais, tais como materiais luminescentes e magnéticos;

4) a adição de elementos halogéneos (especialmente aniões de cloro) aumenta a energia do intervalo de banda dos materiais calcogenetos. No entanto, os benefícios dos compostos de calcogenetos (coeficientes NLO mais elevados) são suportados. Por conseguinte, esta é uma direção muito promissora para o desenvolvimento de novos materiais NLO que funcionem na região do infravermelho médio.

Para o futuro desenvolvimento de materiais NLO de infravermelhos eficazes, os investigadores devem concentrar-se no estudo da relação entre a estrutura e as propriedades do meio NLO de infravermelhos. Sem dúvida, a clarificação desta relação pode acelerar grandemente a procura de materiais NLO eficazes.

## 1.2. Parâmetros ópticos lineares e não lineares dos calcogenetos ternários

Os cristais ópticos não lineares podem melhorar significativamente as caraterísticas básicas dos lasers, variando o seu comprimento de onda numa gama espetral mais vasta. Por exemplo, os cristais NLO de infravermelhos permitem a transformação coerente dos comprimentos de onda do infravermelho próximo (por exemplo, 1,064 $\mu$m do laser Nd:YAG) para a gama espetral do infravermelho médio e a transformação dos comprimentos de onda do infravermelho distante (por exemplo, 10,6 $\mu$m do laser $CO_2$) para a região do infravermelho médio (de 2 $\mu$m a 5 $\mu$m), por conversão coerente de frequências. A maior parte dos cristais NLO infravermelhos utilizados no processo de conversão de frequências pertencem à estrutura da calcopirite, por exemplo, as famílias $AgGaX_2$, $LiGaX_2$ (M = S, Se e Te) e $ZnGeX_2$ (X = P e As), porque têm coeficientes NLO mais elevados ($d_{ij}$), uma gama espetral de transparência mais ampla (0,5-17 $\mu$m), bem como uma birrefringência moderada (0,05-0,09). Na revisão de Omer e Pandey [14] são apresentadas diferentes propriedades para diferentes semicondutores NLO de infravermelhos. A Tabela 1-1 apresenta os principais parâmetros dos cristais de calcogenetos ternários mais promissores.

Tabela 1-1. Alguns parâmetros dos cristais NLO infravermelhos ternários

| Cristal | Janela espetral de transparência, μm | $E_g$, eV | Coeficiente não linear @ comprimento de onda, μm | Limiar de dano por laser, MW/cm$^2$ (impulso, comprimento de onda) |
|---|---|---|---|---|
| AgGaSe$_2$ | 0.76-18 | 1.8 | $d_{36} = 39.5@10.6$ | 13 (30 ns@2000 nm) |
| ZnGeP$_2$ | 0.74-12 | 2 | $d_{36} = 75@9.6$ | 100 (10 ns@2090 nm) |
| CdGeAs$_2$ | 2.3-18 | 0.54 | $d_{36} = 186@10.6$ | 160 (30 ns@9.55 μm) |
| HgGa S$_{24}$ | 0.55-13 | 2.84 | $d_{36} = 27.2@10.6$ | 40 (30 ns@1064 nm) |
| CdSiP$_2$ | 0.52-9 | 2.2-2.45 | $d_{36} = 84.5@4.56$ | 25 (14 ns@1064 nm) |
| AgGaS$_2$ | 0.47-13 | 2.7 | $d_{36} = 12.6@10.6$ | 34 (14 ns@1064 nm) |
| LiGaS$_2$ | 0.32-11.6 | 4.15 | $d_{31} = 5,8$ $d_{24} = 5.1@2.3$ | >240 (14 ns@1064 nm) |
| LiGaSe$_2$ | 0.37-13.2 | 3.34 | $d_{31} = 9,9$ $d_{24} = 7.7@2.3$ | 80 (5,6 ns@1064 nm) |
| LiInS$_2$ | 0.34-13.2 | 3.57 | $d_{31} = 7,25$ $d_{24} = 5.66@2.3$ | 40 (14 ns@1064 nm) |
| LiInSe$_2$ | 0.46-14 | 2.86 | $d_{31} = 11,78$ $d_{24} = 8.17@2.3$ | 40 (10 ns@1064 nm) |
| BaGa S$_{47}$ | 0.35-13.7 | 3.54 | $d_{32} = 5.7@2.3$ | >240 (14 ns@1064 nm) |

Esta informação é bastante completa para a seleção adequada de material NLO para determinadas aplicações.

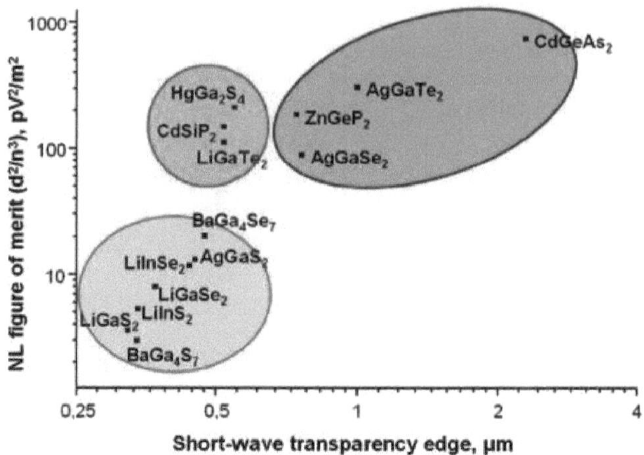


Fig.1-2 Correlação entre o fator Q não linear e as posições espectrais do bordo de comprimento de onda curto para a absorção fundamental [3]

Apesar de estes cristais serem amplamente utilizados para a transformação coerente da frequência fundamental de lasers na gama do infravermelho médio e distante, apenas alguns deles foram explorados teoricamente. Por exemplo, Rashkeev e colegas [15] estudaram sistematicamente a estrutura eletrónica e as propriedades ópticas dos compostos ternários da família $ABC_2$ (A = Zn, Cd; B = Si, Ge; C = As, P) que cristalizam na estrutura da calcopirite.

De acordo com a correlação entre o fator Q não linear e a posição espetral do limite de comprimento de onda curto para a absorção fundamental, os cristais ópticos não lineares podem ser divididos em três grupos (Fig.1-2):

1) Compostos com elevada suscetibilidade não linear, com um intervalo de banda estreito;

2) cristais não lineares com valores intermédios destes dois parâmetros;

3) cristais de grande abertura adequados para irradiação laser na gama espetral de 0,8-1,06 µm com perdas mínimas para a absorção de dois fotões.

Os cristais ópticos não lineares mais utilizados na gama do infravermelho médio são o tiogalato de prata $AgGaS_2$ e o selenogalato $AgGaSe_2$, o fosforeto de zinco e germânio $ZnGeP_2$. Estes cristais têm sido

14

utilizados industrialmente desde a década de 1970. No entanto, todos eles apresentam deficiências essenciais. Por exemplo, o $AgGaS_2$ e o $AgGaSe_2$ têm um limiar de dano laser mais baixo, o $AgGaSe_2$ carece de condições de correspondência de fase sob irradiação laser a cerca de 1 µm de comprimento de onda (Nd:YAG), enquanto o $ZnGeP_2$ tem uma forte absorção de dois fotões perto do comprimento de onda de 1 µm (Nd:YAG) e 1,55 µm (Yb:YAG) [16].

Uma forma de aumentar a energia do intervalo de banda é substituir o catião Ag por metais alcalinos ou alcalino-terrosos (Li, Ba). Foram assim obtidos cristais $LiC\ X^{III}_2$ em que $C^{III}$ = In, Ga e X = S, Se, Te, bem como $BaGa_4\ X_7$ com X = S, Se. Estes cristais são de gap relativamente largo ($E_g$ ver Tabela 1-1) [17, 18]. A menor massa de iões metálicos (Li) é responsável por frequências de vibração de fões mais elevadas e pelo aumento da condutividade térmica, que nos compostos contendo Li é cerca de cinco vezes superior à do $AgGaS(Se)_2$ [19], e quatro a oito vezes superior à do $BaGa_4\ S(Se)_7$ [20]. Uma coexistência bem sucedida de parâmetros para cristais contendo lítio permite a sua aplicação efectiva como amplificadores paramétricos ópticos e osciladores multifrequência que operam em vários modos temporais (fs, ps, ns e CW) [21].

Os cristais que contêm li e ba resolvem alguns problemas de controlo da radiação laser e alargam as possibilidades de transformação do comprimento de onda da radiação na gama espetral do infravermelho médio. Por exemplo, o $AgGaTe_2$ tem o coeficiente ótico não linear mais elevado (Tabela 1-1) e é transparente até 23 µm, mas tem uma birrefringência relativamente baixa, o que impede a conversão de frequências a $\lambda = 10,6$ µm devido à falta de correspondência de fase [22]. A birrefringência mais elevada, especialmente no $LiGaTe_2$ , permite a correspondência de fases à temperatura ambiente em toda a gama de transparência [3]. A eficiência SHG do $LiGaTe_2$ para um comprimento de onda de 10,6 µm é superior à do $AgGaSe_2$ (Fig. 1-3).

A análise teórica das propriedades ópticas lineares e não lineares de duas séries de cristais NLO importantes de $LiGaX_2$ e $AgGaX_2$ (X = S, Se ou Te) que acabaram de encontrar aplicação na região espetral do IV foi efectuada em [7]. Para ambas as famílias, todos os átomos de Ga na estrutura cristalina são coordenados por átomos de X, e os catiões de lítio (ou prata) encontram-se nos espaços vazios formados pelos tetraedros $[GaX_4 ]$ (Fig. 1-

4).

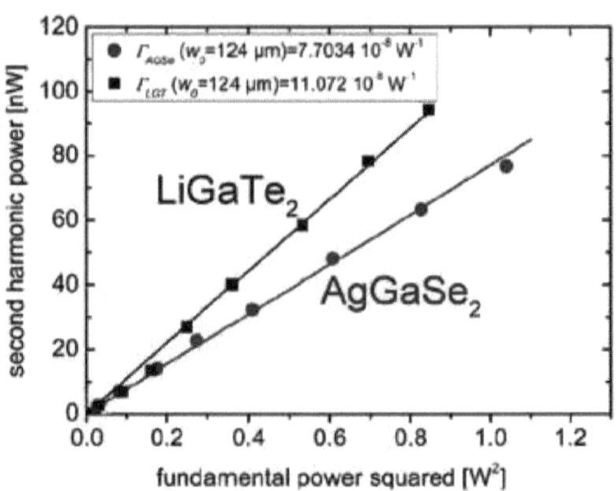



Fig. 1-3. Eficiência SHG para LiGaTe$_2$ e AgGaSe$_2$ (10,6 µm) [23]

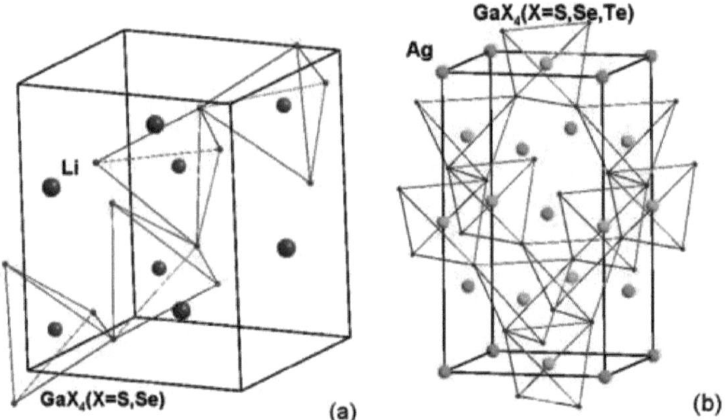



Fig. 1-4. Célula unitária de: a) LiGaX$_2$ ; b) AgGaX$_2$ cristais (X = S, Se ou Te) [7]

Todos os cristais de AgGaX$_2$ (X = S, Se, Te) têm a estrutura de calcopirite. Os parâmetros de rede para AgGaS$_2$ , AgGaSe$_2$ e AgGaTe$_2$ são: $a = b = 5,757$ e $c = 10,304$ Å; $a = b = 5,973$ e $c = 10,85$ Å; $a = b = 6,288$ e $c = 11,949$ Å, respetivamente [24]. Com base nos dados cristalográficos, a

16

estrutura de energia eletrónica dos cristais AgGaS$_2$, AgGaSe$_2$ e AgGaTe$_2$ foi calculada em [25] (Fig.1-5).

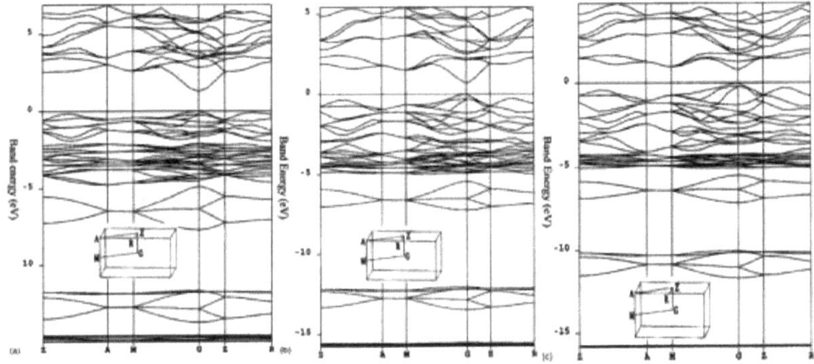

Fig.1-5. Estrutura de banda do AgGaX$_2$ : a) AgGaS$_2$ , b) AgGaSe$_2$ e c) AgGaTe$_2$ [25]

Claramente, a forma das bandas de dispersão na Fig. 1-5 (a), (b) e (c) é muito semelhante devido à semelhança das estruturas cristalinas. O topo da banda de valência (VBM) e a base da banda de condução (CBM) estão localizados no pontoΓ da zona de Brillouin (BZ), o que indica o tipo direto de transições interbanda. A energia do intervalo de banda calculada para AgGaS$_2$, AgGaSe$_2$ e AgGaTe$_2$ é de 2,23, 1,42 e 0,75 eV, o que é inferior aos valores experimentais correspondentes de 2,63, 1,743 e 1,316 eV, respetivamente. A partir do cálculo da densidade de estados (DOS) [25], foi estabelecido que as orbitais dos átomos de prata e enxofre no AgGaS$_2$ (ou dos átomos de selénio e telúrio no AgGaSe$_2$ e AgGaTe$_2$ ) contribuem mais para a banda de valência e para a banda de condução do que os átomos de gálio. Os picos da prata e do gálio estão ligeiramente deslocados do ponto de vista espetral para estes três cristais. A largura da banda de valência do AgGaS$_2$, AgGaSe$_2$ e AgGaTe$_2$ foi variada gradualmente, o que favorece uma diminuição do intervalo de energia da banda.

As contribuições das orbitais electrónicas da camada exterior dos catiões Li para a banda de valência do LiGaX$_2$ são menores, enquanto que algumas orbitais no AgGaX$_2$ estão localizadas na parte superior da banda de valência, aumentando o máximo da densidade eletrónica, o que reduz o intervalo de banda em comparação com o $LiGaX_2$ .

Os cristais $LiGaX_2$ (X = S, Se, Te) apresentam maiores intervalos de banda e birrefringência, mas menores coeficientes SHG em comparação com os cristais $AgGaS_2$ . Para explicar as caraterísticas reveladas, os coeficientes ópticos lineares e não lineares e a densidade de estados para estes cristais foram calculados em [7, 25] (Tabela 1-2).

Tabela 1-2. Propriedades ópticas lineares calculadas e contribuições dos grupos correspondentes nos cristais $LiGaX_2$ e $AgGaX_2$ (X = S, Se, Te) [7]

| $LiGaS_2$ | $Li^+$ | $GaS_2^-$ | $LiGaSe_2$ | $Li^+$ | $GaSe_2^-$ | $LiGaTe_2$ | $Li^+$ | $GaTe_2^-$ |
|---|---|---|---|---|---|---|---|---|
| $n_x$ | 1.1234 | 2.1798 | $n_x$ | 1.1274 | 2.3190 | $n_o$ | 1.4611 | 2.7901 |
| $n_y$ | 1.1226 | 2.1250 | $n_y$ | 1.1268 | 2.3112 | $n_e$ | 1.4504 | 2.8264 |
| $n_z$ | 1.1181 | 2.1224 | $n_z$ | 1.1258 | 2.3257 | $\Delta n$ | 0.0107 | -0.0363 |
| $\Delta n$ | 0.0053 | 0.0574 | $\Delta n$ | 0.0015 | -0.0145 | | | |

| $AgGaS_2$ | $Ag^+$ | $GaS_2^-$ | $AgGaSe_2$ | $Ag^+$ | $GaSe_2^-$ | $AgGaTe_2$ | $Ag^+$ | $GaTe_2^-$ |
|---|---|---|---|---|---|---|---|---|
| $n_0$ | 1.4373 | 2.3503 | $n_0$ | 1.4676 | 2.7355 | $n_0$ | 1.4442 | 3.0090 |
| $n_e$ | 1.4341 | 2.3364 | $n_e$ | 1.4630 | 2.7275 | $n_e$ | 1.4497 | 3.0541 |
| $\Delta n$ | 0.0032 | 0.0139 | $\Delta n$ | 0.0040 | 0.0080 | $\Delta n$ | -0.006 | -0.0451 |

A contribuição de vários grupos iónicos para a birrefringência foi determinada no âmbito das alterações na distribuição espacial do DOS [26]. Descobriu-se que o DOS em torno dos catiões é esférico, pelo que as orbitais dos átomos de Ag afectam apenas os valores absolutos dos índices de redistribuição e quase não têm influência na birrefringência. A contribuição dos aniões $GaX_2$ - para os valores absolutos e a birrefringência é dominante porque as ligações Ga-X são mais covalentes do que as ligações Ag-X (Fig.1-6).

Consequentemente, a conclusão destes cálculos (Quadro 1-2, Fig. 1-

6) é que a anisotropia ótica linear para LiGaX$_2$ e AgGaX$_2$ (X = S, Se, Te), ou seja, a birrefringência, é predominantemente determinada pelos tetraedros [GaX$_4$ ] e a contribuição dos catiões Li ou Ag é quase negligenciável, principalmente porque as ligações químicas Ga-X são principalmente covalentes, enquanto as ligações Li-X (ou Ag-X) são principalmente iónicas.

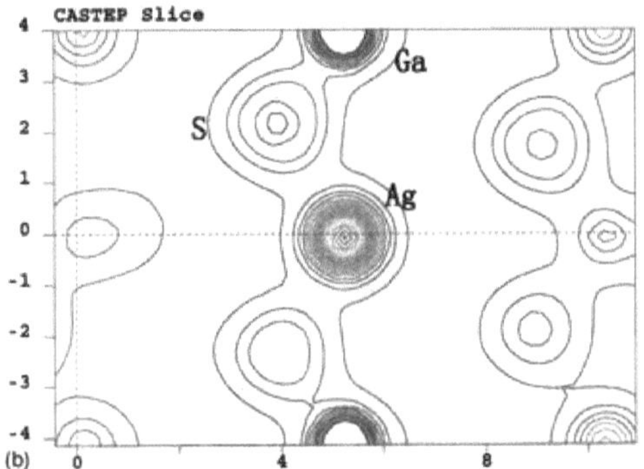


Fig.1-6. Mapa de contorno espacial da densidade eletrónica espacial em AgGaS$_2$ no plano dos átomos de Ag, Ga e S [25]

Tabela 1-3. Valores calculados dos coeficientes ópticos não lineares, pm/V, em cristais LiGaX$_2$ (X = S, Se, Te) [7]

| LiGaS$_2$ | Li$^+$ | GaS$_2^-$ |
|---|---|---|
| $d_{31}$ | 0.0 | -3.80 |
| $d_{32}$ | 0.0 | -3.10 |
| $d_{33}$ | 0.0 | 7.01 |
| LiGaSe$_2$ | Li$^+$ | GaSe$_2^-$ |
| $d_{31}$ | 0.0 | 2.3190 |
| $d_{32}$ | 0.0 | 2.3112 |
| $d_{33}$ | 0.0 | 2.3257 |
| LiGaTe$_2$ | Li$^+$ | GaTe$_2^-$ |
| $d_{36}$ | -0.70 | -49.55 |

Uma vez que o coeficiente NLO é normalmente inversamente proporcional à energia do intervalo de banda, é de esperar que o coeficiente de suscetibilidade não linear quadrática do $LiGaX_2$ seja inferior ao do $AgGaX_2$ . Os valores calculados dos coeficientes não lineares para as propriedades ópticas e as contribuições dos respectivos iões nos cristais $LiGaX_2$ e $AgGaX_2$ (X = S, Se, Te) são apresentados nos Quadros 1-3 e 1-4. É sabido que o único coeficiente NLO independente de segunda ordem para o grupo espacial I-42 min que estes compostos cristalizam é $d_{14} = d_{36}$ . Por conseguinte, os cálculos para este coeficiente são apresentados na Tabela 1-4.

Tabela 1-4. Valores calculados dos coeficientes não lineares nos cristais $AgGaX_2$ (X = S, Se, Te) [25]

| Composto | $d$ (Ga-X) | | $d$ (Ag-X) | | $d$ (Ag-Ga) | | $d$ (total) |
|---|---|---|---|---|---|---|---|
| | pm/V | % | pm/V | % | pm/V | % | pm/V |
| $AgGaS_2$ | 14.84 | 73 | 4.17 | 20 | 1.34 | 6 | 20.31 |
| $AgGaSe_2$ | 46.25 | 70 | 15.0 | 23 | 4.43 | 6.7 | 65.68 |
| $AgGaTe_2$ | 90.0 | 60 | 52.5 | 35 | 7.6 | 5 | 150.1 |

O coeficiente ótico não linear aumenta na série S$\rightarrow$ Se$\rightarrow$ Te (Quadro 1-4), o que se deve a uma diminuição do intervalo de energia. O valor extremamente elevado do coeficiente $d_{36}$ para o $AgGaTe_2$ segundo a ref. [25] pode ser explicado pelo facto de este cristal ter o menor intervalo de banda em comparação com o $AgGaS_2$ e o $AgGaSe_2$ .

Ao mesmo tempo, confirma-se sem ambiguidade que a contribuição das ligações químicas Ga-S, Ga-Se e Ga-Te para o coeficiente ótico não linear é dominante em comparação com as ligações Ag-X (X = S, Se, Te) e as interações Ag-Ga. Claramente, as contribuições para $d_{36}$ de diferentes ligações aumentam com os componentes das ligações químicas covalentes. A contribuição da interação Ag-Ga é de apenas 5-6%, devido a uma ligeira sobreposição das nuvens electrónicas dos átomos de Ag e Ga.

Por conseguinte, a conclusão relativa à birrefringência é verdadeira para o efeito NLO, ou seja, as ligações Ga-X têm um efeito muito maior nas propriedades NLO e na birrefringência em $LiGaX_2$ e $AgGaX_2$ do que os catiões Li ou Ag, devido às suas caraterísticas estruturais. A contribuição dominante para as propriedades ópticas lineares e não lineares dos cristais provém dos grupos $GaX_2$ .


## 1.3. Parâmetros estruturais, ópticos e ópticos não lineares dos calcogenetos quaternários básicos

Todos os requisitos dos materiais ópticos não lineares, nomeadamente uma maior janela de transparência, um limiar de dano laser mais elevado, uma menor absorção ótica e um fabrico fácil, são muito difíceis de combinar num único material. Por este motivo, os investigadores estão a desenvolver compostos multicomponentes. Os principais problemas dos materiais multicomponentes são a homogeneidade ótica espacial, o limiar de dano laser e a simplicidade da tecnologia de crescimento. O maior requisito neste domínio é aumentar o tamanho do cristal para obter uma maior eficiência sem prejudicar a qualidade do cristal.

Uma das formas de melhorar os parâmetros dos cristais NLO é a transição de compostos ternários para quaternários com maior conteúdo de unidades activas não lineares microscópicas, tais como os tetraedros [$GaX_4$], [$InX_4$], [$GeX_4$], [$SiX_4$] [23, 27]. O empacotamento próximo de sítios ativos microscópicos aumenta a probabilidade de se obter um efeito NLO macroscópico maior.

Foi estabelecido que a adição de $GeS_2$ ao $AgGaS_2$ e de $GeSe_2$ ao $AgGaSe_2$ melhora três parâmetros importantes: birrefringência, energia do intervalo de banda e resistência à radiação [28]. A birrefringência aumenta de 0,05 para $AgGaSe_2$ até 0,11 para $AgGaGe_3 Se_8$ , o que alarga significativamente a gama de comprimentos de onda para conversão coerente. O limiar de dano laser melhorado para os cristais $AgGaGeS_4$ tornou-os uma alternativa promissora ao $AgGaS_2$ amplamente utilizado para o conversor de frequência laser Nd:YAG, bem como para muitas outras aplicações [29].

Uma seleção de compostos quaternários contendo lítio, tais como $Li_2 Ga_2 GeS_6$ , $LiGaGe_2 Se_6$ , $Li_2 In_2 GeSe_6$ , $Li_2 In_2 SiSe_6$ , permitiu encontrar materiais com diferentes caraterísticas [30, 31]. Todos estes cristais são não-centrossimétricos: cristalizam nos grupos espaciais ortorrômbicos *Fdd2* para

$Li_2 Ga_2 GeS_6$ , $LiGaGe_2 Se_6$ e Cc para $Li_2 In_2 GeSe_6$ , $Li_2 In_2 SiSe_6$ . Dois novos compostos quaternários não centrossimétricos contendo Ba, $BaGa_2 GeS_6$ e $BaGa_2 GeSe_6$ foram descobertos em [32], com grupo de simetria de ponto 3, que é promissor para aplicações NLO. Um maior conteúdo de unidades microscópicas NLO-ativas [$GaX_4$ ], [$GeX_4$ ], [$SiX_4$ ] nestes compostos proporciona um aumento da suscetibilidade não linear (Tabela 1-5).

Tabela 1-5. Alguns parâmetros dos cristais NLO de infravermelhos quaternários [3]

| Composto | Janela de transparência, μm | $E_g$, eV | Coeficiente não linear @ comprimento de onda, μm | Limiar de dano por laser, MW/cm$^2$ (impulso, comprimento de onda) |
|---|---|---|---|---|
| AgGaGeS$_4$ | 0.42-12 | 2.8 | $d_{31}$ = 15@1.06 | 50 (15 ns @1064 nm) |
| AgGaGe$_3$ Se$_8$ | 0.6-18 | 2.4 | $d_{31}$ = 33.4@1.06 | >50 (15 ns @1064 nm) |
| Li$_2$ Ga$_2$ GeS$_6$ | 0.35-14 | 2.51 | $d_{eff}$ = 16@1.06 | >50 (15 ns @1064 nm) |
| LiGaGe Se$_{26}$ | 0.47-18 | 2.64 | $d_{15}$ = 18.6@2.09 | 50 (10 ns @1064 nm) |
| Li$_2$ Em$_2$ GeS$_6$ | 0.36-13.2 | 3.45 | $d_{36}$ = 12.6@10.6 | - |
| Li$_2$ Em$_2$ GeSe$_6$ | 0.54-14 | 2.30 | $d_{36} \approx$ AgGaSe$_2$ | - |
| BaGa$_2$ GeS$_6$ | 0.38-14 | 3.26 | $d_{eff}$ = 26.3@2.09 | - |
| BaGa$_2$ GeSe$_6$ | 0.44-18 | 2.81 | $d_{eff}$ = 43.7@2.09 | - |

O valor de $d_{eff}$ = 16 pm/V descoberto para $Li_2 Ga_2 GeS_6$ é significativamente mais elevado em comparação com $LiGaS_2$ ($d_{31}$ = 5,8 pm/V). O mesmo efeito foi observado para o $LiGaGe_2 Se_6$ . Foi também descoberto um aumento significativo dos parâmetros NLO para $BaGa_2 GeS_6$

e $BaGa_2 GeSe_6$ [32].

O $Li_2 Ga_2 GeS_6$ é mais resistente à fotodestruição por laser quando irradiado por laser Nd:YAG do que o $AgGaS_2$ e o $AgGaGeS_4$ [31]. No entanto, a sua resistência à radiação não atinge os valores recorde obtidos para o $LiGaS_2$ . A adição de Ge proporciona um desvio espetral útil para o vermelho da gama de transparência em $Li_2 Ga_2 GeS_6$ e $LiGaGe_2 Se_6$ em comparação com $LiGaS_2$ e $LiGaSe_2$ , respetivamente. O desvio é igual a 2 e 4 µm para a gama do infravermelho médio, enquanto o desvio espetral para o vermelho para o bordo de absorção fundamental é igual a 0,4 e 1,1 eV, respetivamente. É de notar que foi encontrada uma menor absorção na gama espetral de 8-12 e 8-18 µm, respetivamente. As alterações na região do infravermelho médio expandem significativamente a gama espetral em que este material NLO pode ser utilizado.

A região de transparência espetral para $BaGa_2 GeS_6$ e $BaGa_2 GeSe_6$ abrange comprimentos de onda de 0,380-13,7 µm e 0,44-18 µm, respetivamente. Para estes dois cristais, a gama de transparência é quase inalterada em comparação com os compostos ternários correspondentes.

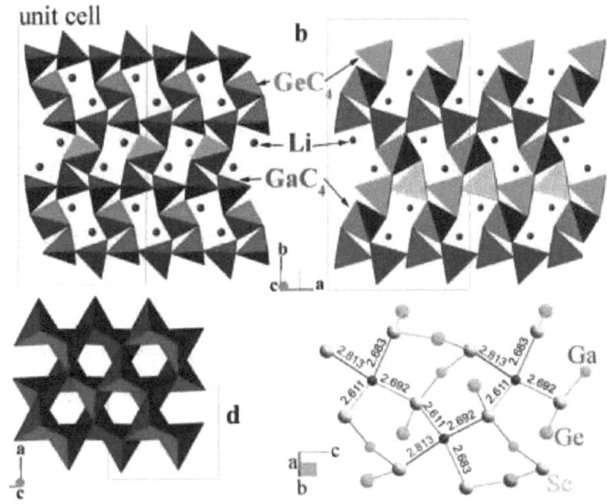


Fig. 1-7. Estruturas cristalinas de a) $LiGaGe S_{26}$ , b) $LiGaGe_2 Se_6$ , c) $LiGaS_2$ ; d) anisotropia das ligações Li-Se [31].

A revisão [3] mostra como a mudança de estrutura na transição dos compostos ternários para quaternários afecta os principais parâmetros ópticos e fotovoltaicos. Os calcogenetos ternários LiGa(In)(S,Se)$_2$ cristalizam na estrutura ortorrômbica (grupo pontual *mm2*, grupo espacial Pna2$_1$ ). Esta estrutura é caracterizada pelo empacotamento mais próximo de aniões com vazios tetraédricos que contêm catiões Li$^+$ e Ga$^{3+}$ .

Nos compostos quaternários, todas as estruturas cristalinas possuem unidades tetraédricas [LiX$_4$ ], [BX$_4$ ], [MX$_4$ ] (B = Ga, In, M = Ge, Si, X = S, Se, Te). As distâncias de ligação química para as ligações químicas Ga-X, M-X aumentam regularmente na série S$\rightarrow$ Se$\rightarrow$ Te. Observa-se também um aumento da anisotropia da distância de ligação Li-X em [LiX$_4$ ] para os compostos quaternários em comparação com os ternários: um dos catiões Li nas estruturas Li/Ga/Ge/(S,Se) é deslocado visivelmente do centro do poliedro (Fig.1-7).

A estrutura do composto Li$_2$ Ga$_2$ GeS$_6$ é formada por tetraedros básicos [GaS$_4$ ] e [GeS$_4$ ]. Os iões Li estão localizados nos espaços vazios entre estes tetraedros, formando tetraedros distorcidos centrados no Li (Fig.1-7). Cadeias de tetraedros [GaS$_4$ ] conectados por [LiS$_4$ ] formam camadas paralelas ao plano (010) onde tetraedros centrados em germânio interconectam estas camadas entre si [31].

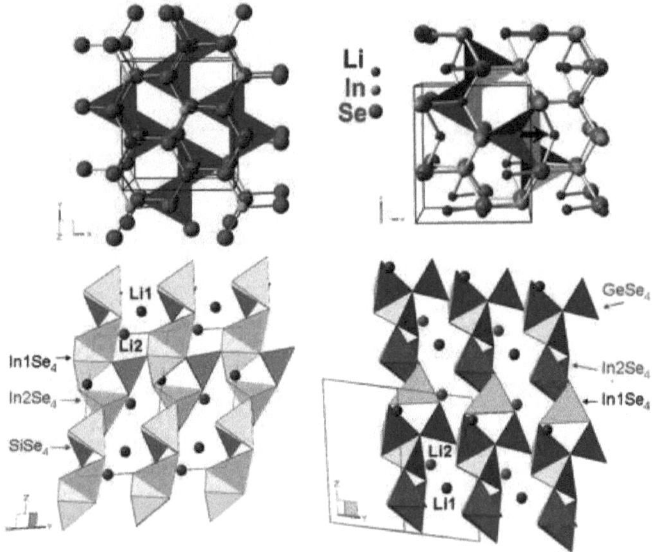


Fig.1-8. Estruturas cristalinas de: a, b) LiInSe$_2$ , c) Li$_2$ In$_2$ SiSe$_6$ , d) Li$_2$ In$_2$

GeSe$_6$ [33]

Os poliedros de Li na estrutura do sulfeto quaternário são mais espacialmente assimétricos em comparação com [LiS$_4$ ] na estrutura LiGaS$_2$ . O comprimento da ligação Li-S em Li$_2$ Ga$_2$ GeS$_6$ é de 0,17 Å, e na estrutura LiGaS$_2$ é de 0,04 Å. Consequentemente, em cristais contendo Ge, o comprimento das ligações químicas Li-S aumenta em mais de 0,1 Å, indicando um aumento na sua ionicidade. Ao mesmo tempo, o comprimento da ligação Ga-S para o sulfeto quaternário é quase o mesmo que no LiGaS$_2$ . A distorção dos tetraedros [LiS$_4$ ] pode aumentar a birrefringência dos cristais Li$_2$ Ga$_2$ GeS$_6$ .

Nas estruturas quaternárias contendo In, os catiões Li e In têm dois sítios cristalográficos locais não equivalentes (Fig. 1-8). Estes cristais têm a simetria monoclínica, grupo espacial $Cc$. A estrutura cristalina torna-se mais distorcida nos compostos quaternários. Como resultado, pode ser observado um aumento nos coeficientes ópticos não lineares de Li$_2$ Ga$_2$ GeS$_6$ , LiGaGe$_2$ Se$_6$ , Li$_2$ In$_2$ GeSe$_6$ , Li$_2$ In$_2$ SiSe$_6$ cristais em comparação com os análogos ternários [31, 33].

Nos compostos contendo Ba, as posições locais do Ba são estáveis e não foram observadas distorções do catião [11, 34].

A partir da análise das caraterísticas estruturais dos materiais apresentados na Tabela 1-5 que apresentam caraterísticas optimizadas, podemos propor a seguinte estratégia para uma possível modificação da síntese de cristais ópticos não lineares quaternários eficazes:

1) os catiões desejados na estrutura dos materiais NLO são metais alcalinos ou alcalino-terrosos. O raciocínio é que os catiões alcalinos ou alcalino-terrosos não têm electrões $d$ ou $f$ não emparelhados, uma vez que as transições electrónicas intra-centro $d$-$d$ ou $f$-$f$ afectam negativamente a energia do intervalo de banda;

2) As unidades ópticas não lineares activas desejáveis são os ligandos tetraédricos típicos [M X$^{III}_4$ ] (M$^{III}$ = Al, Ga, In; X = S, Se), [M X$^{IV}_4$ ] (M$^{IV}$ = Si, Ge, Sn) e [M X$^{II}_4$ ] (M$^{II}$ = Ba, Sn, Pb). As respostas ópticas não lineares de materiais com estes grupos tetraédricos na estrutura são predominantemente devidas a estes ligandos. Além disso, uma forma eficaz de otimizar a eficiência NLO consiste em misturar diferentes entidades microscópicas activas NLO;

3) espera-se que os sulfuretos sejam mais adequados para aplicações NLO do que os selenetos. A razão é que o intervalo de energia nos sulfuretos é mais elevado do que nos selenetos devido à menor eletronegatividade do átomo de Se em relação ao S e, por conseguinte, à menor ionicidade da ligação.

Consequentemente, a inclusão de ligandos tetraédricos típicos e de metais alcalinos ou alcalino-terrosos na estrutura cristalina dos calcogenetos é um dos métodos de desenvolvimento de novos materiais NLO eficazes.

## 1.4. Aplicações ópticas não lineares dos cristais de calcogenetos

A espetroscopia de absorção molecular tem uma série de aplicações, para além da investigação fundamental. Por exemplo, a deteção e quantificação de pequenos vestígios de biomarcadores, moléculas tóxicas ou outras em amostras gasosas, etc.. Esta técnica é utilizada na monitorização atmosférica e ambiental [35], bem como em diagnósticos médicos em tempo real através da análise do ar expirado.

Tecnologicamente, a maior sensibilidade, ou seja, a capacidade de detetar as mais pequenas concentrações de impurezas, pode normalmente ser obtida por espetroscopia laser. Este facto deve-se à intensidade relativamente elevada e à coerência espacial do feixe laser, que permitem atingir rácios sinal/ruído elevados. Um brilho mais elevado significa também que a elevada sensibilidade da medição pode ser obtida durante um curto período de tempo médio, o que resulta numa medição rápida, praticamente em tempo real. Além disso, a seletividade espetral, ou seja, a capacidade de separar linhas de absorção próximas, é melhor na espetroscopia laser do que nos métodos mais tradicionais [36, 37].

Fundamentalmente, a sensibilidade da deteção de diferentes moléculas pode ser optimizada por estudos espectroscópicos na gama espetral do infravermelho médio, onde muitas moléculas e elementos vestigiais têm fortes funções de absorção. Vale a pena concentrarmo-nos nos métodos que podem ser utilizados para a espetroscopia molecular de gases com uma resolução espetral mais elevada, uma vez que esta é normalmente necessária para obter informações detalhadas sobre a estrutura molecular e para a análise selectiva do fluxo de gás. Neste caso, mais uma vez, chama-se a atenção para os geradores paramétricos ópticos que utilizam a geração por diferença de frequência e por soma de frequências.

Os primeiros relatórios sobre a deteção de alta resolução de vestígios de gás utilizando a geração de diferenças de frequência foram publicados na década de 1990. As configurações originais baseavam-se em lasers de corante e de Ti:safira [38], mas com o tempo foram desenvolvidos espectrómetros mais compactos com base em lasers de díodos e de fibras ópticas redesenhados espectralmente [39].

A espetroscopia de absorção molecular direta é o método mais simples de análise de gases que utiliza a geração coerente de diferenças de frequência. O feixe da gama do infravermelho médio é passado através de uma amostra de gás e depois registado por um fotodetector [40].

Utilizando transições vibracionais fundamentais fortes de moléculas como $CH_4$ e $N_2O$ dentro da janela espetral atmosférica de 3-5 μm, o limite de deteção é de ~1 ppm (partes por milhão) para o percurso de absorção ótica de 1 m. Obtém-se uma maior sensibilidade na deteção de vestígios de gás aumentando o percurso de absorção. Para além de certas aplicações na monitorização atmosférica [41], aumentar o comprimento do percurso simplesmente colocando o detetor longe da fonte de luz é ineficaz. A abordagem geral para aumentar o comprimento do trajeto para 100 metros consiste em utilizar uma célula multifeixe com espelhos metálicos (Fig. 1-9). Os espectrómetros de célula multifeixe são relativamente simples, compactos e fiáveis e têm uma resolução superior a 1 nm, pelo que são adequados para a deteção remota de vestígios de gás.

Por exemplo, a deteção de $CH_4$ no ar a um comprimento de onda de 3,3 μm utilizou a célula de Helliot com o método de geração de diferença de frequência, em que o percurso do raio através do meio absorvente é de 80 metros e a sensibilidade é de 1 ppb (partes por bilião, 10-7 %) [42].

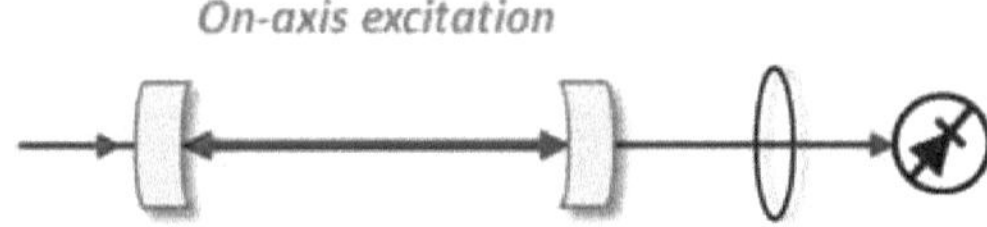

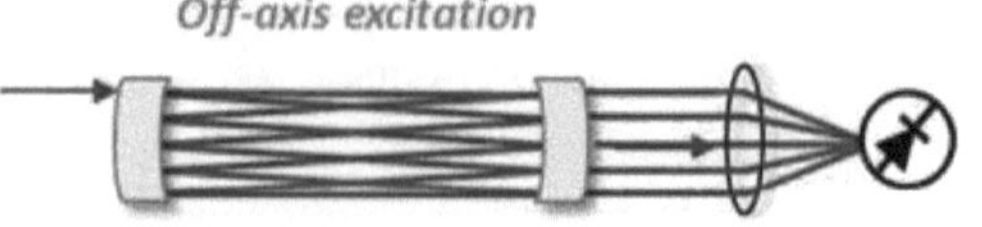


Fig. 1-9. Configurações de células de feixes múltiplos [4]

Foi utilizada uma configuração semelhante para detetar outros compostos no ar, como o CO (na concentração de 5 ppb), $N_2$ O (2 ppb), $CO_2$ (100 ppb) [43] e benzeno (50 ppb) [44]. Para melhorar a resolução espetral, estas medições utilizam amostras de gás abaixo da pressão atmosférica.

A maior sensibilidade e seletividade da espetroscopia laser de infravermelhos médios são úteis não só para a deteção de vestígios de gás, mas também para a determinação da composição isotópica dos gases vestigiais. As medições fiáveis da razão isotópica exigem uma maior resolução espetral devido à proximidade espetral das propriedades de absorção dos vários isótopos.

O comprimento efetivo da trajetória de absorção pode ser aumentado até vários quilómetros, introduzindo um feixe de infravermelhos médios numa célula ótica formada por espelhos de baixa perda e elevada refletividade. Estão disponíveis comercialmente espelhos dieléctricos de alta qualidade com um coeficiente de reflexão superior a 0,9998 na gama espetral de 3-5 μm [45]. O comprimento da célula de 1 m formada por dois desses espelhos conduz a um comprimento do percurso ótico igual a cerca de 5 km - por outras palavras, um fotão entra na célula, reflectindo-se repetidamente entre os espelhos, possuindo uma distância média de 5 km antes de sair da célula (Fig.1-9). Este aumenta o sinal de absorção detectado em três ordens de grandeza em comparação com a espetroscopia de absorção direta, o que permite atingir o limite de deteção do traço de gás de 1 parte por trilião ($10^{12}$). Esta técnica foi utilizada para a deteção de gases com efeito de estufa [46], bem como para a análise da respiração, que exige uma monitorização clara e em tempo real dos gases detectados numa matriz gasosa complexa. A título de exemplo, foi demonstrada a deteção simultânea de etano, metano e água com respiração modificada utilizando um laser com comprimento de onda variável de 3 a 4 μm [47].

28

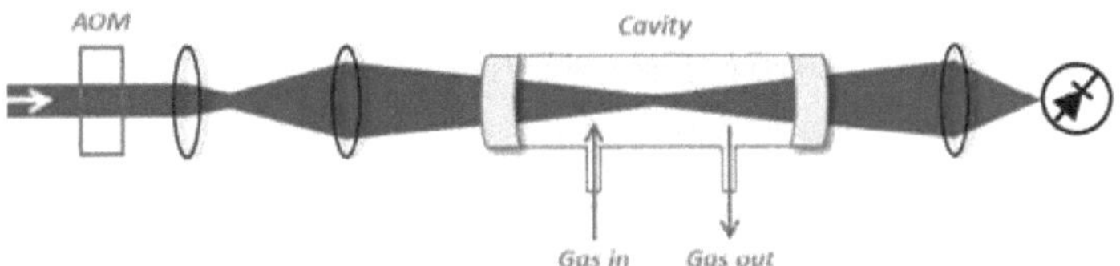


Fig.1-10. Esquema do princípio da espetroscopia de ressonância de gases
[4]

A Fig. 1-10 apresenta um esquema do funcionamento do espetrómetro de IV utilizando células multifeixe. O feixe de IV entra no ambiente gasoso, que é limitado por dois espelhos altamente reflectores. O modulador acústico-ótico (AOM) é utilizado para desativar a injeção de luz no ambiente quando se mede um sinal por um fotodetector de díodos. No caso da proximidade espetral da frequência do sinal de entrada e da frequência de ressonância das vibrações das moléculas de gás, obtém-se uma absorção de ressonância em que as moléculas de gás são excitadas. O detetor regista o tempo de atenuação (Fig.1-11).

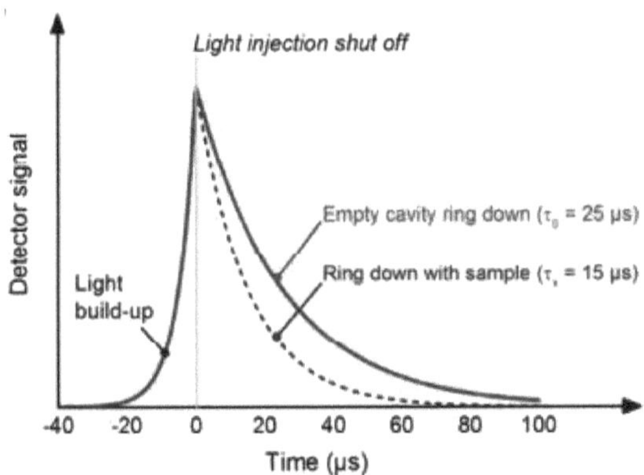


Fig.1-11. Cinética, dependente do tempo, da alteração do sinal do detetor na célula sem gás (linha vermelha sólida) e com o gás investigado (linha azul pontilhada) [4]

O tempo de atenuação da diminuição da intensidade da luz depende das perdas ópticas no meio gasoso. O coeficiente de absorção pode então ser calculado utilizando a fórmula:

$$\alpha(v) = \frac{1}{c}\left(\frac{1}{\tau(v)} - \frac{1}{\tau_0}\right),\qquad\qquad (1\text{-}1)$$

em que$\tau_0$ é o tempo de passagem do feixe laser sem gás absorvente; ($\tau v$ ) é o tempo de passagem através da célula com gás absorvente.

Uma diferença de tempo típica utilizando a gama espetral de 3-5 µm é de cerca de 10 µs. O espetro de absorção calculado é apresentado na Fig.1-12.

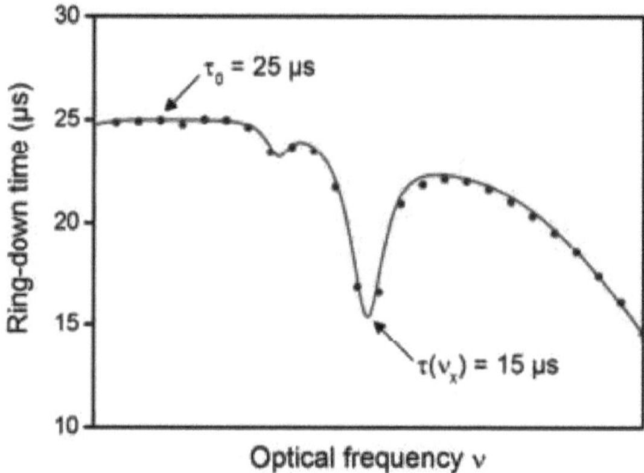


Fig.1-12. Espectro de absorção típico calculado [4]

Consequentemente, a transformação não linear da frequência ótica é um dos métodos mais universais para a geração de luz laser nos comprimentos de onda do infravermelho médio. A região espetral do IV é especialmente importante para a deteção de vestígios de gás e para outras aplicações de espetroscopia molecular, uma vez que contém as bandas de vibração fundamentais de muitas moléculas.

**Referências ao Capítulo 1**

1   Geração de harmónicos ópticos / P. A. Franken, G. Weinreich, C. W. Peters, e A. E. Hill. *Phys. Rev. Lett.* 1961. Vol. 7, № 4. P. 118-119.

2   Avanços nos osciladores paramétricos ópticos com aplicação à deteção química remota. / T. H. Allik, S. Chandra, W. W. Hovis, C. G. Simi e J. A. Hutchinson. *Proc.of SPIE.* 1998. Vol. 3383. P. 58-64.

3   Estudos recentes de cristais de calcogenetos não lineares para o infravermelho médio. / L. I. Isaenko, A. P. Yelisseyev. *Semicond. Sci. Technol.* 2016. Vol. 31. P. 123001 (24pp).

4   Osciladores paramétricos ópticos no infravermelho médio e pentes de frequência para espetroscopia molecular. / M. Vainio, L. Halonen. *Física Química. Chem. Phys.* 2016. Vol. 18. P. 4266-4294.

5   Ótica não-linear R. W. Boyd. Nova Iorque : *Academic Press*, 2008. 640 p.

6   Controlo da concentração de substâncias tóxicas por lidar de absorção diferencial baseado no laser $CO_2$ . / P. P. Geiko. *Doklady TUSUR,* 2011, No. 2 (24), parte 3. P. 31-35.

7   Aplicações de materiais de primeiros princípios e conceção de cristais ópticos não lineares / Zheshuai Lin, Xingxing Jiang, Lei Kang, Pifu Gong, Siyang Luo e Ming-Hsien Lee. *J. Phys. D: Appl. Phys.* 2014. Vol. 47. P. 253001 (19pp).

8   Materiais ópticos não lineares no infravermelho médio baseados em calcogenetos metálicos: relação estrutura-propriedade. / F. Liang, L. Kang, Z. Lin e Y. Wu. *Cryst. Growth Des.* 2017. Vol. 17, № 4. P. 2254-2289.

9   Calcogenetos metálicos: uma fonte rica de materiais ópticos não lineares. / I. Chung e M. G. Kanatzidis. *Chem. Mater.* 2014. Vol. 26. P. 849-869.

10  Pesquisa assistida por computador de cristais ópticos não lineares / C. T. Chen, N. Ye, J. Lin, J. Jiang, W. R. Zeng e B. Wu. *Adv. Mater.* 1999. Vol. 11. P. 1071-1078.

11  Crescimento e caraterização de BaGa $S_{47}$ : um novo cristal para ótica não linear de infravermelhos médios. / Lin X., Zhang G. e Ye N. *Cryst. Growth Des.* 2009. Vol. 9, № 2. P. 1186-1189.

12  Uma revisão sobre a relação estrutura-desempenho para a conceção óptima de materiais ópticos não lineares de infravermelhos com desempenhos equilibrados / Kui Wu, Shilie Pan. *Coord. Chem. Rev.* 2018. Vol. 377. P 191-208.

13  Vibrações da rede e forças interatómicas em $LiInS_2$ / H. Sobotta, H. Neumann, V. Riede e G. Kühn. *Cryst. Res. Technol.* 1986. Vol. 21, № 10. P. 1367-1371.

14  Emergência da calcopirita como material ótico não linear. / M. C. Ohmer, e R. Pandey. *Boletim MRS.* 1998. Vol. 23, № 7. P. 16-22.

15  Geração de segundo harmónico e birrefringência de alguns semicondutores de pnitídeos ternários. S. N. Rashkeev, S. Limpijumnong e W. R. L. Lambrecht. *Phys. Rev. B.* 1999. Vol. 59. P. 2737.

16  Propriedades ópticas, vibracionais, térmicas, eléctricas, de dano e de correspondência de fase do tioindato de lítio / S. Fossier et al. *J. Opt. Soc. Am. B.* 2004. Vol. 21, № 11. P. 1981-2007.

17  Mecanismo dos efeitos ópticos lineares e não lineares dos cristais de calcopirita $LiGaX_2$ (X=S, Se e Te) / Lei Bai, Z. S. Lin, Z. Z. Wang e C. T. Chen *J. Appl. Phys.* 2008. Vol. 103. P. 083111 (1pp).

18  Calcogenetos ternários $LiBC_2$ (B = In, Ga; C = S, Se, Te) para ótica não linear de infravermelhos médios / L. Isaenko, A. Yelisseyev, S. Lobanov, P. Krinitsin, V. Petrov, J.-J. Zondy. *J. Non-Cryst. Sol.* 2006. Vol. 352, № 23-25. P. 2439-2443.

19  Propriedades térmicas do cristal não linear de infravermelhos médios $LiInSe_2$ / A. P. Yelisseyev, A. S. Titov, L. I. Isaenko, S. I. Lobanov, K. M. Lyapunov, V. A. Gruzdev, S. G. Komarov, V. A. Drebushchak, V. Petrov e J.-J. Zondy. *J. Appl. Phys.* 2004. Vol. 96. P. 3659.

20  Crescimento e caraterização do cristal $BaGa_4Se_7$ / J. Yao, W. Yina, K. Feng, X. Li, D. Mei, Q. Lu, Y. Ni, Z. Zhang, Z. Hu e Y. Wu. *J. Cryst. Growth.* 2012. Vol. 346. P. 1-4.

21  Pulsos de infravermelhos médios de subdois ciclos de alta potência a uma taxa de repetição de 100 MHz / I. Pupeza et al. *Nature Photon.* 2015. Vol. 9. P. 721-724.

22 Crescimento cristalino e propriedades do $AgGaTe_2$ / P. G. Schunemann, S. D. Setzler, T. M. Pollak, M. C. Ohmer, J. T. Goldstein, D. E. Zelmon. *J. Cryst. Growth*. 2000. Vol. 211. P. 242-246.

23 Duplicação da frequência da radiação laser $CO_2$ a 10,6 µm na calcopirite altamente não linear $LiGaTe_2$ / J.-J. Zondy, F. Bielsa, A. Doullet, L. Hilico, O. Acef, V. Petrov, A. Yelisseyev, L. Isaenko e P. Krinitsin. *Opt. Lett.* 2007. Vol. 32, № 12. P. 1722-1724.

24 Estrutura cristalina do AgGaS piezoelétrico não linear-ótico₂ . / S. C. Abrahams e J. L. Bernstein. *J. Chem. Phys.* 1973. Vol. 59. P. 1625-1629.

25 Mecanismo dos efeitos ópticos lineares e não lineares dos cristais de calcopirite $AgGaX_2$ (X = S, Se e Te) / Lei Bai, Zheshuai Lin, Zhizhong Wang, Chuangtian Chen e Ming-Hsien Lee. *J. Chem. Phys.* 2004. Vol. 120. P. 8772-8778.

26 Mecanismo para efeitos ópticos lineares e não lineares em cristais de $\beta$-BaB $O_{24}$ / J. Lin, M. H. Lee, Z. P. Liu, C. T. Chen e C. J. Pickard. *Phys. Rev. B.* 1999. Vol. 60. P. 13380-13389.

27 Desenvolvimento de materiais ópticos não lineares promovido por simulações da teoria do funcional da densidade / X. Jiang, L. Kang, S. Luo, P. Gong, M.-H. Lee e Z. Lin. *Int. J. Mod. Phys. B.* 2014. Vol. 28. P. 1430018 (27pp).

28 Cristais não lineares ortorrômbicos de $Ag_x$ $Ga_x$ $Ge_{1-x}$ $Se_2$ para a gama espetral do infravermelho médio / V. Badikov, K. Mitin, F. Noack, V. Panyutin, V. Petrov, A. Seryogin e G. Shevyrdyaeva. *Opt. Mater.* 2009. Vol. 31, № 4. P. 590-597.

29 Propriedades de casamento de fases e amplificação paramétrica ótica em monocristais de $AgGaGeS_4$ / V. Petrov, V. Badikov, G. Shevyrdyaeva, V. Panyutin, V. Chizhikov. *Opt. Mater.* 2004. Vol. 26, № 3. P. 217-222.

30 $LiGaGe_2$ $Se_6$ : um novo material ótico não-linear IR com baixo ponto de fusão / D. Mei, W. Yin, K. Feng, Z. Lin, L. Bai, J. Yao, Y. Wu. *Inorg. Chem.* 2012. Vol. 51, № 2. P. 1035-1040.

31 Estrutura e propriedades ópticas do cristal não-linear $Li_2$ $Ga_2$ $GeS_6$ / L. I. Isaenko, A. P. Yelisseyev, S. I. Lobanov, P. G.

Krinitsin, M. S. Molokeev. *Opt. Mater*. 2015. Vol. 47. P. 413-419.

32  BaGa$_2$ *GeX*$_6$ ($X$ = S, Se): Novos cristais ópticos não lineares de infravermelhos médios com grandes intervalos de banda. / X. Lin, Y. Guo, N. Ye. *J. Solid State Chem*. 2012. Vol. 195. P. 172-177.

33  Síntese, estrutura e propriedades do Li$_2$ In MQ$_{26}$ (M = Si, Ge; Q = S, Se): uma nova série de materiais ópticos não lineares IR. W. Yin, K. Feng, W. Hao, J. Yao, Y. Wu. *Inorg. Chem*. 2012. Vol. 51, № 10. P. 5839-5843.

34  BaGa$_4$ Se$_7$ : um novo material ótico não-linear IR de fusão congruente / J. Yao, D. Mei, L. Bai, Z. Lin, W. Yin, P. Fu, Y. Wu. *Inorg. Chem*. 2010. Vol. 49. № 20. P. 9212-9216.

35  Deteção ótica de gases: uma revisão. J. Hodgkinson e R. P. Tatam. *Meas. Sci. Technol*. 2013. Vol. 24. P. 012004 (59pp).

36  Controlo de fase de envelope portador de lasers bloqueados por modo de femtossegundos e síntese direta de frequências ópticas / D. J. Jones, S. A. Diddams, J. K. Ranka, A. Stenz, R. S. Windeler, J. L. Hall e S. T. Cundiff. *Science*. 2000. Vol. 288, № 5466. P. 635-640.

37  Espectroscopia coerente multiheteródina utilizando pentes de frequência ótica estabilizados. / I. Coddington, W. C. Swann, e N. R. Newbury. *Phys. Rev. Lett*. 2008. Vol. 100. P. 013902.

38  Espectrómetro laser de infravermelhos de onda contínua baseado na geração de diferenças de frequência em AgGaS$_2$ para espetroscopia de alta resolução / P. Canarelli, Z. Benko, R. Curl e F. K. Tittel. *J. Opt. Soc. Am. B*. 1992. Vol. 9. P. 197-202.

39  Deteção espectroscópica de metano através da utilização de geração de diferença de frequência bombeada por díodo de onda guiada / K. P. Petrov, A. T. Ryan, T. L. Patterson, L. Huang, S. J. Field e D. J. Bamford. *Opt. Lett*. 1998. Vol. 23. P. 1052-1054.

40  Fontes laser de estado sólido no infravermelho médio (aplicações laser no infravermelho médio em espetroscopia). / F. K. Tittel, D. Richter, e A. Fried. *Topics Appl. Phys*. (*Springer-Verlag Berlin Heidelberg*, 2003). Vol. 89. P. 445-516.

41 Frequency-comb-based remote sensing of greenhouse gases over kilometer air paths / G. B. Rieker, F. R. Giorgetta, W. C. Swann, J. Kofler, A. M. Zolot, L. C. Sinclair, E. Baumann, C. Cromer, G. Petron, C. Sweeney, P. P. Tans, I. Coddington, and N. R. Newbury. *Optica.* 2014. Vol. 1. P. 290-298.

42 Radiação infravermelha média de onda contínua de alta potência gerada por mistura de frequências diferentes de amplificadores de fibra semeada com laser de díodo e sua aplicação à espetroscopia de feixe duplo / D. G. Lancaster, D. Richter, R. F. Curl, F. K. Tittel, L. Goldberg e J. Koplow. *Opt. Lett.*, 1999. Vol. 24. P. 1744-1746.

43 Espectrómetro laser compacto de diferença de frequência para deteção de gases vestigiais multicomponentes. / K. P. Petrov, R. F. Curl, e F. K. Tittel *Appl. Phys. B.* 1998. Vol. 66. P. 531-538.

44 Geração de diferença de frequência baseada em laser de fibra de grau de telecomunicações e deteção de nível ppb de vapor de benzeno no ar em torno de 3 μm / J. Cousin, W. Chen, D. Bigourd, M. Fourmentin, S. Kassi. *Appl. Phys. B.* 2009. Vol. 97. 919-929.

45 Medições quantitativas de gases utilizando um espetrómetro versátil de ringdown de cavidade baseado em OPO e comparação com bases de dados espectroscópicas. / S. Persijn, F. Harren, van der A. Veen. *Appl. Phys. B.* 2010. Vol. 100. P. 383-390.

46 Sensores baseados em laser de frequência diferencial no infravermelho médio para monitorização ambiental de $CH_4$ , CO e $N_2$ O / J. J. Scherer, J. B. Paul, H. J. Jost e M. L. Fischer. *Appl. Phys. B.* 2013. Vol. 110. P. 271-277.

47 Análise da respiração em tempo real, em sub-segundo e multicomponente, por Espectroscopia de Saída de Cavidade Integrada Fora do Eixo baseada em Oscilador Paramétrico Ótico / D. D. Arslanov, K. Swinkels, S. M. Cristescu e F. J. M. Harren. *Opt. Express.* 2011. Vol. 19. P. 24078-24089.

# Capítulo 2
# Cristaloquímica e Modelação Quântico-Química de Sistemas Cristalinos Ag-Ga(In)-Si(Ge)-S(Se)

**A. O. Fedorchuk, M.Ya. Rudysh, G. L. Myronchuk**

## 2.1. Propriedades químico-cristalinas dos materiais estudados

Os parâmetros quântico-químicos básicos dos calcogenetos complexos serão considerados para os compostos que se formam nos sistemas Ag-Ga(In)-Si(Ge)-S(Se). Selecionámos cristais para a investigação que diferem significativamente na estrutura dos complexos aniónicos devido à variação dos átomos de calcogénio. Os átomos de calcogénio são responsáveis por fortes efeitos fonónicos anarmónicos descritos por tensores de terceira ordem e que contribuem grandemente para a fotopolarização efectiva na região espetral do IV. Ao mesmo tempo, os cristais de calcogenetos quaternários são mais eficazes para o funcionamento do laser do que os calcogenetos ternários e binários conhecidos, devido à maior quantidade de defeitos intrínsecos que determinam a distribuição de energia dos portadores de carga dentro do intervalo de energia eletrónica proibida e que, por sua vez, favorecem a fotopolarização eficaz. Outra vantagem tecnológica importante dos cristais escolhidos é o facto de não serem higroscópicos. Todos os cristais obtidos são estáveis em relação à oxidação e têm também uma resistência significativa a um tratamento laser específico.

Uma das caraterísticas específicas da química cristalina dos compostos de calcogenetos quaternários é a coexistência de poliedros que possuem ligações químicas de natureza diferente [48]. Por conseguinte, a informação detalhada sobre a estrutura cristalina é um fator essencial para o desenvolvimento bem sucedido de novos materiais com propriedades físicas pré-definidas.

A caraterística comum a todos os compostos estudados é a formação de aglomerados tetraédricos formados por átomos de calcogénio em torno de catiões. As distâncias inter-atómicas contraídas que são menores ou iguais à soma dos raios dos iões indicam uma maior contribuição das ligações covalentes para estes tetraedros, mas há sempre uma contribuição significativa da ligação iónica.

Os compostos quaternários titulados podem ser separados em dois grupos principais no que respeita à combinação de tetraedros:

1) estruturas que são derivadas da estrutura do $GeSe_2$ onde os tetraedros formam uma rede tridimensional indicando uma percentagem relativamente grande de ligações covalentes entre os tetraedros centrados em catiões;

2) estruturas com um denso empacotamento de tetraedros em torno de catiões.

Em ambos os casos, os átomos de prata estão localizados nos espaços vazios intrínsecos entre os tetraedros.

As caraterísticas cristalográficas dos compostos estudados, bem como de alguns compostos relacionados, são apresentadas na Tabela 2-1.

Tabela 2-1. Parâmetros da estrutura cristalina principal dos compostos estudados

| Composto | S.G. | $a, \mathring{A}$ | $b, \mathring{A}$ | $c, \mathring{A}$ | Ref. |
|---|---|---|---|---|---|
| $AgGaS_2$ | $I\text{-}42d$ | 5.7742 | 5.7742 | 10.5783 | 49 |
| $AgGaSe_2$ | $I\text{-}42d$ | 6.0529 | 6.0529 | 11.2100 | 49 |
| $AgGaGeS_4$ | Fdd2 | 12.4108 | 23.7787 | 7.1353 | 50 |
| $AgGaGe_2 Se_6$ | Fdd2 | 12.4967 | 23.905 | 7.1420 | 51 |
| $AgGaGe_3 Se_8$ | Fdd2 | 12.4423 | 23.820 | 7.1403 | 51 |
| $AgGaGe_4 Se_{10}$ | Fdd2 | 12.4126 | 23.7689 | 7.1384 | 51 |
| $AgGaGe_5 Se_{12}$ | Fdd2 | 12.4107 | 23.767 | 7.1364 | 51 |
| $Ag_2 Ga_2 SiSe_6$ | $I\text{-}42d$ | 5.9021 | 5.9021 | 10.4112 | 52 |
| $Ag_2 Ga_2 SiS_6$ | $I\text{-}42d$ | 5.7165 | 5.7165 | 9.8024 | 53 |
| $Ag_2 In_2 SiSe_6$ | $Cc$ | 12.6683 | 7.4565<br>$\beta = 109.286$ | 12.6133 | 54 |
| $Ag_2 In_2 SiS_6$ | $Cc$ | 12.1379 | 7.1681.<br>$\beta = 109.252$ | 12.1171 | 55 |
| $Ag_2 In_2 GeSe_6$ | $Cc$ | 12.692 | 7.492<br>$\beta = 109.50$ | 12.644 | 56 |
| $Ag_2 In_2 GeS_6$ | $Cc$ | 12.2089 | 7.2115<br>$\beta = 109.508$ | 12.1978 | 55 |

Os compostos do **primeiro grupo** podem ser considerados como o resultado da substituição isovalente de átomos de Ge por pares Ag + Ga (um ião $Ge^{4+}$ substituído por $Ag^+$ e $Ga^{3+}$) na estrutura $GeSe_2$ [57-60] (Fig. 2-1a). A presença de iões de prata nos canais conduz mais provavelmente à distorção espacial dos tetraedros que, no caso bidimensional do $GeSe_2$, é uma deformação por estiramento ao longo dos eixos cristalográficos $x$ e $y$ (Fig. 2-1 b).

As estruturas que são classificadas no primeiro grupo pela ligação dos tetraedros incluem AgGaGeS$_4$ eAg$_x$ Ga$_x$ Ge$_{1-x}$ Se$_2$ *(x = 0,167-0,333)* (Tabela 2-1).

Os diagramas de fase dos sistemas AgGaS$_2$ -GeS$_2$ e AgGaSe$_2$ -GeSe$_2$ de acordo com [61] são mostrados na Fig. 2-2. O sistema AgGaS$_2$ -GeS$_2$ é formado por uma fase intermédia com uma homogeneidade de 48-57 mol.% GeS$_2$ a 720 K. As linhas de liquidus e solidus situam-se no ponto correspondente à composição do AgGaGeS$_4$ a 1136 K [62].

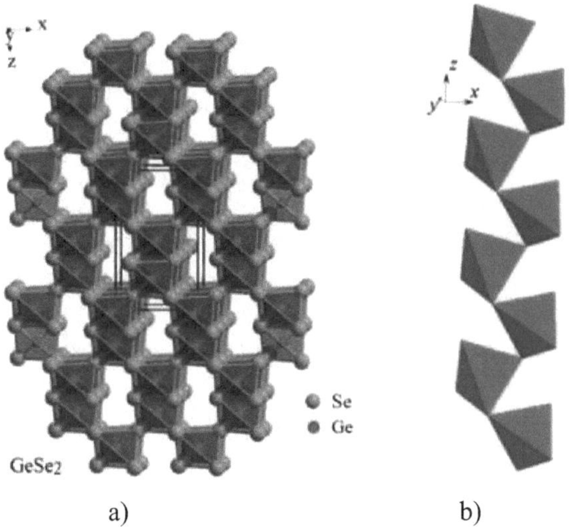


a)                                              b)

Fig. 2-1. a) Estrutura química cristalina do GeSe$_2$ ; b) empacotamento de partículas poliédricas centradas em Ag

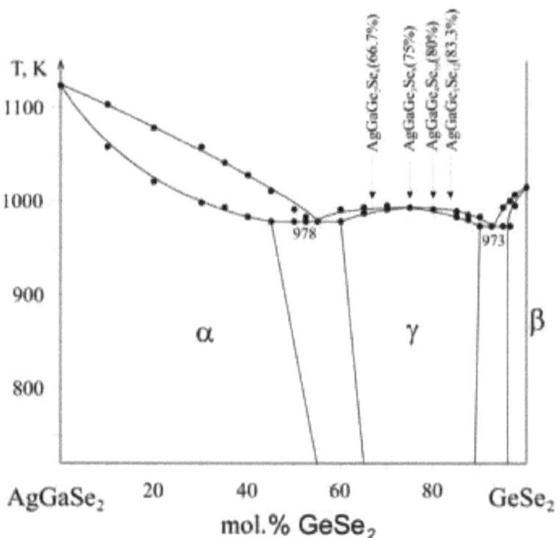


Fig.2-2. Diagrama de fases do sistema AgGaSe$_2$ -GeSe$_2$ [61]

A fase quaternária intermédiaγ do sistema AgGaSe$_2$ -GeSe$_2$ existe no intervalo de composição 60-90 mol.% GeSe$_2$ a temperaturas de processos eutécticos a 973 K e 987 K. O máximo de liquidus nesta área corresponde à composição de AgGaGe$_3$ Se$_8$ com temperatura de fusão congruente a 993 K [61].

A estrutura cristalina dos compostos foi determinada por dados de DRX de raios X registados utilizando o difratómetro DRON 4-13 (radiação CuK$\alpha$ , 2θ gama 10°$\leq$ 2 θ$\leq$ 100° , passo de varrimento 0,05° ou 0,02° , 18-20 s de exposição em cada ponto). Todas as avaliações relacionadas com a determinação e o refinamento das coordenadas dos átomos e a ocupação dos sítios cristalográficos foram efectuadas utilizando o método de Rietveld realizado no software WinCSD [63, 64]. A faseγ Ag$_x$ Ga$_x$ Ge$_{1-x}$ Se$_2$ foi indexada na estrutura ortorrômbica do composto AgGaGeS$_4$ que foi determinada pela primeira vez em [65]. Os resultados do refinamento (Tabela 2-2) [66, 67] concordam bem com os dados relatados em [48, 57].

A estrutura cristalina do AgGaGeS$_4$ pode ser apresentada como a substituição isovalente adicional de um átomo de Ge por um par de átomos de (Ag + Ga) na estrutura do AgGaS$_2$ . Esta alteração leva à diminuição do número de átomos de componentes metálicos por unidade de fórmula e, por sua vez, a um aumento dos defeitos nos sítios dos átomos de Ag, uma vez que os átomos de Ge ocupam os sítios dos átomos de Ga. A arquitetura cristalina química do AgGaGeS$_4$ é mostrada na Fig. 2-3.

A estrutura cristalina pode ser apresentada como tetraedros de átomos de enxofre centrados nos catiões Ga e Ge, que estão estatisticamente distribuídos no espaço nos sítios da sub-rede catiónica. Os átomos de prata estão situados nos canais vazios entre os tetraedros, e a ocupação dos sítios de Ag é de 3/4 no caso de AgGaGeS$_4$ (Fig. 2-3). Este facto confirma o papel dos defeitos intrínsecos da estrutura tipo diamante do AgGaGeS$_4$ com uma concentração estequiométrica mais elevada de vacâncias de sítios de prata $V_{Ag}$ [68]. Os átomos de prata na estrutura AgGaGeS$_4$ são deslocados para as paredes do canal, e esta coordenação assimétrica favorece os efeitos ópticos não lineares de segunda ordem, que são descritos por tensores de ordem ímpar.

Tabela 2-2. Posições das coordenadas dos átomos nas estruturas de AgGaGes$_4$ , AgGaGe$_3$ Se$_8$ , AgGaGe$_5$ Se$_{12}$

| Átomo | Wyck. sítio | $x/a$ | $a/b$ | $z/c$ | Ocupação |
|---|---|---|---|---|---|
| AgGaGeS$_4$ | | | | | |
| Ag | 16 | 0.1635(3) | 0.0388(2) | 0.5111(5) | 0.75 |
| X1 | 8 | 0 | 0 | 0.0030(6) | 0,5Ga+0,5Ge |
| X2 | 16 | 0.3840(2) | 0.1133(2) | 0.2275(5) | 0,5Ga+0,5Ge |
| S1 | 16 | 0.0490(5) | 0.0740(3) | 0.1868(7) | 1 |
| S2 | 16 | 0.1113(5) | 0.2268(3) | 0.0830(7) | 1 |
| S3 | 16 | 0.5548(4) | 0.1294(3) | 0.1631(7) | 1 |
| AgGaGe$_3$ Se$_8$ $(x = 0{,}250)$ | | | | | |
| Ag | 16 | 0.0692(4) | 0.2101(2) | 0.7111(7) | 0.375 |
| X1 | 8 | 0 | 0 | 0.0017(4) | 0,250Ga+0,750 Ge |

| | | | | | |
|---|---|---|---|---|---|
| X2 | 16 | 0.1226(2) | 0.11358(9) | 0.2736(3) | 0,250Ga+0,750 Ge |
| S1 | 16 | 0.2011(2) | 0.17535(8) | 0.0530(3) | 1 |
| S2 | 16 | 0.1599(2) | 0.0206(1) | 0.1701(3) | 1 |
| S3 | 16 | 0.1914(2) | 0.12057(8) | 0.5859(3) | 1 |
| AgGaGe$_5$ Se$_{12}$ $(x = 0{,}167)$ | | | | | |
| Ag | 16 | 0.0672(7) | 0.2101(4) | 0.7258(12) | 0.250 |
| X1 | 8 | 0 | 0 | 0.0004(4) | 0,167Ga+0,833 Ge |
| X2 | 16 | 0.1241(2) | 0.1133(1) | 0.2724(4) | 0,167Ga+0,833 Ge |
| S1 | 16 | 0.1996(2) | 0.1742(1) | 0.0540(3) | 1 |
| S2 | 16 | 0.1603(2) | 0.0179(1) | 0.1722(3) | 1 |
| S3 | 16 | 0.1898(2) | 0.12114(10) | 0.5838(3) | 1 |

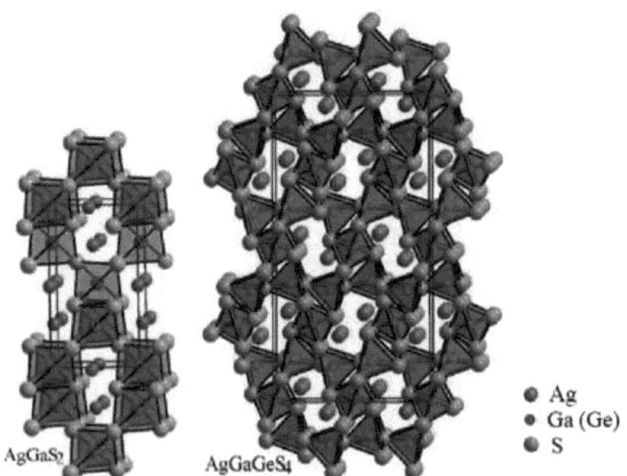


Fig. 2-3. Estrutura química cristalina de AgGaS$_2$ e AgGaGeS$_4$

As composições da solução sólida $Ag_x$ $Ga_x$ $Ge_{1-x}$ $Se_2$ têm fórmulas específicas $AgGaGe_2$ $Se_6$ a $x = 0,333$, $AgGaGe_3$ $Se_8$ a $x = 0,250$, $AgGaGe_4$ $Se_{10}$ a $x = 0,200$, e $AgGaGe_5$ $Se_{12}$ a $x = 0,167$. Os iões de gálio ocupam estatisticamente os locais dos iões de germânio quando estes estão totalmente ocupados, e os iões de prata situam-se nos canais da estrutura original (Fig. 2-4). Esta substituição leva à transferência de carga dos tetraedros para os espaços vazios nas colunas, o que diminui a componente de ligação covalente e aumenta a concentração de portadores de carga eletrónica livre.

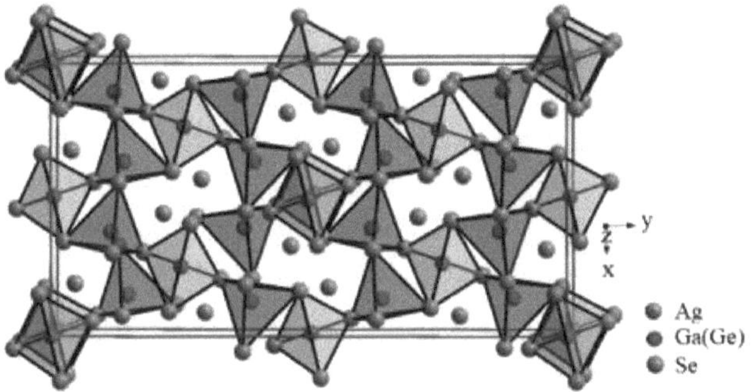



Fig.2-4. Estrutura química cristalina de $Ag_x$ $Ga_x$ $Ge_{1-x}$ $Se_2$ ($x = 0,167$-$0,333$)

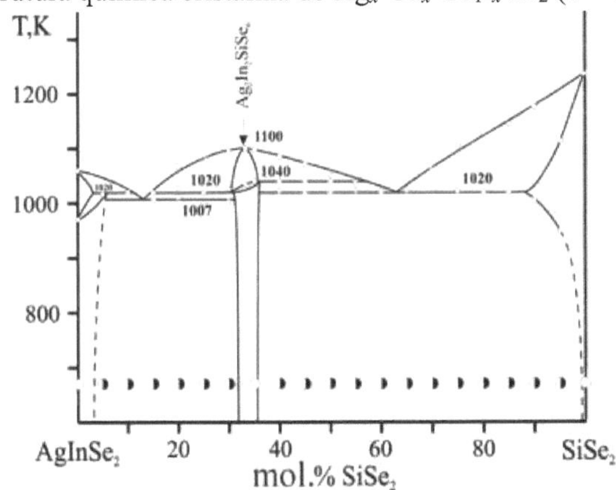



Fig. 2-5. Diagrama de fases do sistema $AgInSe_2$ -$SiSe_2$ [54]

As composições cristalinas de $AgGaGe_2$ $Se_6$ , $AgGaGe_3$ $Se_8$ , $AgGaGe_4$ $Se_{10}$ , $AgGaGe_5$ $Se_{12}$ diferem em função dos rácios Ga/Ge e do

43

teor de iões Ag. Ao mesmo tempo, a ocupação do sítio local do ião prata é apenas parcial e é estatística por origem. A ocupação do sítio Ag diminui com o aumento do teor de disseleneto de germânio, e mais quantidades de tetraedros [AgSe$_4$ ] ficam vazios. Simultaneamente, os tetraedros [(Ga,Ge)Se$_4$ ] são distorcidos e a coordenação dos átomos de selénio é alterada [69]. Esta coordenação espacialmente acêntrica pode facilitar a utilização de Ag$_x$ Ga$_x$ Ge$_{1-x}$ Se$_2$ como materiais ópticos não lineares.

As estruturas que são classificadas no **segundo grupo de** acordo com a ligação dos tetraedros incluem os compostos Ag$_2$ Ga(In)$_2$ Si(Ge)S(Se)$_6$ (Tabela 2-1). Os seus diagramas de fase foram investigados em [52, 54-56], onde se verificou a existência de novos compostos quaternários Ag$_2$ In$_2$ SiS(Se)$_6$ , Ag$_2$ In$_2$ GeS(Se)$_6$ , Ag$_2$ Ga$_2$ GeS(Se)$_6$ com regiões de homogeneidade dentro de 32-35 mol.% Si(Ge)S(Se)$_2$ foi registada nos sistemas quase binários AgInS(Se)$_2$ -SiS(Se)$_2$ , AgInS(Se)$_2$ -GeS(Se)$_2$ , AgGaS(Se)$_2$ -GeS(Se)$_2$ , respetivamente, na proporção dos compostos de partida 2 : 1. A gama de homogeneidade é relativamente pequena,~ 3 mol.% a 670 K, e aumenta ligeiramente com a temperatura (Figs.2-6, 2-7). Os resultados do refinamento da estrutura cristalina de vários compostos Ag$_2$ Ga(In)$_2$ Si(Ge)S(Se)$_6$ apresentados em [52, 70-72] concordam bem com os dados originais [54-56].

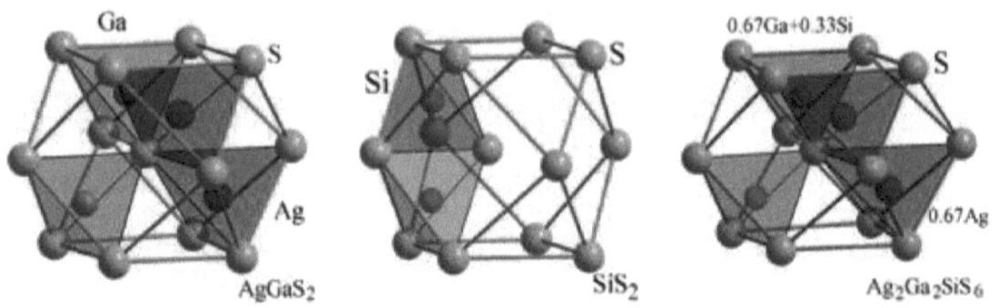


Fig.2-6. Coordenação de segunda ordem dos átomos de enxofre e coordenação mais próxima dos átomos de catião nas estruturas de AgGaS$_2$ , Ag$_2$ Ga$_2$ SiS$_6$ e SiS$_2$

A segunda esfera de coordenação para os átomos de calcogénio e a esfera de coordenação mais próxima dos catiões [72] (Fig. 2-6) são de interesse a partir dos dados cristalográficos obtidos para os compostos do segundo grupo. Os compostos AgGaS$_2$ [73], SiS$_2$ [74] e Ag$_2$ Ga$_2$ SiS$_6$ [53] têm o mesmo tipo de sub-rede aniónica na forma de cuboctaedro, confirmando o empacotamento denso dos átomos nestas estruturas. O empacotamento denso dos átomos é mais caraterístico dos compostos com um tipo de ligação química predominantemente iónica. Os átomos de calcogénio são os aniões, e os restantes átomos (Ag, Ga e Si) actuam como catiões. Dentro desta sub-rede aniónica, os catiões ocupam o mesmo tipo de cavidades tetraédricas.

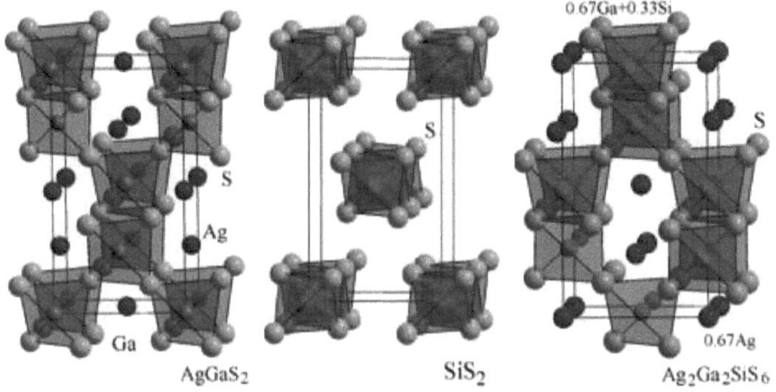


Fig.2-7. Empacotamento dos tetraedros de átomos de enxofre em torno de catiões na estrutura dos compostos $AgGaS_2$ , $Ag_2 Ga_2 SiS_6$ e $SiS_2$

A estrutura cristalina dos canais $AgGaS_2$ , $Ag_2 Ga_2 SiS_6$ e $SiS_2$ pode ser apresentada como uma rede de tetraedros de átomos de enxofre situados em torno de átomos de catiões (Fig. 2-7), com átomos de Ag localizados em espaços vazios entre os tetraedros no caso de $AgGaS_2$ e $Ag_2 Ga_2 SiS_6$ ou entre as colunas dos tetraedros no caso de $SiS_2$ .

Assim, a estrutura cristalina de $Ag_2 Ga_2 SiS_6$ pode ser considerada como uma substituição isovalente dos iões $Ag^+$ e $Ga^{3+}$ por iões $Si^{4+}$ na estrutura $AgGaS_2$ , de acordo com o esquema: $3AgGaS_2 - (Ag^+ + Ga^{3+}) + Si^{4+} = Ag_2 Ga_2 SiS_6$ (**I**). Por outro lado, a estrutura $Ag_2 Ga_2 SiS_6$ pode ser apresentada como substituição isovalente de dois iões $Si^{4+}$ por pares de iões $Ag^+$ e $Ga^{3+}$ na estrutura $SiS_2$ de acordo com o esquema: $3SiS_2 - 2Si^{4+} + 2(Ag^+ + Ga^{3+}) = Ag_2 Ga_2 SiS_6$ (**II**).

Esta substituição é também acompanhada de transferência de massa e de carga, mas vice-versa, dos canais entre os tetraedros $XSe_4^{4-}$ para os tetraedros do primeiro caso (**2**) ou, como no caso dos compostos do primeiro grupo, dos tetraedros para o espaço intersticial do segundo caso (**2**).

A adição de $SiS_2$ a $AgGaS_2$ , ou seja, a formação de $Ag_2 Ga_2 SiS_6$ (Fig. 2-7), leva a uma ligeira diminuição das distâncias das ligações químicas Ga-S e Si-S e a um certo enfraquecimento das ligações químicas com os átomos de Ag em comparação com $AgGaS_2$ . O aumento da distância da ligação química Ag-S e a contração das distâncias Ga/Si-S, juntamente com a ocupação parcial do sítio cristalográfico dos átomos de Ag, podem aumentar a mobilidade dos iões Ag para os canais vazios entre os tetraedros centrados no catião. Esta pode melhorar significativamente a condutividade de $Ag_2 Ga_2$ $SiS_6$ -based materials due to appearance of additional quasi-bands within the forbidden energy band gap.

A substituição do gálio em $Ag_2 Ga_2 SiS_6$ ou $Ag_2 Ga_2 SiSe_6$ e compostos análogos contendo Ge por índio leva à formação de calcogenetos com a estrutura monoclínica do tipo $Ag_2 In_2 GeSe_6$ . Isto deve-se ao facto de, nas estruturas tipo diamante e derivadas, um anião ser responsável por dois vazios tetraédricos e um octaédrico, com os catiões a preencherem metade dos vazios tetraédricos. Por conseguinte, para formar uma estrutura sem defeitos, são necessários seis catiões por unidade de forma. Ao substituir o índio por germânio, o número total de tetraedros preenchidos $(In, Ge)Se_4$ por célula permanece inalterado, e a posição da prata torna-se defeituosa. Na estrutura $Ag_2 In_2 GeSe_6$ , a prata ocupa 16,7% do total de vazios tetraédricos. Como resultado das unidades de vacâncias de catiões, a simetria tetragonal da estrutura é alterada drasticamente, aproximando-se da simetria monoclínica inferior.

De acordo com os tamanhos dos espaços vazios e os raios iónicos, durante a otimização molecular-dinâmica, a ordem de colocação dos catiões é estabelecida de modo a que a prata preencha os espaços vazios com o raio mais elevado, o índio com o raio intermédio e o germânio com o raio mais pequeno. A mesma situação é observada para a estrutura $Ag_2 In_2 SiSe_6$ .

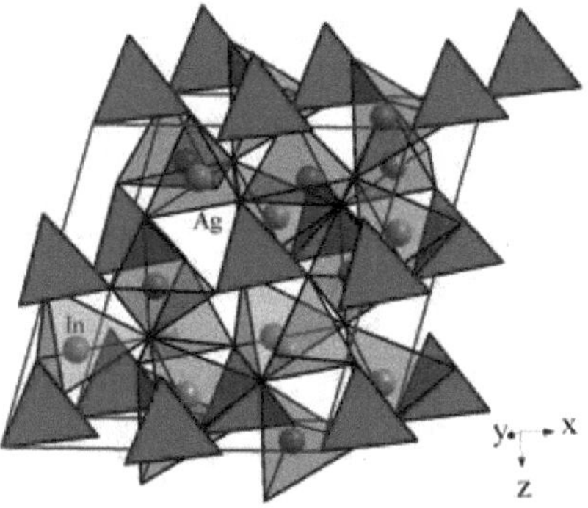



Fig.2-8. Empacotamento do tetraedro do átomo de selénio em torno de átomos de componentes metálicos na estrutura $Ag_2 In_2 GeSe_6$

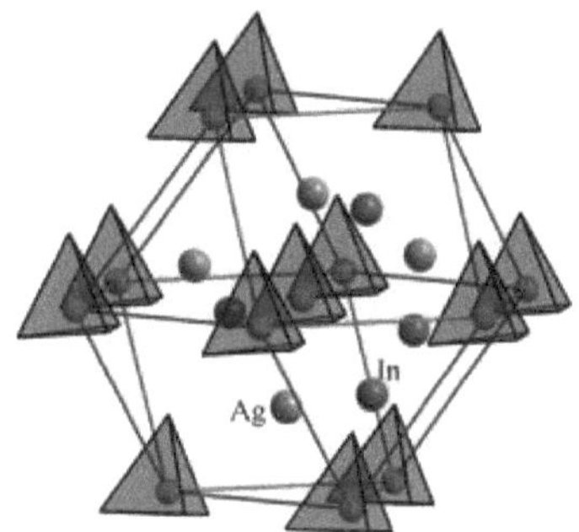



Fig.2-9. Segunda coordenação em torno dos aglomerados aniónicos [GeSe$_4$] na estrutura $Ag_2 In_2 GeSe_6$

A estrutura cristalina do $Ag_2 In_2 GeSe_6$ pode ser considerada como o empacotamento dos tetraedros de átomos de selénio em torno de átomos menos electronegativos, como na Fig. 2-8. A estrutura assemelha-se mais a um esqueleto de poliedros do que ao empacotamento mais próximo de aniões. No entanto, a segunda coordenação que rodeia os tetraedros [GeSe$_4$] sob a forma de cuboctaedro (Fig. 2-9) confirma a origem altamente densa do empacotamento desses tetraedros, o que permite considerar a ligação química em $Ag_2 In_2 GeSe_6$ como tendo uma elevada contribuição iónica, em que esses tetraedros são considerados aniões.

A modelação e classificação química dos cristais efectuada pela ligação tetraédrica é confirmada pelo cálculo teórico do DOS pelo método DFT utilizando vários potenciais de correlação de troca [58, 75]. Os autores encontraram uma forte hibridização dos estados $Ag$-$s/p/d$, Se-p e $Ga$-$s/p$ no composto $Ag_x\,Ga_x\,Ge_{1-x}\,Se_2$ que pertence ao primeiro grupo pela ligação de tetraedros [58].

A hibridação das orbitais atómicas pode ocorrer durante a ligação covalente entre átomos. A interação devido à hibridação forte e à ligação covalente é determinada pelo grau de hibridação sobreposta. Do mesmo modo, as ligações covalentes fortes existentes nos cristais $Ag_x\,Ga_x\,Ge_{1-x}\,Se_2$ apresentam uma hibridação forte.

Os compostos $Ag_2\,In_2\,Si(Ge)S_6$ são classificados como o segundo grupo e, por ligação tetraédrica, também exibem uma hibridação mais forte [75], nomeadamente, os estados In-p são hibridizados com $Ag$-$s/p$, e os estados In-s sobrepõem-se com $Si$-$s/p$, o que contribui para a interação covalente. Simultaneamente, a banda de condução contém estados $In$-$s$ e $S$-$p$ que são típicos da natureza iónica da ligação [75, 76]. Por conseguinte, os compostos do segundo grupo possuem ligações parcialmente iónicas e fortemente covalentes, dependendo da diferença de eletronegatividade (S(2,58 por Pauling), Se(2,55), Ge(2,01), Ag(1,93), Si(1,90), Ga(1,81), In(1,78)). Deve notar-se que a eletronegatividade, de acordo com Pauling [77], não é um valor fixo, mas depende também de factores como o estado de valência do átomo, o número de coordenação, etc. Quanto maior for a diferença na eletronegatividade dos átomos na ligação, maior será o deslocamento da densidade eletrónica para o átomo mais eletronegativo, o que resulta no aumento da percentagem de ligação iónica.

Uma comparação dos cálculos teóricos efectuados por A. Reshak e outros investigadores [75, 76] e a nossa modelação cristalográfica [52, 53, 67, 72] confirma a eficiência da classificação da divisão dos objectos pelo método de ligação dos tetraedros. Isto é importante para a compreensão da distribuição espacial local da densidade de carga que determina as propriedades de transporte para os compostos estudados. No entanto, a não-centrossimetria espacial da densidade local determina as propriedades descritas pelos tensores polares de terceira ordem (geração de segundo harmónico, propriedades piezoeléctricas, etc.).

## 2.2. Controlo das fases e determinação das composições químicas

O controlo de fase e a determinação das composições químicas foram realizados para os cristais de AgGaGe $S_{2.21.6}$ $Se_{4.8}$ , AgGaGe $S_{1.82.4}$ $Se_{3.2}$ e AgGaGe $S_{22}$ $Se_4$ utilizando um microscópio eletrónico de varrimento (SEM) TESCAN equipado com detectores WDS/EDXS para microanálise por sonda eletrónica (EPMA). Para estes estudos, as placas foram cortadas dos blocos cristalinos (Fig. 2-10 a). As microfotografias SEM dos fragmentos dos cristais investigados confirmam a morfologia monofásica [78]. Por exemplo, uma fotografia e uma imagem SEM de uma parte do cristal AgGaGe $S_{2.21.6}$ $Se_{4.8}$ são mostradas na Fig. 2-10 b.

Fig. 2-10. a) Fotografia do cristal de AgGaGe $S_{2.21.6}$ $Se_{4.8}$ ; b) Micro-imagem SEM da parte do cristal de AgGaGe $S_{2.21.6}$ $Se_{4.8}$

A imagem EDS e a distribuição dos elementos para os cristais AgGaGe $S_{2.21.6}$ $Se_{4.8}$ , AgGaGe $S_{22}$ $Se_4$ e AgGaGe $S_{1.82.4}$ $Se_{3.2}$ são apresentadas nas Figs. 2-11, 2-12, 2-13, respetivamente.

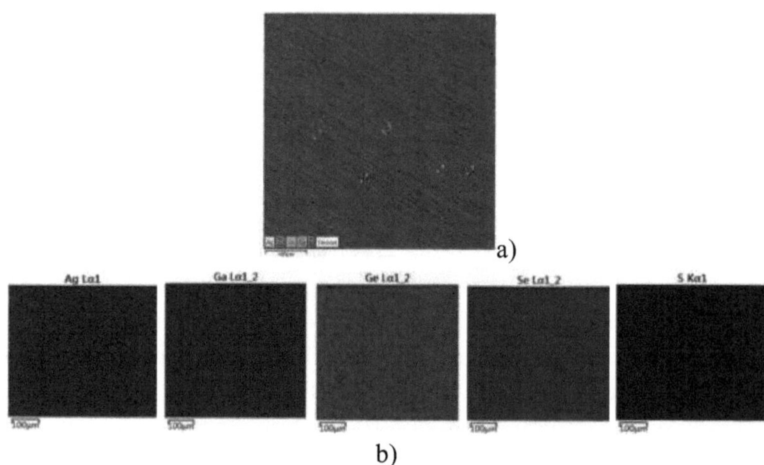

Fig. 2-11. a) Mapa EDS da área de visualização da composição AgGaGe $S_{2.21.6}$ $Se_{4.8}$ ; b) A presença dos elementos Ag, Ga, Ge, Se, S em AgGaGe $S_{2.21.6}$ $Se_{4.8}$

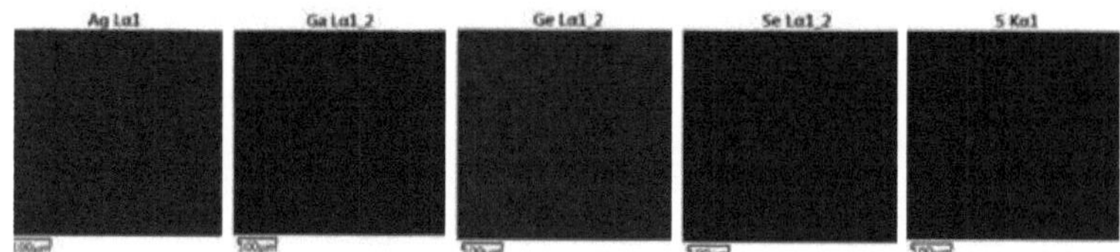

Fig. 2-12. Presença dos elementos Ag, Ga, Ge, Se, S em AgGaGe $S_{22}$ $Se_4$

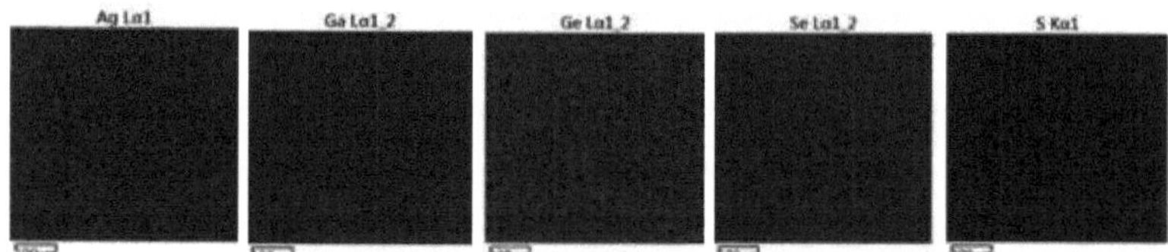

Fig. 2-13. A presença dos elementos Ag, Ga, Ge, Se, S em AgGaGe $S_{1.82.4}$ $Se_{3.2}$

Pode-se ver claramente que os cristais têm uma morfologia monofásica, embora todos os objectos tenham manchas escuras visíveis, áreas mais claras e mais escuras resultantes da rugosidade heterogénea da superfície causada pelo corte e pela moagem.

50

As composições químicas identificadas por EPMA estão em boa concordância com a composição original dos espécimes e têm as fórmulas químicas $Ag_{1.1(1)}$ $Ga_{0.9(2)}$ Ge $S_{2.2(2)1.7(3)}$ $Se_{4.7(2)}$ , $Ag_{1.2(1)}$ $Ga_{0.9(2)}$ Ge $S_{1.6(2)2.2(4)}$ $Se_{3.4(3)}$ e $Ag_{1.1(1)}$ $Ga_{1.0(1)}$ Ge $S_{1.9(2)\,1.9(3)}$ $Se_{4.1(2)}$ . Este método confirma uma avaliação qualitativa da composição elementar e da homogeneidade de todas as amostras dentro da área de varrimento selecionada.

## 2.3. Espectroscopia Raman dos monocristais de $Ag_x$ $Ga_x$ $Ge_{1-x}$ $Se_2$

Para uma melhor compreensão da estrutura dos cristais, com base no conhecimento das caraterísticas estruturais e da dinâmica da rede cristalina dos compostos ternários originais ($AgGaSe_2$ [73, 74, 78]) e binários ($GeSe_2$ [79, 80]), a análise dos espectros de fões de vários cristais $Ag_x$ $Ga_x$ $Ge_{1-x}$ $Se_2$ para as composições dos componentes ($x = 0.333$; 0,250; 0,200; 0,167) foi efectuada utilizando métodos de espetroscopia Raman. Este estudo utilizou um espetrómetro Dilor XY (Horiba Jobin Yvon), utilizando um laser de iões $Kr^+$ ($\lambda_{exc} = 647$ nm) e um laser de iões $Ar^+$ (514 nm) como fontes de excitação da luz a 80 K. Os espectros foram também medidos num espetrómetro Xplora (Horiba), com excitação por um laser He-Ne de 40 mW a um comprimento de onda de 785 nm. A resolução espetral foi de cerca de 2,0 $cm^{-1}$ .

Os espectros Raman experimentais dos cristais $Ag_x$ $Ga_x$ $Ge_{1-x}$ $Se_2$ ($x = $ 0,250 e 0,167) são apresentados na Fig. 2-14. Pode ver-se que os espectros para ambos os $x$ são bastante semelhantes, com exceção de algumas diferenças nas intensidades relativas e pequenas variações de frequência nas bandas de fões, apesar da alteração do teor de catiões Ag/Ga e Ge. Este facto é explicado pelas semelhanças estruturais de ambas as composições, nomeadamente, o facto de os tetraedros [(Ga,Ge)$Se_4$ ] serem as principais unidades estruturais. Além disso, a relativa estabilidade estrutural dos tetraedros [$GeSe_4$ ] é a razão da semelhança dos espectros Raman do GeSe cristalino e amorfo$_2$ [81]. As bandas mais intensas nos espectros a 199 e 210 $cm^{-1}$ diferem apenas vários $cm^{-1}$ das frequências nos cristais de $GeSe_2$ [79]. A sua intensidade relativa também se correlaciona com as relatadas para o $GeSe_2$ .

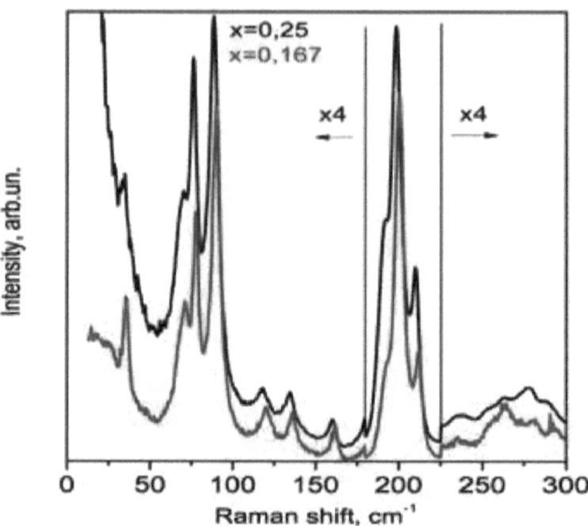


Fig. 2-14. Espectros Raman dos cristais $Ag_x\,Ga_x\,Ge_{1-x}\,Se_2$ : curva preta - $x$ = 0,250, curva vermelha - $x$ = 0,167, $\lambda_{exc}$ = 647 nm, $T$ = 80 K

A terceira linha relativamente intensa a 192 cm⁻¹ não tem modos correspondentes em $GeSe_2$ ou $AgGaSe_2$ . No entanto, pode ser atribuída à banda do modo de vibração a 181 cm⁻¹ em $AgGaSe_2$ deslocada devido à substituição de Ge por Ga e incluindo o movimento rotacional dos tetraedros [$(Ga,Ge)Se_4$ ] (Fig. 2-15).

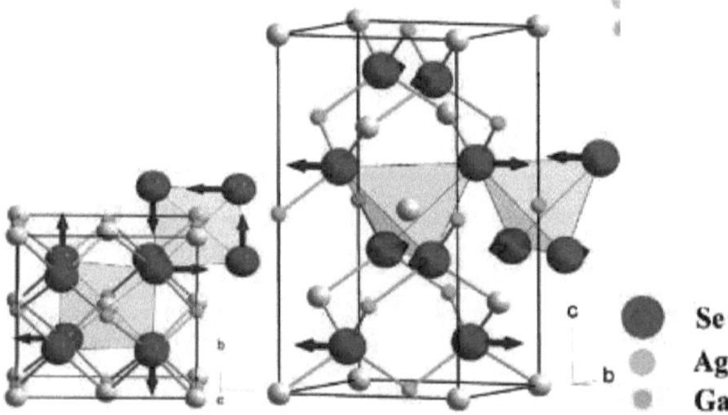


Fig.2-15. Deslocação dos átomos de Se em $AgGaSe_2$ envolvendo a rotação dos tetraedros [$GaSe_4$ ] em torno do eixo $c$

Este facto é confirmado pelos cálculos DFT, segundo os quais o modo de fão simétrico $A_1$ para a calcopirite $AgGaSe_2$ não está relacionado com a curvatura ou estiramento da ligação Ga-Se, mas inclui também o movimento rotacional dos tetraedros [GaSe$_4$ ] em torno do eixo $c$. Esta pode ser a razão para um ligeiro aumento da sua frequência para 192 cm$^{-1}$ *contra a* banda a 181 cm$^{-1}$ em AgGaSe$_2$ . Consequentemente, as posições espectrais para as bandas mais intensas nos espectros dos cristais Ag$_x$ Ga$_x$ Ge$_{1-x}$ Se$_2$ quase coincidem com as observadas para os compostos AgGaSe$_2$ e GeSe$_2$ .

A atribuição das bandas fónicas observadas nos cristais Ag$_x$ Ga$_x$ Ge$_{1-x}$ Se$_2$ aos modos dos compostos iniciais de AgGaSe$_2$ [77] e GaSe$_2$ [79] é apresentada na Tabela 2-3, onde os componentes de AgGaSe$_2$ e GaSe$_2$ são denotados por A e G, respetivamente. As suas frequências são retiradas das Refs. [82, 83]. Todos os valores da posição da frequência das bandas são dados em cm$^{-1}$ .

Tabela 2-3. Frequências dos modos fónicos nos cristais de Ag$_x$ Ga$_x$ Ge$_{1-x}$ Se$_2$

| $x = 0.333$ | $x = 0.25$ | $x = 0.20$ | $x = 0.167$ | Atribuído a: |
|---|---|---|---|---|
|  | 36 | 38 | 36 | G(39) |
| 46 |  | 47 |  | G(45) |
| 59 |  | 60 |  | G(61), A(58), GaSe(60)? |
| 71 | 70 | 71 | 70 | G(72) |
| 77 | 76 | 77 | 78 | G(79), GeSe(77)? |
| 90 | 89 | 90 | 89 | G(92) |
|  | 117 | 116 |  | G(117)? |
|  |  | 119 | 119 | G(117)? |
| 135 | 135 | 136 | 135 | A(137), GaSe(134) |
|  | 160 | 161 | 160 | A(160) |
| 193 | 192 | 192 | 193 | A(181) |
| 199 | 199 | 200 | 199 | G(201) |
| 210 | 210 | 211 | 211 | G(212) |
| 236 | 236 | 237 | 236 | GeSe(238) |
|  | 253 | 255 | 253 | A(251) G(251) |
|  | 262 | 262 | 262 | G(261) |
| 278 | 278 | 278 | 278 | A(277) |
| 288 | 288 | 288 | 288 | G(288) |

| | | | | |
|---|---|---|---|---|
| | | 293 | 293 | G(296) |
| | 310 | 312 | 312 | G(310) |
| | 327 | | 327 | G(329) |

Todos os espectros $Ag_x Ga_x Ge_{1-x} Se_2$ podem ser atribuídos às bandas correspondentes em $AgGaSe_2$ e $GaSe_2$ , com apenas alguns $cm^{-1}$ de variações na frequência. Esta proximidade das frequências indica a reconstrução de dois modos de espectros para os cristais $Ag_x Ga_x Ge_{1-x} Se_2$ , que confirma a presença de modos vibracionais para ambos os componentes ($AgGaSe_2$ e $GeSe_2$ ), com intensidade proporcional ao seu conteúdo [82, 83]. A única exceção notável é o deslocamento de alta frequência de 11 $cm^{-1}$ do modo totalmente simétrico de $AgGaSe_2$ que está relacionado com a substituição de Ge por Ga e o movimento rotacional dos tetraedros [(Ga,Ge)Se$_4$ ].

A homogeneidade espacial das amostras foi estudada por espetroscopia Raman. Foram encontradas pequenas inclusões (vários microns) em algumas amostras, com os seus espectros Raman diferentes dos do material a granel. O espetro Raman para a amostra $AgGaGe_4 Se_{10}$ ($x = 0,20$) é apresentado como exemplo na Fig. 2-16.

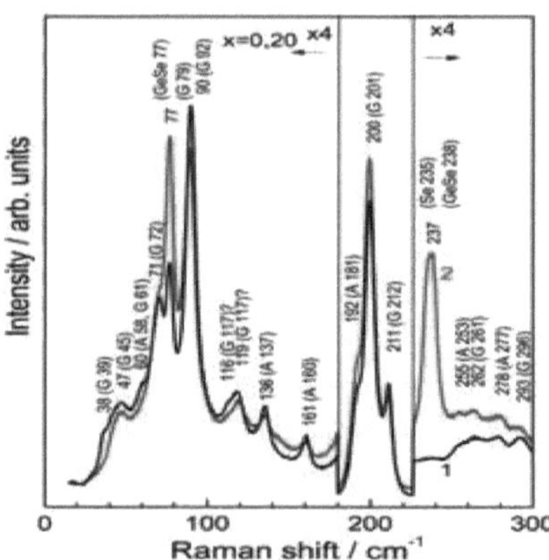


Fig.2-16. Espectros Raman do cristal $AgGaGe_4 Se_{10}$. . A curva preta 1 corresponde ao espetro típico do cristal a granel, a curva vermelha 2 é o espetro da inclusão [84]

Uma banda intensa a 237 cm$^{-1}$ no espetro 2 não tem análogo em AgGaSe$_2$ ou GeSe$_2$. Ao mesmo tempo, são conhecidos modos vibracionais com esta frequência no GeSe binário, bem como na forma trigonal-cristalina de Se [85, 86]. Este facto indica a possibilidade da presença de tais impurezas microscópicas nos cristais Ag$_x$ Ga$_x$ Ge$_{1-x}$ Se$_2$, especialmente em valores elevados *de x*.

Podemos afirmar, a partir dos espectros Raman dos cristais Ag$_x$ Ga$_x$ Ge$_{1-x}$ Se$_2$, que a reconstrução em dois modos dos espectros de fões é realizada com a alteração da composição ($x$). De facto, os espectros contêm bandas de ambos os componentes originais (AgGaSe$_2$ e GeSe$_2$). Este facto, como já foi referido, é o resultado da instabilidade estrutural dos tetraedros [GeSe$_4$], que é a principal unidade estrutural na gama considerada de composição dos componentes.

Tais conclusões foram confirmadas pelos resultados de [87] onde foram estudados os espectros Raman dos cristais AgGaGe$_{3(1-x)}$ Si$_{3x}$ Se$_8$ ($x$ = 0,02; 0,05; 0,1; 0,2) (Fig.2-17).

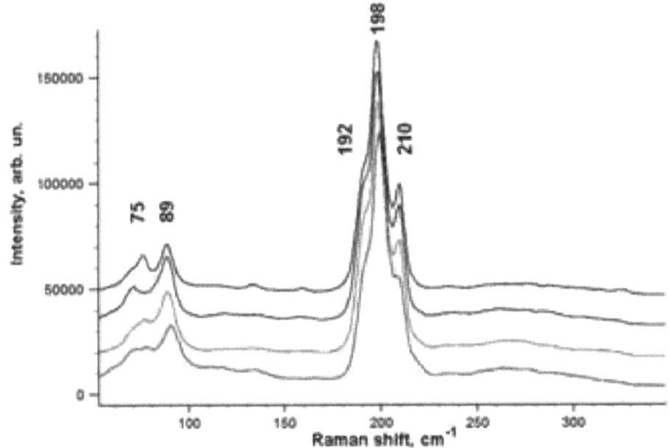


Fig. 2-17. Espectros Raman dos cristais AgGaGe$_{3(1-x)}$ Si$_{3x}$ Se$_8$ ($x$ = 0,02 curva preta, $x$ = 0,05 azul; $x$ = 0,1 verde; $x$ = 0,2 vermelho)

A distribuição espetral dos espectros Raman das amostras dopadas com Si é semelhante à das amostras originais, apesar das alterações na sua composição. No entanto, algumas bandas fracas alteram as suas intensidades relativas ou posições espectrais (Tabela 2-4). Estas alterações não indicam uma modificação significativa da estrutura cristalina do material, mas devem-se a pequenas diferenças na localização dos átomos, comprimentos de ligação e à possível presença de tensão mecânica local [88]. As bandas de fões observadas e os modos correspondentes dos compostos [77, 79, 88-90] estão listados na Tabela 2-4.

Tabela 2-4. Principais modos Raman dos cristais de $AgGaGe_3 Se_8$ :Si e sua atribuição (*s-forte*, *m-médio*, *w-fraco*, *vw-muito* fraco, *shoulder*)

| Posições espectrais, $cm^{-1}$ | | | | Atribuições |
|---|---|---|---|---|
| $x = 0.02$ | $x = 0.05$ | $x = 0.10$ | $x = 0.20$ | |
| 70 (*w, sh*) | 70 (*w*) | 70 (*w, sh*) | 71 (*w, sh*) | $GeSe_2$ ; $GeSe_4$ |
| 75(*m*) | - | 76(*w*) | 78(*w*) | $GeSe$, $GeSe_2$, $GeSe_4$ |
| 89(*m*) | 89(*m*) | 89(*m*) | 90(*m*) | $GeSe_2$ , $GeSe_4$ |
| 112 (*vw*) | - | - | 112 (*vw*) | Se-Se, Ge-Se |
| - | 118(*vw*) | - | - | $GeSe_2$ , $GeSe_4$ |
| 134 (*w*) | 134 (*vw*) | 134 (*vw*) | 134 (*vw*) | $AgGaSe_2$ , GaSe |
| 160 (*vw*) | 158(*vw*) | - | - | $AgGaSe_2$ , GaSe |
| 192 (*s, sh*) | 192 (*s, sh*) | 192 (*s, sh*) | 192 (*s, sh*) | $AgGaSe_2$ , GeSe |
| 198 (*s*) | 198 (*s*) | 199 (*s*) | 199 (*s*) | GeSe, $GeSe_2$ |
| 210 (*s*) | 210 (*s*) | 210 (*s*) | 210 (*s, sh*) | $GeSe_2$ , $GeSe_4$ |
| 234 (*w*) | 235 (*w*) | 235 (*w*) | 234 (*w*) | Ge-Se, Ga-Se, Se-Se |
| ~262 (*vw*) | ~262 (*vw*) | ~262 (*vw*) | ~262 (*vw*) | $GeSe_2$ ; Se-Se |
| ~280 (*vw*) | ~280 (*vw*) | ~280 (*vw*) | ~280 (*vw*) | $AgGaSe_2$ |
| ~290 (*vw, sh*) | ~290 (*vw, sh*) | ~290 (*vw, sh*) | ~290 (*vw, sh*) | $GeSe_2$ |

| ~327 (*vw*) | ~320 (*vw, sh*) | ~320 (*vw, sh*) | - | GeSe$_2$ |
|---|---|---|---|---|

A atribuição de algumas bandas fracas é ambígua. A principal razão para esta incerteza é a sobreposição das bandas de vibração Ga-Se, Ge-Se e Se-Se em algumas regiões espectrais [88-90].

Por conseguinte, as investigações realizadas confirmam a reconstrução bimodal dos espectros de fões para os cristais titulados. Alterações modestas nos espectros Raman devem-se a mudanças nos comprimentos de ligação e, possivelmente, devido a tensões mecânicas locais. As principais unidades estruturais na gama de composições estudada são os tetraedros [GeSe$_4$ ] que são responsáveis pela elevada estabilidade estrutural.

## 2.4. Simulações quântico-químicas

Os cálculos quântico-químicos dos momentos de dipolo do estado fundamental foram efectuados no âmbito da teoria do funcional da densidade local (DFT) para compreender o papel dos aglomerados individuais na estrutura [52, 67, 72]). É de notar que é impossível estimar o erro durante a utilização deste método sem o comparar com outros métodos ou resultados experimentais. A ideia principal do método DFT é substituir a interação multielectrão pela densidade eletrónica $\rho(\mathbf{r})$. Esta abordagem reduz a solução da equação tridimensional $3N$ (por exemplo, a descrição de 10 electrões requer 30 medições) a $N$ equações tridimensionais separadas. Esta abordagem simplifica a realização prática dos cálculos, reduzindo significativamente os custos informáticos e permitindo cálculos para moléculas e cristais com um grande número de átomos. A principal limitação do método DFT é que subestima substancialmente a energia do intervalo de bandas em comparação com a experiência, devido à negligência dos efeitos multielectrónicos.

Os cálculos quântico-químicos foram efectuados com o software Gaussian 09 [91], no âmbito da aproximação DFT, utilizando o funcional de rastreio de correlação de troca B3LYP (funcional de três parâmetros Becke, Lee-Yang-Parr) [92-94]:

$$E_{XC}^{B3LYP}[n(\mathbf{r})] = E_X^{LDA} + a_0(E_X^{HF} - E_X^{LDA}) + a_X(E_X^{GGA} - E_X^{LDA}) +$$

$$+ E_C^{LDA} + a_C(E_C^{GGA} - E_C^{LDA}),$$

em que $a_0 = 0,20$, $a_X = 0,72$, e $a_C = 0,81$; , $E_X^{GGA}$ $E_C^{GGA}$ é a aproximação do gradiente generalizado: Becke [95] e Lee-Yang-Parr [93] para B3LYP; , $E_X^{LDA}$ $E_C^{LDA}$ é a aproximação da densidade local de Vosko-Wilk-Nuser (VWN) para a descrição das correlações [96].

Este funcional híbrido foi escolhido porque, a nível fundamental, não é tão parametrizado como os outros, tendo apenas 3 parâmetros, ao contrário dos funcionais em que podem ser utilizados até 26 parâmetros. É também de salientar que os funcionais híbridos resolvem frequentemente o problema da subvalorização da energia de band gap, mas requerem consideravelmente mais recursos, o que dificulta a aplicação deste funcional a sistemas multipartículas. Para descrever as órbitas atómicas, foi utilizado um conjunto de funções de base do tipo Gaussiano na forma 6-31G*. A escolha da função de base consistiu num compromisso entre a fiabilidade dos resultados obtidos e os custos computacionais.

Considerando o primeiro tipo de compostos (Sec. 1.2), cujos representantes típicos são os cristais $Ag_x$ $Ga_x$ $Ge_{1-x}$ $Se_2$ , foi determinado que quando o aumento do teor de $GeSe_2$ é acompanhado pela substituição estatística de alguns átomos de gálio por germânio nos sítios *8a* e *16b*, e a ocupação do sítio *16b* com átomos de Ag diminui. Devido à perda de átomos de prata dos tetraedros [$AgSe_4$ ] e à substituição de Ge por Ga, ocorre a distorção espacial dos tetraedros [$(Ga,Ge)Se_4$ ] e a coordenação dos átomos de Se muda [69] (Fig.2-18). Esta estrutura aniónica e catiónica favorece o aparecimento de momentos de dipolo não nulos no estado fundamental e a polarização não linear do meio.

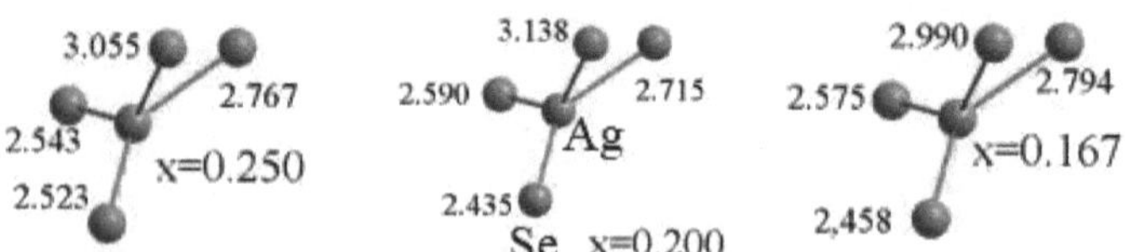


Fig.2-18. Distâncias interatómicas Ag-Se para $Ag_x$ $Ga_x$ $Ge_{1-x}$ $Se_2$ *(x = 0.250, 0.200, 0.167)*

58

Os cálculos de química quântica mostraram que os valores dos momentos de dipolo estáticos em $Ag_x\ Ga_x\ Ge_{1-x}\ Se_2$ são máximos para os tetraedros $[(Ga,Ge)Se_4\ ]$ e iguais a 3,6 D para $AgGaGe_4\ Se_{10}$ , 5,8 D para $AgGaGe_3\ Se_8$ , e 7,1 D para $AgGaGe_5\ Se_{12}$ . Os momentos de dipolo das ligações Ag-Se são fixos com uma magnitude de cerca de 2,9 D. Por conseguinte, espera-se que os momentos de dipolo estáticos dos tetraedros $[(Ga,Ge)Se_4\ ]$ desempenhem um papel fundamental nas dependências espectrais ópticas e ópticas não lineares [67].

O aparecimento de alguns momentos de dipolo do estado fundamental no segundo tipo de compostos investigados, cujo representante típico é o $Ag_2\ Ga_2\ SiS_6$ , é também favorecido pela estrutura dos compostos, nomeadamente, tetraedros aniónicos carregados negativamente e catiões positivos (Fig. 2-19).

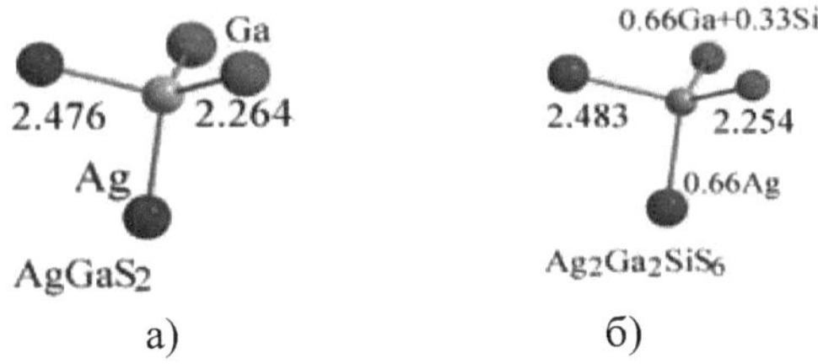


Fig.2-19. Distâncias interatómicas S-cátions para $AgGaS_2$ (a) e $Ag_2\ Ga_2\ SiS_6$ (b)

Cálculos de química quântica utilizando o método DFT/B3LYP mostram que os aglomerados $[GaS_4\ ]$ e $[SiS_4\ ]$ têm o dipolo de estado fundamental mais elevado em $Ag_2\ Ga_2\ SiS_6$ , igual a 8,7 D e 8,2 D, respetivamente. Além disso, utilizando o mesmo método para determinar a energia de ativação de átomos específicos, estimou-se que os defeitos catiónicos, especialmente Ga, Ag e menos Si, têm maior probabilidade de estar presentes nestes compostos. A probabilidade do seu aparecimento é de 23%, 18% e 12%, respetivamente, ao passo que a probabilidade de vacâncias aniónicas é quase uma ordem de grandeza inferior, 4%.

Os momentos de dipolo estático dos tetraedros $[SiSe_4\ ]$ e $[GaSe_4\ ]$ em $Ag_2\ Ga_2\ SiSe_6$ são iguais a 9,8 D e 7,8 D, respetivamente, o que é quase meia ordem de grandeza superior a outros agrupamentos, incluindo os de prata.

Por conseguinte, todos os futuros desenvolvimentos de tais tipos de materiais com caraterísticas ópticas melhoradas devem concentrar-se na otimização dos agrupamentos [(Ga,Si)Se$_4$ ] no que diz respeito aos momentos de dipolo.

Os resultados obtidos mostram que os momentos de dipolo do estado fundamental, que caracterizam a assimetria espacial da distribuição da densidade de carga, são menores nos cristais do primeiro grupo (Sec.1.2) em comparação com os do segundo grupo. Na nossa opinião, este facto leva a uma maior ionicidade da ligação (e, consequentemente, a uma maior assimetria da distribuição da densidade de carga) nos cristais do segundo grupo.

A obtenção de valores mais elevados de momentos de dipolo é fundamental para constantes ópticas e ópticas não lineares. É também de notar que, para além dos momentos de dipolo principais (estáticos), os momentos de dipolo induzidos são também substanciais nos processos fotoinduzidos [97]. No campo externo, estes últimos estão espacialmente dispostos ao longo do vetor da intensidade do campo elétrico correspondente. O valor total da polarizabilidade é o resultado da competição entre a orientação do campo e a desordem térmica. Por conseguinte, os processos fotoinduzidos são mais eficientes quando se utiliza luz laser polarizada.

**Referências ao Capítulo 2**

48  Calcogenetos quaternários tetraédricos do tipo $Cu^2$ II-IV-$S_4$ ($Se_4$ ). W. Schafer, R. Nitsche. *Mater. Res. Bull.* 1974. Vol. 9. p. 645-654.

49  Chen S., Gong X.G., Wei S.H. Anomalias da estrutura de banda dos semicondutores de calcopirite $CuGaX_2$ versus $AgGaX_2$ (X= S e Se) e suas ligas. *Phys. Rev. B: Condens. Matter.* 2007. Vol. 75. P. 205209(9pp.)

50  Crescimento monocristalino e estrutura eletrónica do tiogermanato $AgGaGeS_4$ , um novo material ótico não linear / O. Y. Khyzhun, O. V. Parasyuk, e A. O. Fedorchuk. *Columbia International Publishing Advances in Alloys and Compounds (Avanços em Ligas e Compostos)*. 2014. Vol. 1, № 1. P. 15-29.

51  Os equilíbrios de fase no sistema quasi-ternário $Ag_2$ Se-$Ga_2$ $Se_3$ -$GeSe_2$ . I. D. Olekseyuk, G. P. Gorgut, O. V. Parasyuk. *J. Alloys Compd.* 1997. Vol. 260. P. 111-120.

52  Síntese e estrutura de novos cristais $Ag_2$ $Ga_2$ $SiSe_6$ : materiais promissores para a gravação dinâmica de imagens holográficas / O. V. Parasyuk, V. V. Pavlyuk, O. Y. Khyzhun, V. R. Kozer, G. L. Myronchuk, V. P. Sachanyuk, G. S. Dmytriv, A. Krymus, I. V. Kityk, A. M. El- Naggar, A. A. Albassamh e M. Piasecki. *RSC Adv.* 2016. Vol. 6. P. 90958-90966.

53  Síntese, caraterísticas estruturais, electrónicas e electro-ópticas lineares do novo composto quaternário $Ag_2$ $Ga_2$ $SiS_6$ / M. Piasecki, G. L. Myronchuk, O. V. Parasyuk, O. Y. Khyzhun, A. O. Fedorchuk, V. V. Pavlyuk, V. R. Kozer, V. P. Sachanyuk, A. M. El-Naggar, A. A. Albassam, J. Jedryka, I. V. Kityk. *J. Solid State Chem.* 2017. Vol. 246. P. 363-371.

54  Refinamento da difração de pó de raios X de $Ag_2$ $In_2$ $SiSe_6$ estrutura e diagrama de fases do sistema $AgInSe_2$ -$SiSe_2$ . / I. D. Olekseyuk, V. P. Sachanyuk, O. V. Parasyuk. *J. Alloys Compd.* 2006. Vol. 414. P. 73-77.

55  Os sistemas Ag S-In $S_{223}$ -Si(Ge)$S_2$ e a estrutura cristalina dos sulfuretos quaternários $Ag_2$ $In_2$ Si(Ge)$S_6$ / V. P. Sachanyuk, G. P. Gorgut, V. V. Atuchin, I. D. Olekseyuk, O. V. Parasyuk. *J. Alloys Compd.* 2008. Vol. 452. P. 348-358.

56  Estrutura cristalina de $Ag_2$ $In_2$ $GeSe_6$ / O. V. Krykhovets, L. V. Sysa, I. D. Olekseyuk, T. Glowyak. *J. Alloys Compd.* 1999. Vol. 287. P. 181-184.

57  Crescimento de cristais, estrutura eletrónica e alterações ópticas foto-induzidas em novos cristais $Ag_x$ $Ga_x$ $Ge_{1-x}$ $Se_2$ ($x = 0{,}333$, $0{,}250$, $0{,}200$, $0{,}167$) / O. V. Parasyuk, A. O. Fedorchuk, G. P. Gorgut, O. Y. Khyzhun, A. Wojciechowski, I. V. Kityk. *Opt. Mater.* 2012. Vol. 35. P. 65-73.

58  Espectros ópticos e estrutura de banda de $Ag_x$ $Ga_x$ $Ge_{1-}$ $xSe_2$ ($x = 0{,}333, 0{,}250, 0{,}200, 0{,}167$) monocristais: Experiment and Theory / A. H. Reshak, O. V. Parasyuk, A. O. Fedorchuk, H. Kamarudin, S. Auluck, and J. Chysk. *J. Phys. Chem.* B. 2013. Vol. 117, № 48. P.15220-15231.

59  Preparação de um único cristal e propriedades da solução sólida $AgGaGeS_4$ -$AgGaGe_3$ $Se_8$ / M. V. Shevchuk, V. V. Atuchin, A. V. Kityk, A. O. Fedorchuk, Y. E. Romanyuk, S. Ca'us, O. M. Yurchenko, O. V. Parasyuk. *J. Cryst. Growth.* 2011. Vol. 318. P. 708-712.

60  Caraterísticas específicas da fotocondutividade e da piezoeletricidade fotoinduzida em cristais dopados com $AgGaGe_3$ $Se_8$ / I. V. Kityk, G. L. Myronchuk, O. V. Parasyuk, A. S. Krymus, P. Rakus, A. El- Naggar, A. Albassam, G. Lakshminarayana, A. O. Fedorchuk. *Opt. Mater.* 2017. Vol. 63. P. 197-206.

61  Propriedades químico-cristalinas e preparação de monocristais de $AgGaSe$ -$GeSe_{22}\gamma$ -soluções sólidas / I. D. Olekseyuk, A. V. Gulyak, L. V. Sysa et al. *J. Alloys Compd.* 1996. Vol. 241. P. 187-190.

62  Equilíbrio de fases nos sistemas $AgGaS_2$ -$GeS_2$ . / I. D. Olekseyuk, G. P. Gorgut, M. V. Shevchuk. *Pol. J. Chem.* 2002. Vol. 76, № 7. P. 915-919.

63  Utilização do pacote de programas CSD para a determinação da estrutura a partir de dados em pó / L. G. Akselrud, P. Yu. Zavalii, Yu. N. Grin, V. K. Pecharsk, B. Baumgartner, E. Wolfel. *Mater. Sci. Forum.* 1993. Vol. 133-136. P. 335-342.

64 Akselrud L., Grin Y. WinCSD: pacote de software para cálculos cristalográficos (Versão 4). *J. Appl. Crystallogr.* 2014. Vol. 47. P. 803-805.

65 A estrutura cristalina do sulfureto de Ag-germanogálio e $GeS_2$ / E. A. Pobedimskaya, L. L. Alimova, N. V. Belov, V. V. Badikov. *Sov. Phys. Doklady.* 1981. Vol. 26. P. 259-263. (Tradução de Dokl. Akad. Nauk SSSR. 1981. Vol. 257 (3). P. 611-614).

66 $AgGaGeS_4$ cristal como material optoelectrónico promissor / G. L. Myronchuk, G. Lakshminarayana, I. V. Kityk, A. O. Fedorchuk, R. O. Vlokh, V. R. Kozer, O. V. Parasyuk, M. Piasecki. *Chalcogenide Lett.* 2018. Vol. 15, № 3. P. 151-156.

67 Fotocondutividade e caraterísticas ópticas não lineares de novos cristais $Ag_x$ $Ga_x$ $Ge_{1-x}$ $Se_2$ / A. S. Krymus, G. L. Myronchuk, O. V. Parasyuk, G. Lakshminarayana, A. O. Fedorchuk, A. El-Naggar, A. Albassam, I. V. Kityk. *Mater. Res. Bull.* 2017. Vol. 85. P. 74-79.

68 Crescimento por congelação em gradiente horizontal de $AgGaGeS_4$ e $AgGaGe_5$ $Se_{12}$ . / P. G. Schunemann, K. T. Zawilski e T. M. Pollak *J. Cryst. Growth.* 2006. Vol. 287. P. 248-251.

69 Propriedades físicas dos calcogenetos tetrários: uma monografia / G. E. Davydyuk, L. V. Bulatetska, V. V. Bozhko etc. Lutsk: *Universidade Nacional Lesya Ukrainka Volyn*, 2009. 212 p.

70 Manifestação de defeitos intrínsecos nas estruturas de banda do calcogeneto quaternário $Ag_2$ $In_2$ $SiSe_6$ e $Ag_2$ $In_2$ $GeSe_6$ cristais / M. Makowska-Janusik, I. V. Kityk, G. Myronchuk, O. Zamuraeva e O. V. Parasyuk. *Cryst. Eng. Comm.* 2014. Vol. 16, № 40. P. 9534-9544.

71 Estrutura eletrónica e propriedades fotoeléctricas de $Ag_2$ $Em_2$ $SiSe_6$ e $Ag_2$ $Em_2$ $GeSe_6$ / O. Y. Khyzhun, G. L. Myronchuk, O. V. Zamurueva, O. V. Parasyuk. *Opt. Mater.* 2014. Vol. 38. P. 10-16.

72 Um novo efeito da piezoeletricidade induzida pelo laser $CO_2$ em cristais de calcogenetos $Ag_2$ $Ga_2$ $SiS_6$ / O. V. Parasyuk, G. L. Myronchuk, A. O. Fedorchuk, A. M. El-Naggar, A. Albassam, A. S. Krymus, I. V. Kityk. *Crystals.* 2016. Vol. 6. P. 107 (12pp).

73 Cálculos de primeiros princípios para fonões em cristais de calcopirite $AgGaX_2$ (X = Se,Te). / J. Lazewski, K. Parlinski. *J. Phys: Condens. Matter.* 1999. Vol. 11. P. 9673-9678.

74 Estudo de espetroscopia Raman dos cristais $AgGaSe_2$ , $AgGa_{0.9}$ $In_{0.1}$ $Se_2$ , e $AgGa_{0.8}$ $In_{0.2}$ $Se_2$ / Y. Cui, U. N. Roy, P. Bhattacharya, A. Parker, A. Burger, J. T. Goldstein. *Solid State Commun.* 2010. Vol. 150. P. 1686-1689.

75 Influência da substituição de si por ge nos sulfuretos quaternários de calcogenetos $Ag_2$ $In_2$ $Si(Ge)S_6$ na ligação química, susceptibilidades ópticas lineares e não lineares e hiperpolarizabilidade / A. H. Reshak, I. V. Kityk, O. V. Parasyuk, H. Kamarudin e S. Auluck. *J. Phys. Chem.* B. 2013, Vol. 117, № 8. P. 2545-2553.

76 Espectros ópticos e de fotocondutividade de novos cristais de calcogenetos $Ag_2$ $In_2$ $SiS_6$ e $Ag_2$ $In_2$ $GeS_6$ / M. Chmiel, M. Piasecki, G. Myronchuk, G. Lakshminarayana, A. H. Reshak, O. V. Parasyuk, Yu. Kogut, I. V. Kityk. *Spectrochim. Ata, Parte A.* 2012. Vol. 91. P. 48-50.

77 Caraterísticas estruturais e ópticas de novos cristais de calcogeneto de $Tl_{1-x}$ $In_{1-x}$ $Ge_x$ $Se_2$ / O. V. Zamurueva, G. L. Myronchuk, G. Lakshminarayana, O. V. Parasyuk, L. V. Piskach, A. O. Fedorchuk, N. S. AlZayed, A. M. El-Naggar, I. V. Kityk. *Opt. Mater.* 2014. Vol. 37. P. 614-620.

78 Fotocondutividade e piezoeletricidade operada por laser nos cristais Ag-Ga-Ge- (S, Se) e soluções sólidas / M. El-Naggar, A. A. Albassam, G. L. Myronchuk, O. V. Zamuruyeva, I. V. Kityk, P. Rakus, O. V. Parasyuk, J. Jędryka, V. Pavlyuk, M. Piasecki. *Mater. Sci. Semicond. Process.* 2018. Vol. 86. P. 101-110.

79 Espectros de Infravermelhos e Raman de Dicaleogenetos de Germânio (II) $GeSe_2$ . / Z. V. Popovic, H. J. Stolz. *Phys. Status Solidi B.* 1981. Vol. 108. P. 153-163.

80 Síntese e estrutura do GeSe a alta pressão$_2$ / T. Grande, M. Ishii, M. Akaishi, S. Aasland, H. Fjellvåg, S. Stølen. *J. Solid State Chem.* 1999. Vol. 145. P. 167-173.

81 Estudo Raman do GeSe cristalino$_2$ em relação aos estados amorfos. / O. Matsuda, K. Inoue, K. Murase. Resonant *Solid State Commun.* 1990. Vol. 75, № 4. P. 303-308.

82 Fonões ópticos de longo comprimento de onda em cristais mistos. / I. F. Chang, S. S. Mitra *Adv. Phys.* 1971. Vol. 20. P. 359-404.

83 Estudos ópticos das propriedades vibracionais de sólidos desordenados. / A. S. Barker, A. J. Sievers. *Rev. Mod. Phys.* 1975. Vol. 47. S1.

84 Estudo de espalhamento Raman de cristais mistos quaternários $Ag_x$ $Ga_x$ $Ge_{1-x}$ $Se_2$ (0,167 < $x$ < 0,333) / M. Ya. Valakh, V. M. Dzhagan, Ye. O. Havryliuk, V. O. Yukhymchuk, O. V. Parasyuk, G. L. Myronchuk, D. R. T. Zahn, A. P. Litvinchuk. *Phys. Status Solidi B.* 2017. Vol. 255, № 3. P. 1700230.

85 Dependência da pressão dos espectros Raman dos compostos de camadas IV-VI GeS e GeSe. / H. R. Chandrasekhar, R. G. Humphreys, M. Cardona. *Phys. Rev. B.* 1977. Vol. 16. P. 2981-2983.

86 Um estudo Raman in situ da fotocristalização dependente da polarização em filmes amorfos de selénio. / V. V. Poborchii, A. V. Kolobov, K. Tanaka. *Appl. Phys. Lett.* 1998. Vol. 72, № 10. P. 1167-1169.

87 Propriedades ópticas e ópticas não lineares das soluções sólidas $AgGaGe_{3(1-x)}$ $Si_{3x}$ $Se_8$ / M. El-Naggar, A. A. Albassam, O. Parasyuk, I. V. Kityk, G. Myronchuk, O. Zamuruyeva, Yu. Kot, D. Myronchuk, R. Wojnarowska-Nowak, S. Prokhorenko, M. Piasecki. *Optik.* 2018. Vol. 168. P. 397-402.

88 Estrutura e caraterísticas de ligação dos vidros calcogenetos no sistema $BaSe$-$Ga_2$ $Se$ -$GeSe_{32}$ / A. W. Mao, D. C. Kaseman, R. E. Youngman, B. G. Aitken, S. Sen. *J. Non-Cryst. Solids.* 2013. Vol. 375. P. 40-46.

89 Dinâmica de oxidação de GaSe ultrafino sondado por espetroscopia Raman / A. Bergeron, J. Ibrahim, R. Leonelli, S. Francoeur. *Appl. Phys. Lett.* 2017. Vol. 110. P. 241901

90 Melhorias nas propriedades ópticas dos vidros calcogenetos Ge-Sb-Se com incorporação de iodo / C. Jiang, X. Wang, Q. Zhu, Q.

Nie, M. Zhu, P. Zhang, S. Dai, X. Shen, T. Xu, C. Cheng, F. Liao, Z. Liu, X. Zhang. *Infravermelho Phys. Technol.* 2015. Vol. 73. P. 54-61.

91 Gaussian 09, Revisão D.01, M. J. Frisch, G. W. Trucks, H. B. Schlegel, G. E. Scuseria, M. A. Robb, J. R. Cheeseman, G. Scalmani, V. Barone, B. Mennucci, G. A. Petersson, H. Nakatsuji, M. Caricato, X. Li, H. P. Hratchian, A. F. Izmaylov, J. Bloino, G. Zheng, J. L. Sonnenberg, M. Hada, M. Ehara, K. Toyota, R. Fukuda, J. Hasegawa, M. Ishida, T. Nakajima, Y. Honda, O. Kitao, H. Nakai, T. Vreven, J. A. Montgomery Jr., J. E. Peralta, F. Ogliaro, M. Bearpark, J. J. Heyd, E. Brothers, K. N. Kudin, V. N. Staroverov, R. Kobayashi, J. Normand, K. Raghavachari, A. Rendell, J. C. Burant, S. S. Iyengar, J. Tomasi, M. Cossi, N. Rega, J. M. Millam, M. Klene, J. E. Knox, J. B. Cross, V. Bakken, C. Adamo, J. Jaramillo, R. Gomperts, R. E. Stratmann, O. Yazyev, A. J. Austin, R. Cammi, C. Pomelli, J. W. Ochterski, R. L. Martin, K. Morokuma, V. G. Zakrzewski, G. A. Voth, P. Salvador, J. J. Dannenberg, S. Dapprich, A. D. Daniels, Ë. O. Farkas, J. B. Foresman, J. V. Ortiz, J. Cioslowski, D. J. Fox. Gaussian, Inc., Wallingford CT, 2009.

92 Termoquímica funcional de densidade. III. O papel da troca exacta. / A. D. Becke. *J. Chem. Phys.* 1993. Vol. 98. P. 5648

93 Desenvolvimento da fórmula de energia de correlação de Colle-Salvetti num funcional da densidade eletrónica. / C. Lee, W. Yang, R. G. Parr. *Phys. Rev. B.* 1988. Vol. 37, № 2. P. 785-789.

94 Cálculo Ab Initio de Espectros de Absorção Vibracional e Dicroísmo Circular Utilizando Campos de Força do Funcional da Densidade / P. J. Stephens, F. J. Devlin, C. F. Chabalowski, M. J. Frisch. *J. Phys. Chem.* 1994. Vol. 98, № 45. P. 11623-11627.

95 Aproximação da energia de troca do funcional de densidade com comportamento assintótico correto. / A. D. Becke *Phys. Rev. A.* 1988. Vol. 38, № 6. P. 3098-3100.

96 Energias precisas de correlação eletrão-líquido dependentes do spin para cálculos de densidade de spin local: uma análise crítica. / S. H. Vosko, L. Wilk, M. Nusair. *Can. J. Phys.* 1980. Vol. 58, № 8. P. 1200-1211.

97 TlInX -D $X_{2IV2}$ sistemas: equilíbrio de fases e propriedades optoelectrónicas de soluções sólidas: monografia / G. L. Myronchuk, I. V. Kityk, L. V. Piskach, O. Yu. Khizhun, A. O. Fedorchuk, O. V. Zamuruyeva, S. P. Danylchuk, M. Yu. Mozolyuk. Lutsk: *Vezha-Druk*, 2016. 148 p.

# Capítulo 3
## Espectroscopia Ótica de Calcogénios


**M. Piasecki, M.Ya. Rudysh, G. L. Myronchuk**

### 3.1. Espectros de transmissão IV

Os materiais semicondutores optimizados para novos dispositivos de infravermelhos baseados em calcogenetos ternários e quaternários abrem uma possibilidade promissora de funcionamento através de constantes ópticas principais, tanto na região espetral que abrange os defeitos intrínsecos como na gama de energia dos fónons que podem interagir eficazmente com termos de defeitos carregados devido a interações anarmónicas eletrão-fónon. Ao mesmo tempo, este tipo de compostos deve alargar significativamente a janela espetral de transparência até à região do infravermelho médio e distante (até 15-20 μm) e eliminar as desvantagens dos materiais de óxido. Por conseguinte, esta secção apresenta os resultados das medições do espetro ótico para compostos típicos de calcogenetos multicomponentes.

As investigações espectrais ópticas são uma ferramenta poderosa para estudar os defeitos da estrutura destes compostos. É sabido que todas as propriedades físicas dos cristais são determinadas pela estrutura atómica. Por conseguinte, dependem da presença de defeitos, da sua origem e concentração. A adição ao cristal de um número estritamente controlado de defeitos (intrínsecos ou de mistura) dá a oportunidade de fabricar materiais com uma combinação única de propriedades. A concentração de defeitos pode ser controlada através da variação das condições termodinâmicas de crescimento e processamento do cristal, incluindo o recozimento num meio gasoso de uma determinada composição. Koch e Wanger [98] propuseram um método de variação orientada da concentração de defeitos (método dos defeitos atómicos controlados), segundo o qual o tipo e a concentração de defeitos podem ser modificados através da introdução de diferentes rácios catião-anião no composto.

Obviamente, a implementação orientada dos processos que conduzem ao fabrico de materiais com propriedades físicas especificadas requer o conhecimento das regras de ocorrência e origem dos defeitos nos sólidos e a sua interação.

O principal problema dos materiais multicomponentes utilizados em ótica não linear é a não homogeneidade ótica, causada por um grande número de defeitos intrínsecos. Por um lado, estes defeitos conferem propriedades foto-induzidas e, por outro, criam efeitos foto-térmicos indesejáveis que causam a degradação destes cristais. Como resultado da absorção da energia do laser por impurezas ou defeitos locais, a temperatura e a pressão locais aumentam muito rapidamente (durante o impulso do laser), o que leva à fissuração e fusão do cristal na região em torno do defeito. medida que o tempo de impulso do laser diminui, o limiar de potência é aumentado, aumentando assim a resistência à radiação do cristal ótico.

No entanto, a presença de defeitos intrínsecos forma níveis de energia adicionais dentro do intervalo de banda proibida. Sob a influência da radiação electromagnética, estes níveis permitem transições electrónicas com energias inferiores à energia do "band gap", o que promove a fotopolarização destes níveis e determina as propriedades induzidas pelo laser. A magnitude dos efeitos opticamente induzidos depende significativamente da estrutura e da concentração dos defeitos que interagem efetivamente com a radiação laser externa [99, 100].

Assim, apesar de os defeitos serem normalmente vistos como elementos indesejáveis que afectam negativamente o desempenho do dispositivo, a sua presença pode ser eficazmente utilizada para regular as propriedades locais dos semicondutores e para obter novas funcionalidades dos dispositivos optoelectrónicos.

Os espectros de transmitância no infravermelho foram investigados para estudar a possibilidade de utilizar os cristais de calcogenetos no espetro do infravermelho médio e para desenvolver materiais multifuncionais eficazes para aplicações de ótica não linear e optoelectrónica.

Os estudos principais foram realizados utilizando um espetrofotómetro PerkinElmer FTIR Spectrum Two™. O sistema ótico com janelas de KBr permite efetuar as medições na gama espetral de 7800-370 $cm^{-1}$ com uma resolução de 0,5 $cm^{-1}$. O espetrofotómetro está equipado com um detetor DTGS (sulfato de triglicina deuterado) estabilizado à temperatura, proporcionando uma elevada relação sinal-ruído.

Os resultados da transmitância para $AgGaGeS_4$ , $AgGaGe_3 Se_8$ e composições intermédias $AgGaGe S_{1.82.4} Se_{3.2}$ e $AgGaGe S_{22} Se_4$ em luz não polarizada são apresentados na Fig. 3-1 [101]. Estes cristais têm obviamente uma boa transparência na região do infravermelho.

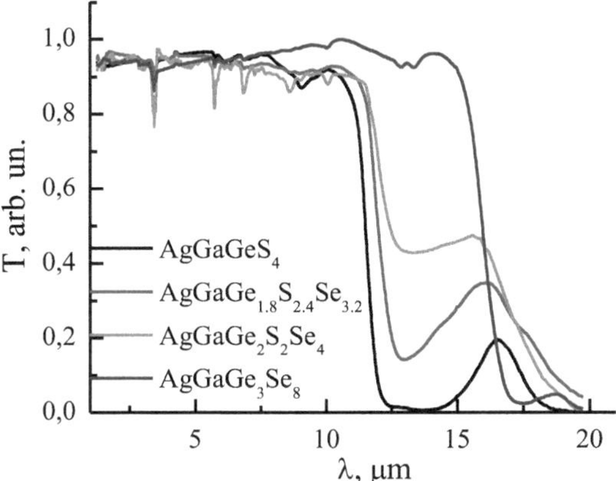

Fig. 3-1. Distribuição espetral da transmitância

As gamas de transparência dos monocristais $AgGaS_2$ e $AgGaSe_2$ são iguais a 0,48-11,4 µm e 0,76-15,0 µm, respetivamente. Os compostos quaternários $AgGaGeS_4$ e $Ag_x\,Ga_x\,Ge_{1-x}\,Se_2$ que são semelhantes a $AgGaS_2$ e $AgGaSe_2$ exibem uma extensão do espetro de transparência (Fig. 3-1) para 0,42-12 µm para $AgGaGeS_4$ e 0,6-16 µm para a composição $AgGaGe_3\,Se_8$ [102, 103]. A principal razão durante a transição de S para Se é o desvio do espetro vermelho devido aos estados de valência *Se-p*.

Os espectros de transmitância de IV das amostras de $AgGaGeS_4$ cortadas de diferentes partes do lingote de cristal único foram explorados em [104]. Algumas diferenças na distribuição espetral da transmitância devem-se à presença de defeitos intrínsecos, ao seu número e à diferente dispersão da luz IV. Uma situação semelhante é observada para várias composições de $Ag_x\,Ga_x\,Ge_{1-x}\,Se_2$ [105] (Fig. 3-2).

Os cristais de $AgGaGeS_4$ , $AgGaGe_3\,Se_8$ e de soluções sólidas intermédias têm um mínimo de transmitância típico na gama de comprimentos de onda espectrais de 12-16 µm. O que é muito importante aqui é o facto de que, quando S é substituído por Se, o desvio espetral vermelho na região visível é menor do que para IR. Os picos adicionais observados na gama espetral de 2,5 a 8 µm são causados pela presença dos níveis de energia do defeito dentro do intervalo de banda de energia proibida. Não podem ser identificados de forma inequívoca devido à sobreposição de vários defeitos. O esclarecimento do efeito de diferentes centros de defeitos

71

na distribuição espetral da transmitância requer simulações adicionais de química quântica e dinâmica molecular. Por conseguinte, são frequentemente considerados os efeitos de uma banda espetral alargada.

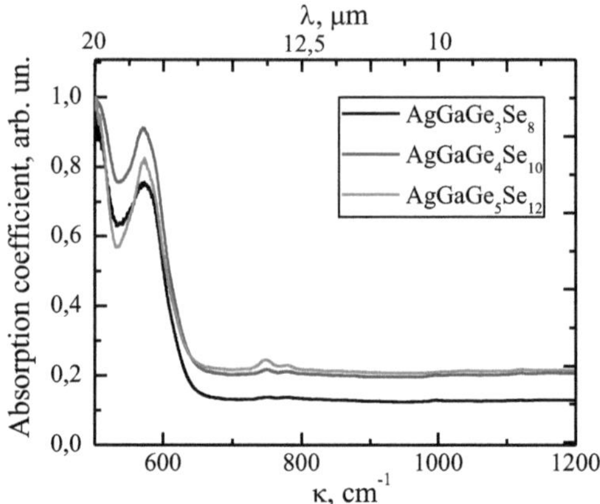

Fig. 3-2. Espectros típicos de transmitância IV de $Ag_x Ga_x Ge_{1-x} Se_2$ soluções sólidas ($x = 0{,}250, 0{,}200, 0{,}167$)

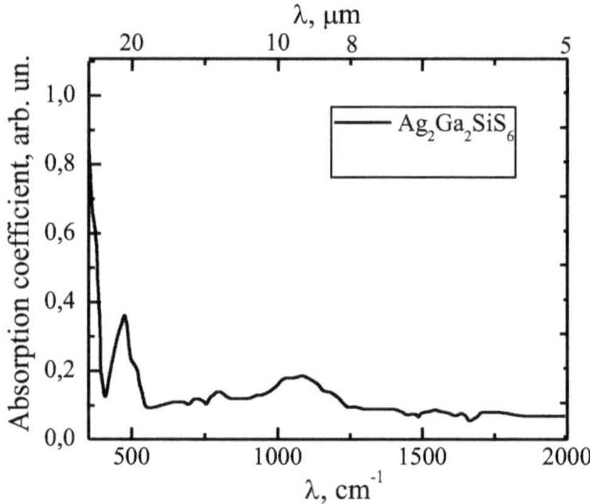

Fig. 3-3. $Ag_2 Ga_2 SiS_6$ espectros de transmitância

Os cristais $AgIn(Ga)_2 Si(Ge)S(Se)_6$ são também transparentes numa vasta gama espetral (0,3 a 15 µm). A transmitância medida no espetro do infravermelho médio e distante apresentada em [106, 107] confirmou a sua elevada transparência na gama de funcionamento do laser de $CO_2$ (Fig. 3-3).

Os dados apresentados [106, 107] levam a concluir que o laser de $CO_2$ com um comprimento de onda de 10,6 µm (943 $cm^{-1}$ ) e inferior a 5,3 µm (1886 $cm^{-1}$ ) pode emitir perto das ressonâncias de infravermelhos da molécula principal e pode efetivamente excitar o subsistema de fões formado por fões harmónicos e anarmónicos. O laser Er: vidro a 1540 nm (6490 $cm^{-1}$ ) e o laser Nd:YAG a 1064 nm (9398 $cm^{-1}$ ) emitem fora das frequências de ressonância dos fões. Por conseguinte, a fotopolarização dos electrões será dominante para eles.

Por conseguinte, a elevada transparência na gama de funcionamento do laser de $CO_2$ permite considerar os objectos de investigação como materiais promissores para aplicações em dispositivos optoelectrónicos de infravermelhos e de eletrónica quântica.


## 3.2. Bordos de absorção fundamentais e hiato de energia energia eletrónica fundamental

A energia do hiato de banda é um dos parâmetros mais importantes dos semicondutores que define as suas caraterísticas ópticas e electrónicas. O âmbito de aplicação dos semicondutores na optoelectrónica está relacionado com o funcionamento por banda larga. Por exemplo, os dispositivos LED de alcance visível que funcionam a altas temperaturas requerem semicondutores de banda larga; os dispositivos fotovoltaicos que detectam ou emitem fotões de baixa energia utilizam materiais de banda estreita. Por conseguinte, uma área muito importante da ciência dos materiais optoelectrónicos semicondutores é a obtenção de novos materiais com um intervalo de energia pré-definido $E_g$ . Esta direção é designada por engenharia de bandas de semicondutores e está associada ao fabrico de novos materiais com base em soluções sólidas de compostos conhecidos. No caso dos calcogenetos, o parâmetro variável é o sistema catiónico que pode ser ajustado tecnologicamente e que é responsável por defeitos intrínsecos específicos. Por conseguinte, o efeito da substituição do catião e do anião nas magnitudes do intervalo de banda dos cristais foi estudado para desenvolver uma estratégia de procura de materiais promissores.

A distribuição espetral do coeficiente de absorção na região da banda de absorção fundamental foi estudada para estimar a energia do intervalo de banda ótica. Para as medições, foram preparados paralelepípedos paralelos de 0,06-0,1 mm de espessura com superfícies de qualidade ótica. As placas foram polidas em óleo de rícino contendo aditivos abrasivos ultrafinos (tamanho de partícula~ 28 µm) para obter superfícies de alta qualidade. Foi utilizado um monocromador de difração MDR-206 com fotodíodo de silício como instrumento espetral para a gama de 360-1100 nm (resolução espetral de 0,2 nm). Os estudos dependentes da temperatura foram realizados utilizando o crióstato de azoto Utrex K41-3 na gama de temperaturas de 77-300 K (precisão ±0,2 K). O coeficiente de reflexão foi investigado à temperatura ambiente utilizando um espetrofotómetro Cary 5000 UV-Vis-NIR (Agilent Technologies) na gama espetral de 400-3300 nm com uma precisão de ±0,1 nm.

A transmitância foi medida na região das energias dos fotões $h\nu$ perto de $E_g$ onde o coeficiente de absorção $\alpha$ aumenta rapidamente em várias ordens de grandeza (o limite de absorção fundamental). Uma vantagem importante desta técnica é o facto de o intervalo de banda ser determinado pela área da curva de absorção, ou seja, no conjunto de valores experimentais de transmitância ótica [108].

A fórmula utilizada durante o cálculo foi [109]:

$$T = \frac{(1-R)^2 \exp(-\alpha d)}{1 - R^2 \exp(-2\alpha d)},$$
(3-1)

em que $\alpha$ é o coeficiente de absorção; $d$ é a espessura da amostra; $T = I/I_0$ é a transmitância; $R$ é o coeficiente de reflexão. A solução da Eq. (3-1) em relação a $\alpha$ é:

$$\alpha = \frac{1}{d} \ln \left\{ \frac{(1-R)^2}{2T} + \sqrt{\left[ \frac{(1-R)^2}{2T} \right]^2 + R^2} \right\}.$$
(3-2)

A dependência espetral do coeficiente de absorção $\alpha$ no limite da região de absorção fundamental à temperatura ambiente, calculada pela Eq. (3-2), está representada na Fig. 3-4.

Uma das formas mais comuns e eficazes de estimar o intervalo de bandas ópticas é o método de Tauc [110]. Este método baseia-se no pressuposto da forma parabólica da dispersão dos bordos de energia da banda de valência e da banda de condução.

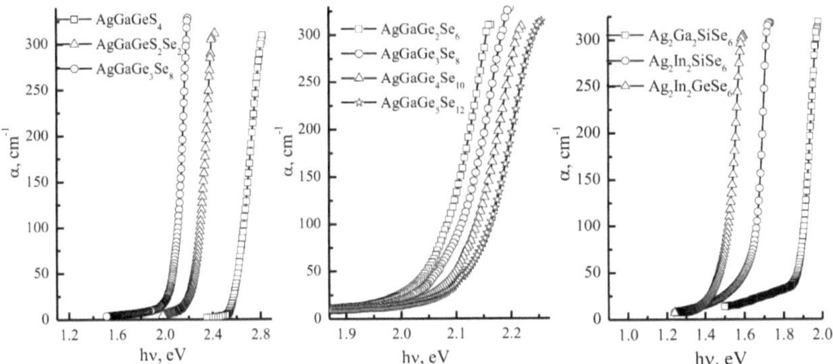

Fig. 3-4. Bordos de absorção à temperatura ambiente

Nesse caso, a expressão seguinte é válida na região do limite de absorção fundamental em $\alpha \geq 10^3$ cm$^{-1}$ [109, 111]:

$$(\alpha h v)^{1/N} = f(h v),\qquad (3\text{-}3)$$

em que $N$ é o expoente que depende fortemente da natureza da transição eletrónica responsável pela absorção ($N = 1/2$ para transições diretas permitidas, $N = 3/2$ para transições diretas proibidas, $N = 2$ para transições indirectas permitidas, $N = 3 =$ para transições indirectas proibidas). O intervalo de banda da amostra é determinado por extrapolação da parte linear do gráfico para o eixo da energia.

São também utilizados outros métodos para avaliar $E_g$ de semicondutores, por exemplo, um valor aproximado de $E_g$ a$\alpha < 10^3$ cm$^{-1}$ é por vezes determinado a um nível de absorção fixo [112-114]. É de notar que, ao medir os espectros nesta experiência, não foi possível obter um coeficiente de absorção suficientemente grande para a aplicação do método Tauc, pelo que $E_g$ foi estimado pelo exemplo acima. A diferença entre os valores estimados da energia de band gap por ambos os métodos, de acordo com os dados da literatura, é de 3-7%, dependendo da composição do composto.

O cálculo teórico das bandas de absorção foi efectuado em [115]. De acordo com os dados obtidos (Fig. 3-5), os três espectros $I$ $(^{xx}\omega)$, $I$ $(^{yy}\omega)$, $I$ $(^{zz}\omega)$ são quase idênticos a baixas energias, enquanto na gama de energia acima de 5,0 eV se observa uma anisotropia significativa.

Por este motivo, o estudo do comportamento espetral do coeficiente não teve em conta as direcções cristalográficas na gama de energia de 1,12-3,4 eV. Os resultados da avaliação do $E_g$ no nível$\alpha = 300$ cm$^{-1}$ são apresentados na Tabela 3-1.

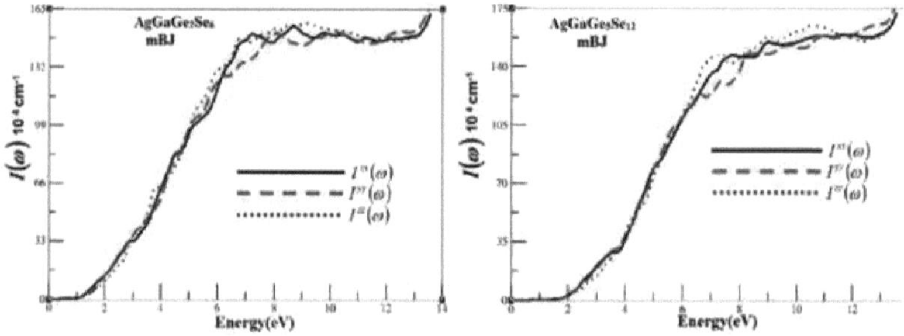

Fig. 3-5. Espectros dos coeficientes de absorção $I$ $(^{xx}\omega)$, $I$ $(^{yy}\omega)$, e $I$ $(^{zz}\omega)$ calculados utilizando a aproximação mBJ para AgGaGe$_2$ Se$_6$ e AgGaGe$_5$ Se$_{12}$ [115]

Tabela 3-1. Bandgaps estimados para cristais contendo Ag a 300 K

| Cristal | $E$ $eV_{g,}$ | Cristal | $E$ $eV_{g,}$ |
|---|---|---|---|
| AgGaGeS$_4$ | 2.83 | Ag$_2$ Ga$_2$ SiSe$_6$ | 1.96 |
| AgGaGeS$_2$ Se$_2$ | 2.44 | Ag$_2$ In$_2$ SiSe$_6$ | 1.68 |
| AgGaGe$_3$ Se$_8$ | 2.18 | Ag$_2$ In$_2$ GeSe$_6$ | 1.55 |
| AgGaGe$_2$ Se$_6$ | 2.16 | Ag$_2$ Ga$_2$ SiS$_6$ | 2.35 |
| AgGaGe$_4$ Se$_{10}$ | 2.21 | Ag$_2$ In$_2$ SiS$_6$ | 2.00 |
| AgGaGe$_5$ Se$_{12}$ | 2.24 | Ag$_2$ In$_2$ GeS$_6$ | 1.96 |

As dependências dos intervalos de bandas para os semicondutores estudados em função da composição a 300 K são apresentadas nas Fig. 3-6

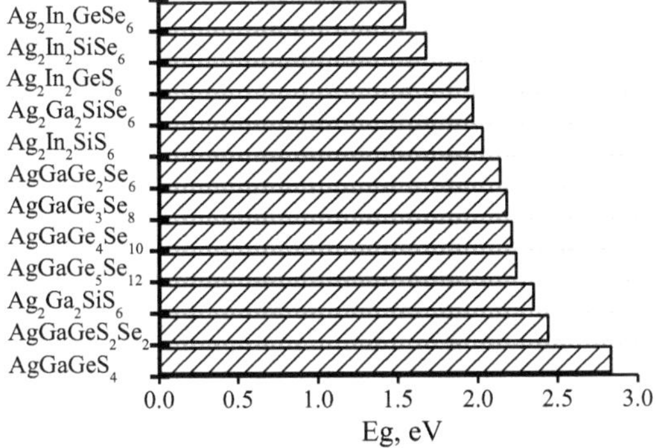


Fig. 3-6. Variação da energia do intervalo de bandas em função da composição dos compostos a 300 K

Os esquemas de reação para a formação dos compostos estudados são apresentados na Tabela 3-2, podendo ser tiradas as seguintes conclusões. A adição de várias quantidades de disseleneto de silício ou de germânio à matriz $AgGaSe_2$ ou $AgInSe_2$ favorece um aumento da energia do intervalo de banda, por exemplo, $E_g$ de $SiSe_2$ e $GeSe_2$ é de 1,73 e 2,70 eV, respetivamente, que é maior do que o intervalo de banda do $AgInSe_2$ original (1,24 eV) ou $AgGaSe_2$ (1,8 eV). Uma situação semelhante é observada nos sulfuretos com a introdução de $SiS_2$ e $GeS_2$ na rede cristalina de $AgGaS_2$ ou $AgInS_2$ .

Tabela 3-2. Esquemas de formação de compostos

| Composto | Grupo I | Composto | Grupo II |
|---|---|---|---|
| $AgGaGeS_4$ | $AgGaS + GeS_{22}$ | $Ag_2 Ga_2 SiSe_6$ | $2AgGaSe + SiSe_{22}$ |
| $AgGaGe_2 Se_6$ | $AgGaSe + 2GeSe_{22}$ | $Ag_2 Ga_2 SiS_6$ | $2AgGaSe + SiS_{22}$ |
| $AgGaGe_3 Se_8$ | $AgGaSe + 3GeSe_{22}$ | $Ag_2 In_2 SiSe_6$ | $2AgInSe + SiSe_{22}$ |

| $AgGaGe_4Se_{10}$ | $AgGaSe +4GeSe_{22}$ | $Ag_2 In_2 GeSe_6$ | $2AgInSe +GeSe_{22}$ |
|---|---|---|---|
| $AgGaGe_5Se_{12}$ | $AgGaSe +5GeSe_{22}$ | $Ag_2 In_2 SiS_6$ | $2AgInS +SiS_{22}$ |
|  |  | $Ag_2 In_2 GeS_6$ | $2AgInS +GeS_{22}$ |

As seguintes tendências para a energia do intervalo de bandas foram observadas para os compostos de quatro componentes com base na análise dos dados acima (Tabelas 3-1, 3-2):

- Para compostos com elementos idênticos $A^I$ (Ag), $C^{III}$ (Ga, In) e X (S, Se) e que diferem apenas pelo elemento $D^{IV}$ (Si, Ge), $E_g$ diminui com o aumento do número atómico do elemento $D^{IV}$ (de Si para Ge);

- Para compostos com os mesmos elementos $A^I$ (Ag), $D^{IV}$ (Si, Ge), X (S, Se) e diferindo apenas pelo elemento $C^{III}$ (Ga, In), $E_g$ diminui com o aumento do número atómico do elemento $C^{III}$ (de Ga para In);

- $E_g$ diminui com o aumento do número atómico do calcogénio (S, Se).

O papel principal na determinação de $E_g$ para os calcogenetos quaternários é, portanto, desempenhado pelos átomos de calcogénio e pelos catiões com o maior teor no composto.

Assumindo a ligação forte, a diminuição da energia do intervalo de bandas com o aumento do número atómico do elemento é explicada pelo aumento do integral de correlação de troca de energia. Quanto maior for o número atómico de um elemento, maior será a dimensão da nuvem eletrónica e o grau de sobreposição das nuvens electrónicas de átomos adjacentes, mais intensa será a troca de electrões, maior será a magnitude do integral de troca de energia e a largura das bandas de energia permitidas que lhe estão associadas. Consequentemente, o intervalo de banda é menor.

Na aproximação quase livre de electrões (o potencial periódico é considerado como uma pequena perturbação), o aumento do intervalo de banda com a diminuição do número atómico e do tamanho das nuvens de electrões é explicado por uma mudança mais acentuada entre o máximo e o mínimo do potencial periódico no cristal [116].

Ao mesmo tempo, com a adição de átomos de menor raio iónico, a rede cristalina encolhe, causando uma diminuição dos parâmetros da rede.

Inversamente, com a introdução de átomos de maior raio, a rede cristalina é esticada e os períodos da rede aumentam. A dependência de $E_g$ do parâmetro de célula unitária $a$ para os cristais estudados dentro do mesmo grupo espacial é apresentada na Fig. 3-7.

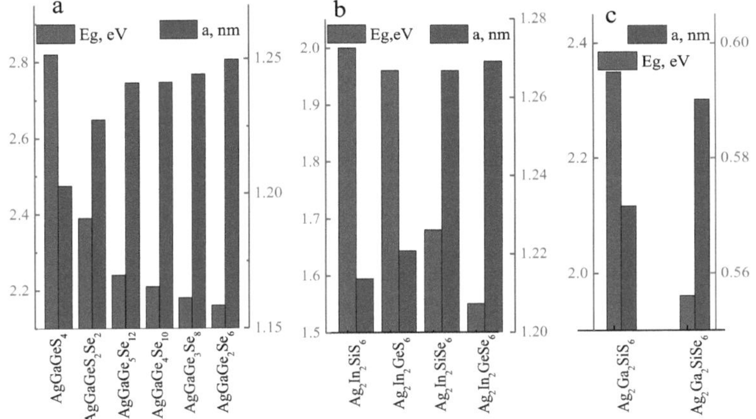


Fig. 3-7. Dependência do intervalo de banda com o parâmetro de rede $a$ dentro do mesmo grupo espacial: a) *SGFdd2*; c) *SGCc*; c) *SGI-42d*

A variação do período da rede conduz à alteração do grau de sobreposição das nuvens de electrões dos átomos adjacentes e, consequentemente, à alteração do intervalo de banda. Isto está de acordo com as experiências de compressão hidrostática de cristais, nomeadamente, que a pressão hidrostática leva a uma diminuição da distância inter-atómica e a um aumento do $E_g$ . A influência da pressão hidrostática sobre as propriedades estruturais e electrónicas do Cu CdGeSe$_{24}$ e do Cu CdGeS$_{24}$ foi calculada em [117, 118]. Verificou-se que, durante o aumento da pressão hidrostática de 0 para 20 GPa em incrementos de 5 GPa, o intervalo de banda aumenta e os parâmetros $a$ e $c$ diminuem linearmente.

Além disso, as vacâncias da rede cristalina, principalmente $V_{Ag}$ , cuja concentração aumenta com $x$ nas composições $Ag_x Ga_x Ge_{1-x} Se_2$ , formam um potencial de deformação equivalente ao estiramento da rede [119], contribuindo assim para a alteração de $E_g$ .

Para comparação, consideremos os compostos dos sistemas Li$_2$ In D X$_2^{IV}$$_6$ (D$^{IV}$ = Si, Ge; X = S, Se) que cristalizam no grupo espacial monoclínico *Cc*. De acordo com [120], à medida que os parâmetros de rede dos compostos nos sistemas Li-C -D$^{\mathrm{IIIIV}}$ -X (C$^{\mathrm{III}}$ = Ga, In; D$^{\mathrm{IV}}$ = Si, Ge; X = S, Se) aumentam, o intervalo de banda diminui, o que está de acordo com os nossos resultados experimentais.

Informações adicionais sobre a estrutura de bandas são obtidas a partir da análise de cálculos teóricos. Um estudo teórico complexo da estrutura de bandas dos cristais Ag$_2$ In$_2$ Si(Ge)Se$_6$ , Ag$_x$ Ga$_x$ Ge$_{1-x}$ Se$_2$ , Ag$_2$ In$_2$ Si(Ge)S$_6$ foi efectuado em [115, 121, 122]. O efeito de vários potenciais de correlação de troca na variação do intervalo de banda foi analisado para obter uma concordância suficiente com os dados experimentais (Fig. 3-8). De um ponto de vista físico, os potenciais de correlação de troca são responsáveis pela blindagem dos iões positivos e são fundamentais na aproximação de um eletrão dos esquemas de banda.

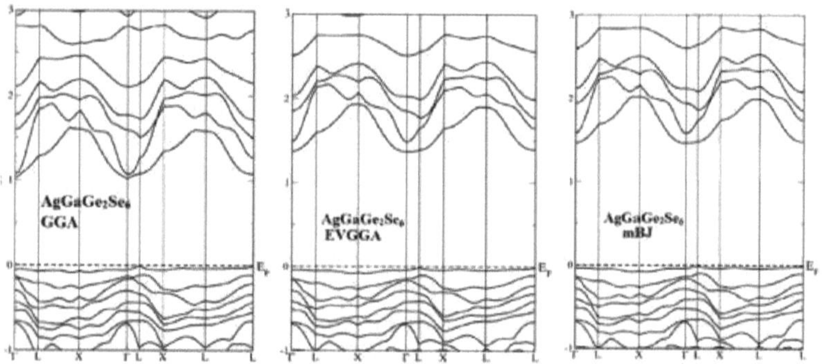


Fig. 3-8. Estrutura de bandas calculada para AgGaGe$_2$ Se$_6$ [115]

A energia do intervalo de banda aumenta para valores mais próximos dos reais durante a transição do método de aproximação da densidade local (LDA) [123] para a aproximação do gradiente espacial generalizado (GGA) [124], para a aproximação do gradiente generalizado Engel-Vosko (EVGGA) [125] e para o potencial de Becke-Johnson modificado (mBJ) [126] A melhor concordância entre os dados teóricos e experimentais foi observada em [115, 122] utilizando o potencial de Becke-Johnson modificado (Fig. 3-8).

O intervalo de banda calculado teoricamente para Ag$_x$ Ga$_x$ Ge$_{1-x}$ Se$_2$ varia de 1,4 a 1,6 eV, para Ag$_2$ In$_2$ Si(Ge)S$_6$ de 0,76 eV (0,67 eV) a 1,98 eV (1,88 eV), que é muito próximo mas inferior aos valores determinados experimentalmente (Tabela 3-1). São observados resultados semelhantes para $Ag_2$ $In_2$ Si(Ge)$Se_6$ . A subestimação do intervalo de energia de banda é inevitável nos cálculos DFT e reflecte as especificidades da teoria DFT de Kohn-Sham. Os parâmetros de correlação são, regra geral, introduzidos para ter em conta este facto.

O mínimo da banda de condução está localizado no centro da zona de Brillouin (BZ) (Fig. 3-8), e o máximo da banda de valência está no ponto L da BZ. Isto indica que os cristais de $Ag_x$ $Ga_x$ $Ge_{1-x}$ $Se_2$ têm um intervalo de banda indireto, ao contrário de $Ag_2$ $In_2$ Si(Ge)S(Se)$_6$ (Fig. 3-9).

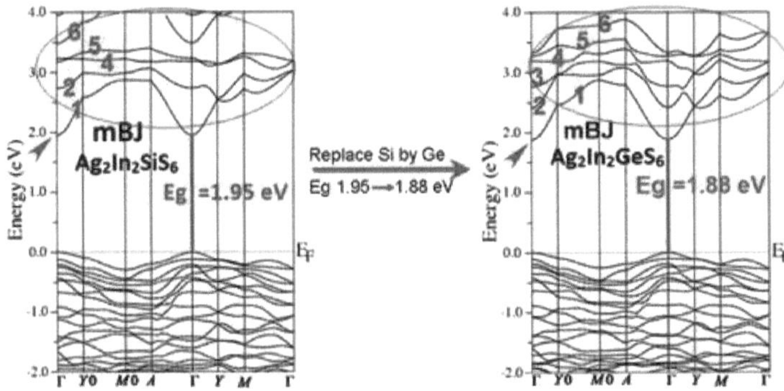


Fig. 3-9. Dispersões calculadas da estrutura de bandas para $Ag_2$ $In_2$ Si(Ge)$S_6$ [122]

Os cálculos teóricos mostraram que a banda de valência do $Ag_2$ $In_2$ $SiS_6$ e do $Ag_2$ $In_2$ $GeS_6$ tem origem predominantemente nas orbitais *Ag-d* e *S-p* [122]. Os estados *S-p* situam-se principalmente na banda de valência, com uma pequena mistura na banda de condução. A banda de condução contém estados *In-s* e *S-p* que caracterizam a natureza iónica da ligação. Também deve ser enfatizado que os estados *Ag-d* estão sobrepostos aos estados *S-p*, *os estados* In-p são hibridizados com *Ag-s/p*, enquanto os estados In-s - com os estados *Si-s/p*. Assim, uma caraterística típica dos compostos de calcogenetos é o facto de o intervalo de banda se formar entre os estados *p* deslocalizados do calcogénio que formam a banda de valência e os estados *s-* e *d-catião* relativamente mais localizados que formam predominantemente a banda de condução que compreende os invólucros electrónicos exteriores dos respectivos átomos. Por conseguinte, a energia do intervalo de bandas depende fortemente do teor percentual, da configuração local dos átomos (tipo de estrutura cristalina, parâmetros da rede) e da natureza das ligações químicas. Ao variar a composição da solução sólida e a configuração local dos átomos, é possível operar efetivamente através do intervalo de banda dos compostos. Desta forma, é possível obter novos materiais com a energia de banda proibida, a mobilidade dos portadores e a massa efectiva desejáveis, que são adequados para aplicações específicas, expandindo assim os campos de utilização prática destes compostos.

### 3.3. Comportamento do intervalo de bandas em função da temperatura

Uma caraterística importante dos semicondutores, que define o principal objetivo da sua aplicação prática, é a variação da temperatura do "band gap". Um aumento da temperatura da rede distorce o espetro de energia dos fónons e dos electrões [109]. A alteração da energia do "band gap" com a temperatura está relacionada com alterações na frequência dos fónons que estimulam vários efeitos, tais como a expansão térmica da rede, o aumento do acoplamento eletrão-fónon e, consequentemente, a repulsão mútua dos estados electrónicos intrabanda. Uma simulação numérica detalhada da dependência da temperatura da energia do intervalo de banda, tendo em conta a expansão térmica dos estados de energia das bandas permitidas dos semicondutores, foi efectuada na ref. [127]. [127]. Foi estabelecido que, com o aumento da temperatura, os bordos das bandas de condução e de valência começam a penetrar sensivelmente no intervalo de banda, o que conduz finalmente à sua diminuição.

A dependência da temperatura da alteração do intervalo de banda foi investigada frequentemente [104, 121, 128, 119, 129, 130]. Os resultados destes estudos são apresentados na Tabela 3-3. Os resultados obtidos mostram que, para este tipo de compostos, o intervalo de banda diminui linearmente com o aumento da temperatura (Fig.3-10).

Tabela 3-3. Alterações das energias do intervalo de bandas para cristais contendo Ag

| Cristal | $T=300$ K | $T=250$ K | $T=200$ K | $T=150$ K | $T=100$ K | $\beta$, $10$ eV/K$^{-4}$ |
|---|---|---|---|---|---|---|

| AgGaGeS$_4$ | 2.84 | 2.88 | 2.92 | 2.97 | 3.01 | -8.5 |
|---|---|---|---|---|---|---|
| AgGaGeS$_2$ Se$_2$ | 2.39 | 2.42 | 2.44 | 2.48 | 2.52 | -6.5 |
| AgGaGe$_3$ Se$_8$ | 2.17 | 2.23 | 2.28 | 2.33 | 2.37 | -8.5 |
| AgGaGe$_2$ Se$_6$ | 2.15 | 2.19 | 2.24 | 2.29 | 2.32 | -10.0 |
| AgGaGe$_4$ Se$_{10}$ | 2.19 | 2.25 | 2.30 | 2.35 | 2.40 | -10.5 |
| AgGaGe$_5$ Se$_{12}$ | 2.23 | 2.28 | 2.32 | 2.37 | 2.42 | -9.5 |
| Ag$_2$ Ga$_2$ SiSe$_6$ | 1.96 | 2.00 | 2.05 | 2.08 | 2.13 | -8.5 |
| Ag$_2$ In$_2$ SiSe$_6$ | 1.68 | 1.70 | 1.72 | 1.74 | 1.76 | -4.0 |
| Ag$_2$ In$_2$ GeSe$_6$ | 1.55 | 1.57 | 1.59 | 1.61 | 1.62 | -3.5 |
| Ag$_2$ Ga$_2$ SiS$_6$ | 2.35 | 2.37 | 2.39 | 2.41 | 2.43 | -4.0 |
| Ag$_2$ In$_2$ SiS$_6$ | 2.00 | 2.03 | 2.06 | 2.09 | 2.11 | -5.5 |
| Ag$_2$ In$_2$ GeS$_6$ | 1.96 | 1.98 | 2.00 | 2.02 | 2.04 | -4.0 |

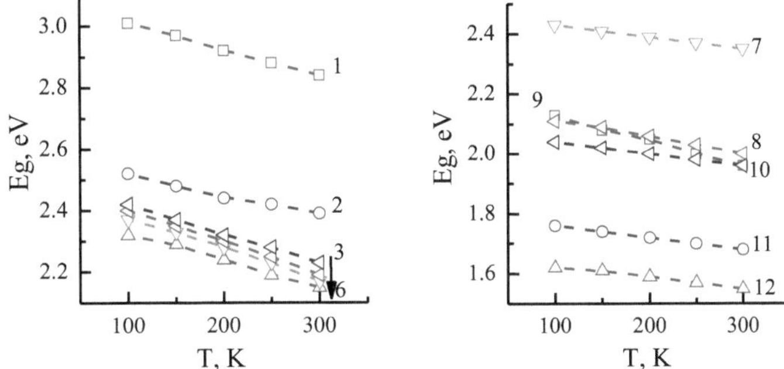


Fig. 3-10. Variação da energia de band gap $E_g$ com a temperatura para: 1) AgGaGeS$_4$ ; 2) AgGaGeS$_2$ Se$_2$ ; 3) AgGaGe$_5$ Se$_{12}$ ; 4) AgGaGe$_4$ Se$_{10}$ ; 5) AgGaGe$_3$ Se$_8$ ; 6) AgGaGe$_2$ Se$_6$ ; 7) Ag$_2$ Ga$_2$ SiS$_6$ ; 8) Ag$_2$ In$_2$ SiS$_6$ ; 9) Ag$_2$ Ga$_2$ SiSe$_6$ ; 10) Ag$_2$ In$_2$ GeS$_6$ ;11) Ag$_2$ In$_2$ SiSe$_6$ ; 12) Ag$_2$ In$_2$ GeSe$_6$ .

Algum desvio de $E_g$ $(T)$ em relação à linearidade é explicado pela presença de termos adicionais de energia localizada dentro do intervalo intrínseco da banda perto das bandas permitidas.

O coeficiente de temperatura da alteração da energia do intervalo de bandas $\beta$ foi determinado a partir dos resultados $E_g$ apresentados na Tabela 3-3 como

$$\beta = \frac{E_g\left(T_1\right) - E_g\left(T_2\right)}{T_2 - T_1} .$$

Utilizando os valores de $E_g$ para as respectivas temperaturas, os valores numéricos resultantes $\beta$ são apresentados na Tabela 3-3. Os coeficientes estão bem dentro da ordem de grandeza, o que significa que o mecanismo da mudança térmica do intervalo de banda dos semicondutores discutidos é o mesmo.

### 3.4. Parâmetros da regra de Urbach

Um fator importante que determina o conjunto de caraterísticas ópticas dos semicondutores é o comportamento da banda do bordo de absorção fundamental numa vasta gama de temperaturas. A distribuição espetral do coeficiente de absorção medido no bordo de absorção fundamental é caracterizada, para a maioria dos semicondutores amorfos e com defeitos, por uma longa cauda exponencial de energia cujo comportamento espetral e à temperatura obedece à regra de Urbach [131].

A dependência espetral do coeficiente de absorção na região do limite do intervalo de banda a diferentes temperaturas é apresentada na Fig. 3-11. Foram efectuados estudos semelhantes para todas as amostras indicadas na Tabela 3-2. O limite de absorção é deslocado para a região de baixa energia do espetro com o aumento da temperatura, provavelmente devido à diminuição da energia do intervalo de banda dos compostos.

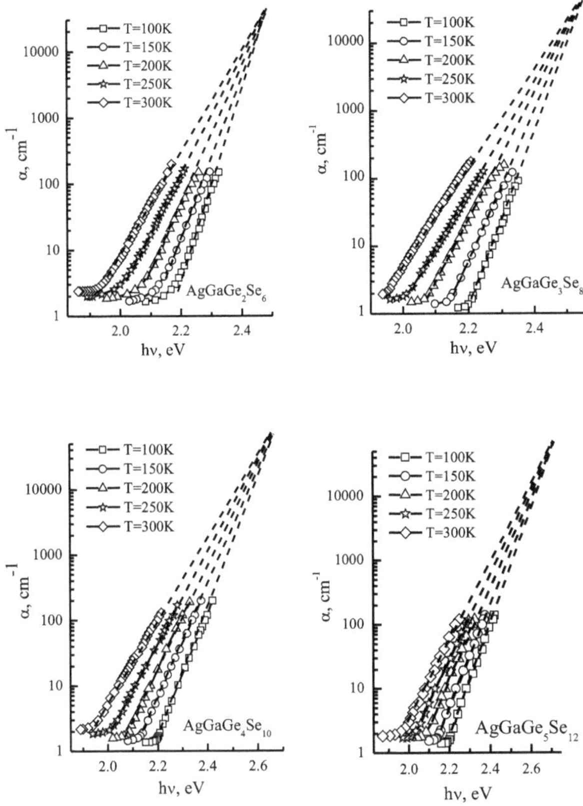


Fig. 3-11. Dependências de frequência dos coeficientes de absorção para os cristais do primeiro grupo numa escala logarítmica

A dependência da frequência do coeficiente de absorção na região do bordo de absorção ajusta-se bem à dependência exponencial que é caraterística da regra de Urbach [132]:

$$\alpha\left(hv,T\right)=\alpha_0\exp\left[\frac{hv-E_0}{E_u\left(T\right)}\right],\qquad(3\text{-}4)$$

em que $\alpha$ é o coeficiente de absorção, $\alpha_0$ é uma constante que depende da qualidade da amostra, $E_0$ é um parâmetro próximo da energia do intervalo de bandas a 0 K, $E_U$ é a energia de Urbach, que é igual à largura da energia da região do bordo de absorção e é uma medida da desordem do material ($E_U = k_B T /\sigma (T)$ em que $k_B$ é a constante de Boltzmann, $\sigma (T)$ é um parâmetro do declive do bordo de absorção).

$A$ partir dos resultados experimentais, $E_U$ é definido como $E =_U\Delta$ $(h\nu )/\Delta$ $(\ln\alpha )$, em que $\alpha_0$ e $E_0$ são as coordenadas do ponto de convergência de $\ln\alpha = f(h\nu , T)$.

Vários mecanismos foram analisados em [133] para explicar a origem da cauda exponencial na distribuição espetral do coeficiente de absorção, nomeadamente flutuações de ângulos e comprimentos de ligação [134, 135]; transições de electrões entre estados localizados nas caudas do bordo de banda [131, 136]. Verifica-se que a densidade de tais estados diminui exponencialmente com a energia do fotão. A correlação entre a inclinação da cauda de Urbach e a banda de valência é indicada, nomeadamente que os materiais com maior valência formam mais facilmente uma rede amorfa perfeita com menos defeitos e vazios [136]. O aumento exponencial do coeficiente de absorção na região do bordo de absorção foi explicado em [137, 138] por transições entre as caudas da densidade de estados na banda de valência e na banda de condução. A forma e o tamanho destas caudas dependem fortemente dos diferentes tipos de desordenamento. Por exemplo, a energia de Urbach dos monocristais de CdS sem defeitos é de 0,02 eV, enquanto que para o material vítreo é igual a 0,1-0,2 eV [139].

A aproximação dos espectros de absorção pela fórmula de Urbach para as amostras de $AgGaGeS_4$ , $AgGaGeS_2 Se_2$ , $AgGaGe_3 Se_8$ , $AgGaGe_2 Se_6$ , $AgGaGe_4 Se_{10}$ , $AgGaGe_5 Se_{12}$ produziu os valores de $E_{,U}$, $\alpha_0$ , e $E_0$ que são apresentados no Quadro 3-4.

Tabela 3-4. Parâmetros da regra de Urbach a diferentes temperaturas

| Cristal | $T$, K | $E_U$, meV | $\alpha_0$, $cm^{-1}$ | $E_0$ , eV | $n_t$ , $\times 10^{17}$ $cm^{-3}$ |
|---|---|---|---|---|---|
| 1 | 2 | 3 | 4 | 5 | 6 |
| $AgGaGeS_4$ | 300 | 60 | $1\times10^4$ | 3.20 | 5.29 |
| | 250 | 57 | | | 5.03 |
| | 200 | 56 | | | 4.45 |

| | 150 | 52 | | | 4.13 |
| | 100 | 50 | | | 3.35 |
| AgGaGeS$_2$Se$_2$ | 300 | 61 | $3\times10^4$ | 2.85 | 5.51 |
| | 250 | 60 | | | 5.42 |
| | 200 | 59 | | | 5.07 |
| | 150 | 58 | | | 4.98 |
| | 100 | 57 | | | 4.65 |
| AgGaGe$_3$Se$_8$ | 300 | 55 | $4\times10^4$ | 2.57 | 4.26 |
| | 250 | 53 | | | 3.88 |
| | 200 | 47 | | | 2.87 |
| | 150 | 43 | | | 2.30 |
| | 100 | 41 | | | 2.04 |
| AgGaGe$_2$Se$_6$ | 300 | 53 | $3\times10^4$ | 2.48 | 3.38 |
| | 250 | 50 | | | 3.35 |
| | 200 | 44 | | | 2.44 |
| | 150 | 39 | | | 1.80 |
| | 100 | 33 | | | 1.19 |
| AgGaGe$_4$Se$_{10}$ | 300 | 58 | $6\times10^4$ | 2.66 | 4.86 |
| | 250 | 55 | | | 4.26 |
| | 200 | 51 | | | 3.52 |
| | 150 | 49 | | | 3.19 |
| | 100 | 47 | | | 2.87 |
| AgGaGe$_5$Se$_{12}$ | 300 | 60 | $7\times10^4$ | 2.71 | 5.29 |
| | 250 | 59 | | | 5.07 |
| | 200 | 58 | | | 4.86 |
| | 150 | 56 | | | 4.45 |
| | 100 | 54 | | | 4.07 |

É de salientar que não foi possível obter os valores a $\alpha > 300$ cm$^{-1}$ nas medições dos espectros de absorção. Esta restrição impossibilitou a utilização do método de Tauc para calcular $E_g$. Por conseguinte, calculámos um valor aproximado da energia do intervalo de bandas ao nível de absorção de $\alpha = 300$ cm$^{-1}$, tal como referido na Secção 3.3.

Utilizando a regra de Urbach e os dados da Tabela 3-5, o intervalo de banda a $\alpha = 10^3$ cm$^{-1}$ foi estimado pela fórmula $E_g = E_0 + E_U \ln(1000/\alpha_0)$. Os valores obtidos e a diferença em $E_g$ estimada por ambos os métodos (2-5 %) a 100 K estão listados na Tabela 3-6.

Tabela 3-6. Estimativa da energia do intervalo de bandas a 100 K

| Composto | $E_g$, eV em $=10\alpha^3$ cm$^{-1}$ | $E_g$, eV em $\alpha=300$ cm$^{-1}$ | Variação, % |
|---|---|---|---|
| AgGaGeS$_4$ | 3.06 | 3.01 | 1.69 |
| AgGaGeS$_2$ Se$_2$ | 2.66 | 2.52 | 5.12 |
| AgGaGe$_3$ Se$_8$ | 2.42 | 2.37 | 2.01 |
| AgGaGe$_2$ Se$_6$ | 2.37 | 2.32 | 2.02 |
| AgGaGe$_4$ Se$_{10}$ | 2.46 | 2.40 | 2.74 |
| AgGaGe$_5$ Se$_{12}$ | 2.48 | 2.42 | 2.44 |

A dependência das energias de Urbach em relação à temperatura foi determinada para os cristais de Ag$_x$ Ga$_x$ Ge$_{1-x}$ Se$_2$ a partir dos dados experimentais, utilizando a fórmula $E_U = \Delta (h\nu)/\Delta (\ln\alpha)$ e está representada na Fig. 3-12.

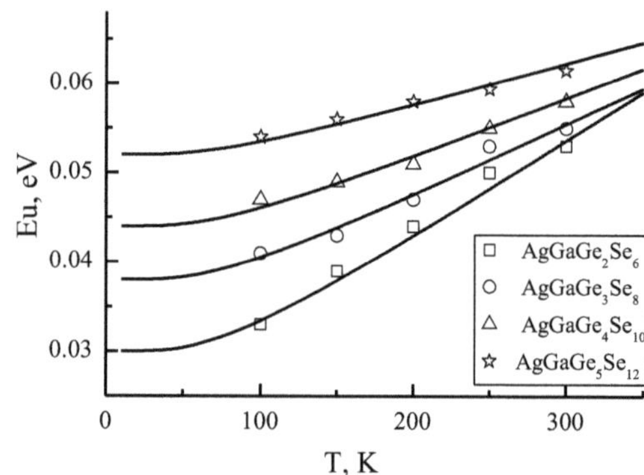


Fig. 3-12. Energia de Urbach em função da temperatura. Os pontos abertos são dados experimentais; as linhas sólidas são funções de ajuste $E_U$ (T).

Independentemente da composição, observamos um aumento de $E_U$ com o aumento da temperatura. Isto é causado pelo aumento da concentração de defeitos carregados que eram neutros a baixa temperatura devido à ionização térmica. Alguma contribuição para o aumento de $E_U$ deve-se à ionização adicional dos centros de defeitos, que causa um desvio da periodicidade do potencial por campo elétrico aleatório criado por flutuações na concentração de defeitos carregados [136]. A dependência da temperatura de $E_U$ está de acordo com o modelo empírico proposto por Young [140] que considera o efeito das interações eletrão/excitão-fão e o desvio estrutural e composicional na energia dos fónons associados às caudas de Urbach.

O aumento da energia de Urbach para compostos de várias composições está associado à desordem das amostras, que é determinada por componentes estáticos e dinâmicos [137]. A desordem dinâmica resulta do movimento térmico dos átomos, e a desordem estática é o deslocamento dos átomos nos campos eléctricos e de tensão de vários defeitos estruturais. A medida de desordem para o desvio padrão dos átomos da sua posição de equilíbrio na desordem dinâmica $\langle U^2 \rangle_T$ (fonões térmicos) e desordem estática $\langle U^2 \rangle_X$ (fonões congelados) [136]:

$$E_u\left(T,x\right) = K\left(\langle U^2 \rangle_x + \langle U^2 \rangle_T\right), \qquad (3\text{-}5)$$

em que $x$ é o parâmetro geométrico do material utilizado para caraterizar a desordem estatística; $\langle U^2 \rangle_T$ e $\langle U^2 \rangle_x$ é o deslocamento quadrático médio dos átomos do local da rede de equilíbrio associado à desordem dinâmica e estática, respetivamente. O fator $K$ é a constante potencial de deformação de segunda ordem.

A natureza da desordem estrutural pode ser interna (causada por defeitos intrínsecos na estrutura, tais como vacâncias ou deslocações) ou induzida por factores externos (não estequiometria, dopagem, implantação iónica, etc.). É de notar que a desordem dinâmica, estrutural e composicional resulta no aparecimento de campos eléctricos locais não homogéneos que, por sua vez, conduzem a um afunilamento adicional das bandas de energia. Para os semicondutores com desordem estática dominante $\langle U^2 \rangle_X \gg \langle U^2 \rangle_T$,

$E_U$ é independente da temperatura. No caso do $\left\langle U^2 \right\rangle_X << \left\langle U^2 \right\rangle_T$ , a desordem dinâmica causada pelas vibrações térmicas dos átomos da rede cristalina é dominante.

As soluções sólidas $Ag_x\,Ga_x\,Ge_{1-x}\,Se_2$ apresentam um aumento da energia de Urbach com o aumento da concentração de disseleneto de germânio (Fig.3-12). Isto deve-se ao aumento da contribuição da desordem estática associada a um aumento da concentração de defeitos estruturais e à diminuição do efeito da desordem dinâmica [139]. De acordo com os estudos estruturais de raios X, os átomos de Se na estrutura do composto ocupam três sítios cristalográficos *16b*, os átomos de Ga e Ge estão estatisticamente localizados nos sítios *8a* e *16b*. Os átomos de Ag ocupam o sítio 16b, com ocupação decrescente à medida que o conteúdo de $GeSe_2$ aumenta. A diminuição da concentração de átomos de prata é acompanhada pela sua perda dos tetraedros [$AgSe_4$ ] e a substituição parcial de átomos de gálio por germânio diminui o período da rede. Neste caso, os tetraedros [$Se(Ga,Ge)_4$ ] são distorcidos e a coordenação dos átomos de selénio é alterada [139]. Além disso, a concentração de $V_{Ag}$ aumenta com a concentração de $GeSe_2$ . A origem estatística da distribuição dos átomos sobre as vacâncias da sub-rede catiónica e a elevada concentração de vacâncias estequiométricas de prata são algumas das razões para a ordem distante distorcida no arranjo dos átomos e para o aumento da energia de Urbach nestes compostos.

O parâmetro de declive $\sigma\,(T) = k\,T\Delta\,(\ln\alpha\,)/\Delta\,(h\nu\,)$ foi calculado a partir dos dados experimentais sobre as caudas do bordo de absorção fundamental (Fig. 3-13). A dependência de $\sigma\,(T)$ é aproximada em toda a gama de temperaturas estudada pela expressão para o bordo de absorção que se forma com a participação da interação eletrão-fão [142, 143]:

$$\sigma(T) = \sigma_0\ (2k\ T/\ h\nu_0\ )th\ (h\nu_0\ /2k\ T),\qquad(3\text{-}6)$$

em que $h\nu_0$ é a energia efectiva dos fões que, na maioria dos casos, coincide bem com os fões envolvidos na formação do ide de ondas longas do bordo de absorção; $\sigma_0$ é um parâmetro independente da temperatura, mas dependente do material, que é inversamente proporcional à constante de interação eletrão/excitão-fão $g$ por $\sigma_0 = (2/3)g^{-1}$ .

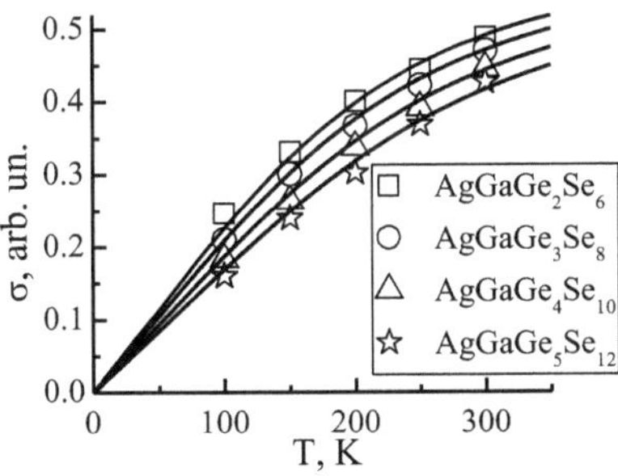


Fig. 3-13. O parâmetro de declive $\sigma$ em função da temperatura. Os pontos abertos correspondem aos dados experimentais, as curvas sólidas são funções de ajuste $\sigma(T)$

Os dados experimentais foram ajustados à Eq. (3-6) com $\sigma_0$ e $h\nu_0$ como parâmetros ajustáveis para estimar os valores de energia dos fões associados às caudas de Urbach. O melhor ajuste aos dados experimentais é apresentado na Fig. 3-13 como curvas sólidas. Os parâmetros de aproximação $\sigma_0$ e $h\nu_0$ estão listados na Tabela 3-6.

Tabela 3-6. Valores calculados dos parâmetros de interação eletrão-fão

| Composto | $\sigma_0$ , arb.u. | $h\nu_0$ , ($\pm1{,}0$) meV | $g$ |
|---|---|---|---|
| AgGaGeS$_4$ | 0.61 | 61 | 1.09 |
| AgGaGeS$_2$ Se$_2$ | 0.60 | 63 | 1.11 |
| AgGaGe$_2$ Se$_6$ | 0.62 | 47 | 1.08 |
| AgGaGe$_3$ Se$_8$ | 0.61 | 50 | 1.09 |
| AgGaGe$_4$ Se$_{10}$ | 0.60 | 55 | 1.11 |
| AgGaGe$_5$ Se$_{12}$ | 0.59 | 60 | 1.13 |

A diminuição de $\sigma_0$ com o aumento do teor de GeSe$_2$ está associada a um aumento da concentração de átomos de Ge nos sítios de Ga e da concentração de vacâncias de prata, uma vez que estas, como impurezas carregadas, afectam significativamente a interação eletrão-fão. Um resultado semelhante foi obtido para os cristais de TlInSe$_2$ substituindo os átomos de In por Si ou Ge [130, 144]. A energia efectiva dos fões $h\nu_0$ (Tabela 3-6) é superior à do modo ótico mais elevado nos cristais $AgGaSe_2$ e $AgGaS_2$ , que é de 276 cm$^{-1}$ (34 meV) [145] e 392 cm$^{-1}$ (48,5 meV) [146], respetivamente. Os valores mais elevados de $h\nu_0$ nos compostos A B$^{IIVI}$ com z na estrutura c blende foram associados à maior simetria da rede cristalina, mas nos compostos ternários de calcopirite e nos calcogenetos complexos foram relacionados com as perturbações estruturais na sub-rede catiónica (átomos intersticiais, vacâncias) e com o desvio da estequiometria [147].

A dependência da temperatura da energia de Urbach foi utilizada para avaliar os mecanismos dominantes que contribuem para o desaparecimento do bordo de absorção fundamental. Verificou-se que a $E_U$ pode ser modelada como um oscilador de Einstein [148] que tem em conta a contribuição de perturbações dinâmicas (térmicas) e estáticas (estruturais e de composição). De acordo com este modelo, a energia de Urbach pode ser expressa como

$$E_U = A\left(\frac{1}{e^{\Theta/T}-1}\right) + B, \tag{3-7}$$

onde $A$ e $B$ são constantes causadas por desordem térmica, estrutural e composicional; $\Theta$ é a temperatura efectiva de Einstein que corresponde à frequência média das excitações fónicas de osciladores não interactivos.

A energia de Urbach depende fortemente da interação anarmónica eletrão-fão e de perturbações estruturais que podem ser representadas como a soma de dois termos mostrados na semelhança das Eqs. (3-7) e (3-5). O primeiro termo da Eq. (3-7) corresponde à contribuição da interação eletrão-fão devido ao fator Debye-Waller, e o segundo termo é o desvio padrão dos átomos dos locais de equilíbrio, uma perturbação estrutural de uma rede perfeitamente ordenada. O melhor ajuste para os resultados experimentais (pontos abertos) e a Eq. (3-7) com os parâmetros ajustáveis $A$ e $B$ (linha sólida) é apresentado na Fig. 3-12.

Os parâmetros de ajustamento $A$ para os cristais $AgGaGeS_4$ , $AgGaGeS_2 Se_2$ , $AgGaGe_2 Se_6$ , $AgGaGe_3 Se_8$ , $AgGaGe_4 Se_{10}$ , $AgGaGe_5 Se_{12}$ são 27, 28, 21, 22, 24, 26 meV, e o $B$ é 48, 57, 31, 37, 45, 53 meV, respetivamente. Tendo em conta os valores dos parâmetros, é possível verificar que as perturbações estruturais e composicionais ($B$) dominam, uma vez que contribuem mais para a energia de Urbach do que a perturbação induzida termicamente ($A$) para todas as amostras estudadas. O aumento do parâmetro $B$ com o aumento do teor de $GeSe_2$ nos cristais $Ag_x\,Ga_x\,Ge_{1-x}\,Se_2$ é inequivocamente causado por um aumento da concentração de defeitos estruturais, como confirmado por estudos de difração de raios X (XRD). Segundo este critério, o mais defeituoso destes cristais é o $AgGaGeS_2\,Se_2$ , e o menos defeituoso é o $AgGaGe_2\,Se_6$ para o qual $B = 31$ meV.

Os resultados apresentados indicam que as energias fónicas $h\nu_p$ , que são superiores ao modo ótico mais elevado, estão relacionadas com a desordem estrutural e composicional causada pela substituição de catiões, vacâncias de catiões, átomos intersticiais e desvio da estequiometria.

A forma do bordo de absorção ótica permanece exponencial para os compostos $Ag_2\,Ga_2\,SiSe_6$ , $Ag_2\,In_2\,SiSe_6$ , $Ag_2\,In_2\,GeSe_6$ , $Ag_2\,Ga_2\,SiS_6$ , $Ag_2\,In_2\,SiS_6$ , $Ag_2\,In_2\,GeS_6$ compostos na gama de temperaturas de 100-300 K, mas as linhas extrapoladas não convergem para ($\alpha_0$ ,$E_0$ ). O desvio espetral para o vermelho do bordo de absorção observado com a temperatura da amostra é paralelo (Fig. 3-14), o que confirma a estabilidade da energia de Urbach em função da temperatura.

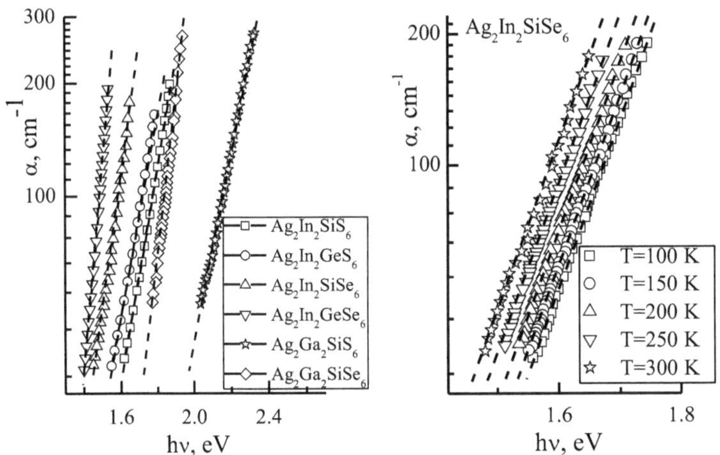


Fig. 3-14. Absorção dos cristais do segundo grupo numa escala logarítmica

A melhor adaptação dos dados experimentais obtidos para os compostos do segundo grupo (Sec. 1.2) à Eq. (3-7) é apresentada no Quadro 3-7. Tendo em conta a sua independência em relação à temperatura, expressa pelo deslocamento paralelo do bordo de absorção, apenas são apresentados os valores da energia de Urbach calculados a 300 K. Um valor mais elevado de $E_U$ e a sua estabilidade com a temperatura indicam uma quantidade significativa de defeitos nos cristais devido a defeitos estruturais intrínsecos de natureza estática.

Tabela 3-7. Parâmetros da regra de Urbach e da interação eletrão-fão

| Composto | $E_U$, eV | $n_{,t} \cdot 10^{17}$ $cm^{-3}$ | $\sigma_0$, arb.u. | $h\nu_0$, ($\pm 1,0$) eV | $G$ |
|---|---|---|---|---|---|
| Ag$_2$ Ga$_2$ SiSe$_6$ | 0.12 | 10.58 | 0.55 | 0.13 | 1.21 |
| Ag$_2$ In$_2$ SiSe$_6$ | 0.13 | 11.46 | 0.54 | 0.14 | 1.23 |
| Ag$_2$ In$_2$ GeSe$_6$ | 0.11 | 9.70 | 0.55 | 0.12 | 1.21 |
| Ag$_2$ Ga$_2$ SiS$_6$ | 0.16 | 14.11 | 0.53 | 0.17 | 1.26 |
| Ag$_2$ In$_2$ SiS$_6$ | 0.14 | 12.34 | 0.54 | 0.15 | 1.23 |
| Ag$_2$ In$_2$ GeS$_6$ | 0.15 | 13.23 | 0.5 | 0.15 | 1.33 |

Os resultados obtidos mostram que as interações eletrão-fão para o segundo grupo de compostos são superiores às do primeiro grupo. Por conseguinte, $\sigma_0$ diminui com o aumento da ionicidade do composto e a interação eletrão-fão aumenta. Os valores de $g$ calculados (Tabelas 3-6, 3-7) são típicos de cristais com defeitos não estequiométricos na sub-rede catiónica [149].

A adesão à regra de Urbach e o elevado valor de $E_U$ confirmam que os compostos Ag$_2$ In(Ga)$_2$ Si(Ge)S(Se)$_6$ são semicondutores defeituosos que estão próximos de sistemas estatisticamente desordenados na sua estrutura eletrónica. Além disso, uma vez que são compostos complexos, são ricos em defeitos estruturais de origem mista e tecnológica que formam sub-bandas de energia dentro do intervalo de energia da banda do semicondutor. Por conseguinte, pode concluir-se que o espetro dos estados electrónicos nestes cristais é semelhante ao observado em semicondutores desordenados ou amorfos altamente defeituosos.

Utilizando os cálculos teóricos apresentados em [128, 144], a energia de Urbach determinada experimentalmente e considerando os centros de mistura mono-carregados, estimámos a concentração de centros de defeito mono-carregados $n_t$ que são responsáveis pelo afunilamento do bordo de absorção fundamental:

$$E_U = 2.2 \ (n \ a)_{tB}^{32/5} \ E_B \ , \qquad (3\text{-}8)$$

em que $E_B = \dfrac{m_c e^4}{2\varepsilon^2 \hbar^2}$ é a energia do eletrão de Bohr ($m_c$ é a massa efectiva do eletrão na banda de condução); $a_B$ é o raio de Bohr do eletrão no cristal; $n_t$ é a concentração efectiva de centros de defeitos determinada pela fórmula:

$$n_t = \Sigma \ Z \ n_{i}^{2}{}_i \ , \qquad (3\text{-}9)$$

onde $Z_i$ é a carga dos centros de defeitos do tipo $i$, $n_i$ é a concentração desses centros. No caso de $Z_i = 1$, $n_t$ é a concentração de todos os defeitos de carga única.

A Eq. (3-8) foi derivada para transições interbanda num campo aleatório formado por centros de defeitos carregados distribuídos no espaço, no caso de semicondutores altamente defeituosos [139]. O critério para a desordem do sistema e a validade da Eq. (3-8), de acordo com [132], é o cumprimento da relação $n \ a_{tB}^3 \gg 1$ que se mantém no nosso caso.

Ao calcular o valor de $n_t$ , assumiu-se que $E_U$ era determinado pela flutuação na concentração de defeitos pontuais com carga única que formam um campo elétrico aleatório que modula os bordos das bandas permitidas. Assumimos também que a constante dieléctrica $\varepsilon$ é igual a 10 (o que é aproximadamente típico da maioria dos compostos de calcogenetos) e $m_c \approx 0{,}2m_v$ (como nos monocristais de CdS, que são semelhantes aos compostos quaternários estudados). Os valores de $n_t$ obtidos estão listados nas Tabelas 3-4 e 3-7.

Note-se que o valor calculado $n_t$ de defeitos pontuais com carga única responsáveis pelo declínio do bordo de absorção é $\sim 10^3$ vezes inferior à concentração $V_{Ag}$ ($\sim 10^{20}$ cm$^{-3}$ ) que foi determinada a partir de estudos de difração de raios X. Obviamente, nem todas as vacâncias estequiométricas de Ag actuam como aceitadores de carga única $V_{Ag}^{-}$ . Algumas vacâncias interagem com vários defeitos estruturais, que são abundantes em compostos semicondutores complexos, para formar complexos neutros que não afectam a distribuição espacial aleatória do potencial do campo elétrico devido a flutuações na concentração de defeitos carregados. Um exemplo desses complexos neutros são os pares dador-acetor adjacentes $(V_{Ag}^- \text{-} D)^{+0}$ em que $D^+$ é um centro dador de mistura ou de natureza intrínseca, como os aglomerados $V_{Se}$ ou $V_{Ag}$. Foram observados centros semelhantes de defeitos intrínsecos nos calcogenetos ternários B C $X^{II}_2{}^{III}_4$ [150, 151]. Tais defeitos podem ser considerados como centros de recombinação rápida, reduzindo a fotossensibilidade do material, e centros de absorção ou dispersão, aumentando o coeficiente de absorção na área das janelas de transparência IR.

### 3.5. Efeitos fotoinduzidos de primeira ordem

Algumas das principais aplicações dos cristais de calcogenetos em dispositivos optoelectrónicos são a modulação espaço-frequência da luz, a holografia dinâmica, etc. A utilização da luz nestes dispositivos como portadora de informação contribui para a elevada velocidade de transmissão de sinais ($\sim 10^{-9}$ s), para o processamento paralelo de grandes conjuntos de informação, etc.

A modulação nos moduladores espaciais (dispositivos que alteram os parâmetros do sinal luminoso portador em função das alterações do sinal transmitido) é o resultado da interação da luz com o material do modulador. Os parâmetros moduladores neste caso são os coeficientes de absorção, os índices de refração, as caraterísticas de polarização, etc. Estudámos as alterações do coeficiente de absorção em função da energia da onda electromagnética incidente (absorção foto-induzida) para conceber a utilização mais eficaz dos cristais recentemente sintetizados em dispositivos optoelectrónicos.

Quando a onda electromagnética externa interage efetivamente com a matéria, a polarização do meio é modulada. A componente positiva é compensada pela negativa neste caso, resultando numa polarização macroscópica foto-induzida nula. Ou seja, a densidade macroscópica não-centrossimétrica da distribuição de carga espacial [152, 153] está ausente. À medida que a intensidade efectiva do campo eletromagnético foto-indutor aumenta, ordens mais elevadas de deslocamento de carga resultam na componente descompensada da polarização que é responsável pelo aparecimento da polarização macroscópica do meio. Assim, os processos foto-induzidos são promovidos por uma poderosa onda electromagnética. Por este motivo, foram utilizados lasers como fontes de luz monocromática potente para estudar as alterações fotoinduzidas.

Para clarificar o papel das contribuições dos fónons e dos electrões para os efeitos ópticos fotoinduzidos, estudámos as alterações fotoinduzidas causadas por um laser de $CO_2$ de microssegundos com comprimentos de onda de 10,6 μm (943 cm$^{-1}$ ) e inferiores a 5,3 μm (1886 cm$^{-1}$ ), que está próximo das ressonâncias de infravermelhos da molécula principal e pode excitar eficazmente o subsistema de fónons formado por fónons harmónicos e anarmónicos. Foram também utilizados o laser Nd:YAG a 1064 nm e o laser de estado sólido a 808 nm (0,8 W). Os comprimentos de onda destes lasers estão para além das ressonâncias dos fões. Assim, ao interagir com a substância, a fotopolarização do subsistema eletrónico será dominante em vez do subsistema de fões no caso do laser de $CO_2$ . Estes estudos fornecem informações adicionais sobre os mecanismos responsáveis pelos fenómenos observados, bem como sobre a possibilidade de utilizar efeitos foto-induzidos em dispositivos optoelectrónicos opticamente controlados.

O laser $CO_2$ utilizado nos lidars IR gera impulsos laser de alta intensidade com comprimentos de onda na gama de 9,2-10,8 μm. Os impulsos de saída consistem num pico seguido de uma longa cauda de baixa energia. A cinética típica do tempo do impulso laser é apresentada na Fig. 3-15.

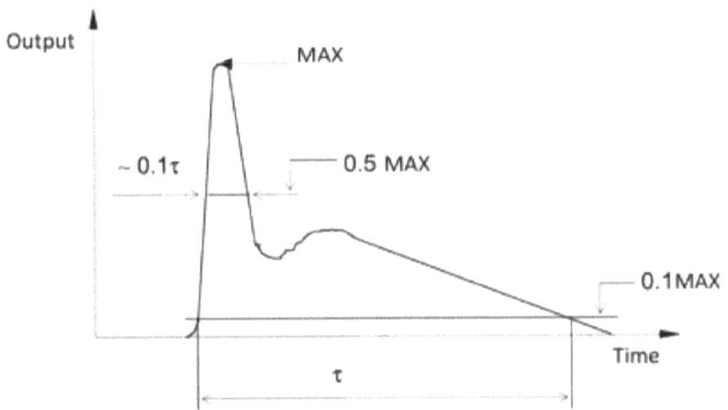


Fig. 3-15. Cinética do tempo de impulso do laser de CO $_2$

Os parâmetros do laser foram os seguintes: energia média do impulso de 50 mJ, frequência de 100 Hz, incidência de 30° . A duração do impulso varia de 2 a 3 µs e depende da mistura de gases utilizada (as misturas de gases típicas dos lasers de $CO_2$ são constituídas por três gases: $CO_2$ , $N_2$ , e He) e do comprimento de onda. Os espectros foto-induzidos foram registados pelo espetrofotómetro de fibra ótica da Ocean Optics, que monitoriza as alterações de absorção hiperfina até $0,1$ $cm^{-1}$ . Os espectros de transmitância fotoinduzida foram medidos antes e durante o fototratamento. O sítio$\Delta\alpha$ apresenta uma diferença entre os espectros antes e depois da irradiação. Para investigar os efeitos do aquecimento do laser, monitorizámos adicionalmente a alteração da temperatura utilizando termopares ligados a ambos os lados da amostra medida. As alterações fototérmicas máximas durante a irradiação laser de $CO_2$ foram de 8-10 K.

As alterações do coeficiente de absorção perto do limite de absorção fundamental para os cristais $AgGaGeS_4$ e $AgGaGe_3$ $Se_8$ são apresentadas na Fig. 3-16. Foi encontrada uma alteração efectiva no coeficiente de absorção dos cristais $AgGaGeS_4$ na região de comprimento de onda de$\lambda = 470$ nm, e nos cristais $AgGaGe_3$ $Se_8$ em$\lambda = 615$ nm, o que corresponde ao limite da banda de absorção fundamental dos respectivos cristais. À medida que o tempo de irradiação aumenta, observa-se uma deslocação do espetro para o vermelho de 5-6 nm.

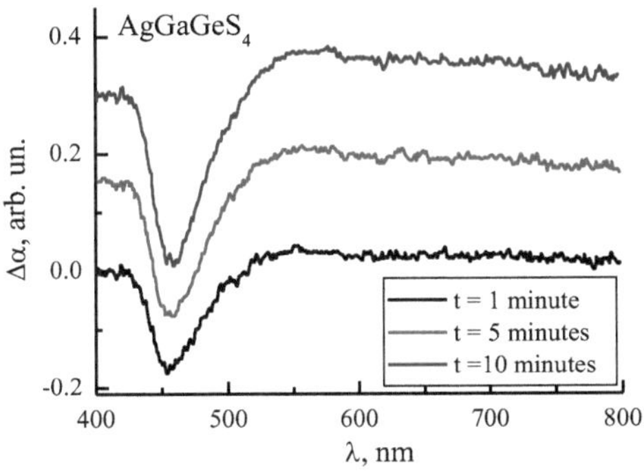


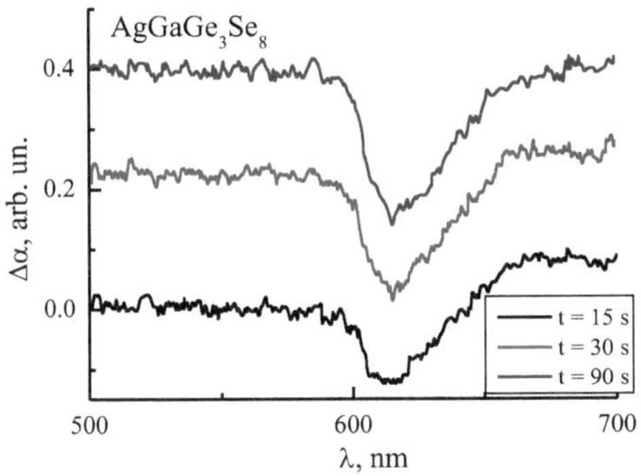


Fig. 3-16. Alterações na absorção ótica dos cristais AgGaGeS$_4$ e AgGaGe$_3$ Se$_8$ sob iluminação laser de CO $_2$

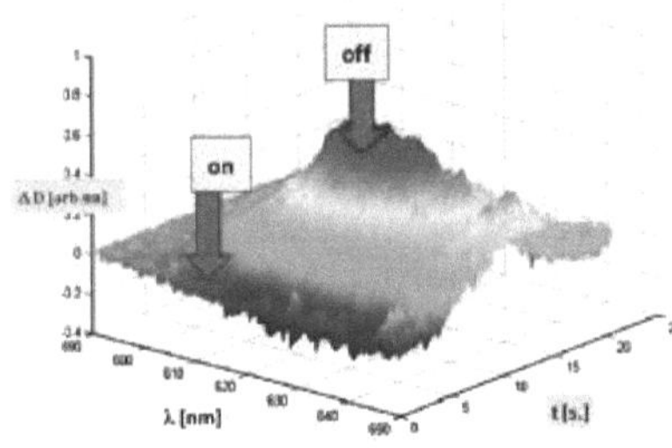


Fig.3-17. Cinética temporal 3D do espetro de absorção fotoinduzida para os cristais AgGaGe$_3$ Se$_8$ :Cu sob iluminação laser CO$_2$ [156]

99

Uma vez que os comprimentos de onda do laser de $CO_2$ podem excitar apenas os modos fónicos, todo o processo pode ser considerado no âmbito das interações eletrão-fão fotoinduzidas [154]. A partir dos resultados das alterações de temperatura dos coeficientes de absorção e das fotocondutividades, a única explicação para essas alterações fotoinduzidas é a excitação efectiva de fões que, devido a interações anarmónicas eletrão-fão, alteram a ocupação dos níveis de defeito nas caudas das bandas. Isto foi confirmado pelos cálculos quântico-químicos em [155], que afirmam que a densidade não centrossimétrica de electrões fotoinduzidos se deve predominantemente à interação anarmónica eletrão-fão.

Deve ser enfatizado que para cristais transparentes IR perfeitos, como ZnS ou ZnSe, tais mudanças foto-induzidas estão quase ausentes. Este facto confirma ainda mais o papel principal do subsistema de defeitos intrínsecos na formação do limite da absorção fundamental.

Após o desligamento do laser, observamos alguma assimetria entre as curvas de subida e descida da absorção fotoinduzida, uma vez que o processo de relaxação durou mais tempo do que a excitação, e mesmo neste caso houve alguma absorção irreversível causada pelo aquecimento térmico (8-10 K).

A cinética temporal geral da absorção fotoinduzida para os cristais $AgGaGe_3 Se_8$ é apresentada na Fig. 3-17 [156]. A assimetria espetral na cinética temporal da absorção fotoinduzida é claramente visível. Este efeito pode ser causado por alterações superficiais fotoestimuladas. Assim, para considerar tal hipótese, estudámos a morfologia da superfície dos cristais $AgGaGe_5 Se_{12}$ antes e depois da irradiação laser de $CO_2$ [156], como se mostra na Fig. 3-18.

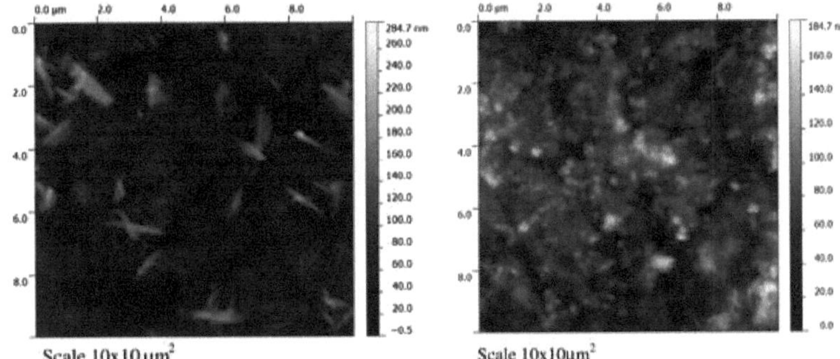


Fig. 3-18. AFM das superfícies cristalinas de AgGaGe$_5$ Se$_{12}$ antes (imagem da esquerda) e depois (direita) da excitação laser [156]

As imagens AFM mostram um rearranjo significativo da morfologia da superfície que permanece após o desligamento do laser. No entanto, as alterações na absorção fotoinduzida permanecem quase inalteradas pelas alterações da superfície, uma vez que a sua contribuição é insignificante devido à pequena espessura da superfície reconstruída (até 50 nm). Por conseguinte, pode concluir-se que a irradiação laser dos cristais estudados conduz a alterações tanto no coeficiente de absorção como na topologia da superfície, devido à excitação do subsistema de fões.

Para investigar o efeito da contribuição dos electrões para os efeitos ópticos fotoinduzidos, investigámos as alterações fotoinduzidas por um laser Nd:YAG de nanossegundos a 1064 nm (9398 cm$^{-1}$ ) e por um laser semicondutor de estado sólido de onda contínua com um comprimento de onda de 808 nm. A fotopolarização do subsistema de electrões será dominante quando estes lasers interagirem com a substância. É de notar que a irradiação com o laser Nd:YAG não conduziu a quaisquer alterações significativas do coeficiente de absorção.

Tal como no caso anterior, monitorizámos a alteração de temperatura fotoestimulada termicamente. As alterações máximas não excederam 3,6 K, indicando que os efeitos térmicos são menores do que os da irradiação laser de $CO_2$ e não foram críticos para os efeitos observados.

A Fig. 3-19 mostra a dependência espetral da absorção induzida opticamente sob laser cw a 808 nm. As alterações máximas da absorção foto-induzida são observadas para a composição AgGaGe$_5$ Se$_{12}$ , e a menor alteração é registada para os cristais AgGaGe$_2$ Se$_6$ . O processo mostrou completa reversibilidade após múltiplos ciclos de irradiação.

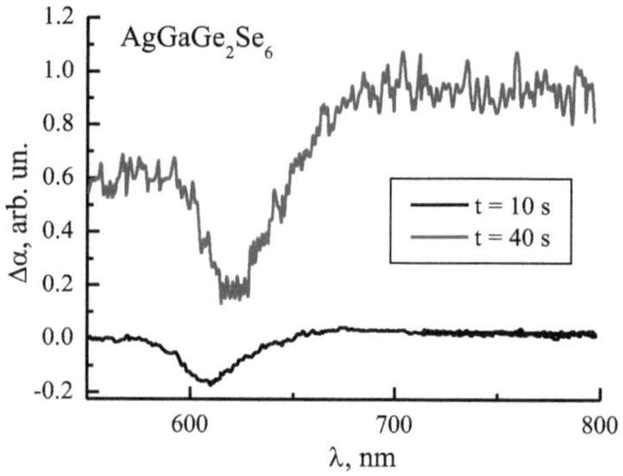


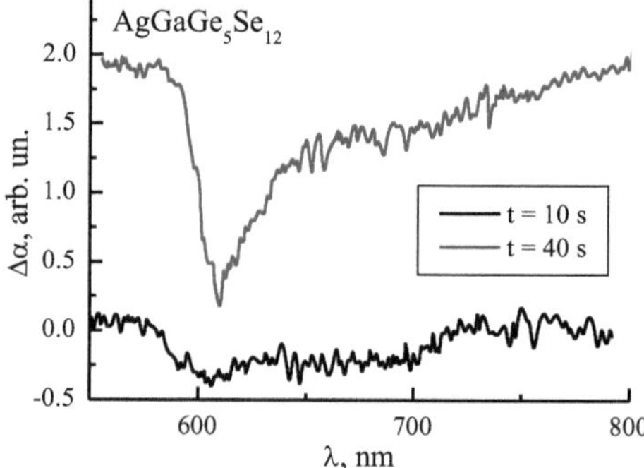


Fig. 3-19. Alterações fotoinduzidas no coeficiente de absorção após irradiação com um laser de 808 nm

Para esclarecer a origem das diferenças observadas, foram efectuados cálculos quântico-químicos das susceptibilidades ópticas. Estes parâmetros foram obtidos a partir das alterações relativas do bordo de absorção sob uma componente efectiva de um campo elétrico provocado pela onda electromagnética polarizada [157]. Foi estabelecido que a fotolarização para o AgGaGe$_2$ Se$_6$ é de 0,808 a. u., para o AgGaGe$_3$ Se$_8$ é de 0,890 a. u., enquanto que para o cristal máximo foto-induzido é de 1,456 a. u.. Ao mesmo tempo, verificou-se que a ligação mista iónica-covalente Ge-Se é importante para a fotopolarização observada. Os valores das polarizações ópticas dos cálculos quântico-químicos estão bem correlacionados com os dados obtidos experimentalmente. Por conseguinte, os dados experimentais observados sobre a absorção ótica fotoinduzida estão diretamente relacionados com a fotopolarização opticamente induzida.

Foi também estudada a absorção fotoinduzida dos cristais $Ag_2 In_2 GeSe_6$ irradiados com laser de 980 nm (1,27 eV) (Fig. 3-20). Tal como no caso anterior, a absorção é causada pela excitação de electrões perto do limite de absorção ($E_g$ = 1,55 eV). O declive da cauda de Urbach torna-se mais acentuado com a iluminação, indicando uma absorção adicional que resulta quer do aumento da concentração de defeitos com níveis de energia dentro do intervalo de banda, quer do aparecimento de um campo elétrico interno causado pela formação de defeitos carregados (polarização). A energias mais elevadas, a absorção diminui, o que não é surpreendente, uma vez que o número total de níveis metaestáveis de estados carregados dentro do intervalo de banda proibida não pode ser alterado pela iluminação. Assim, o aumento da absorção numa região de energia leva à sua diminuição noutra região.

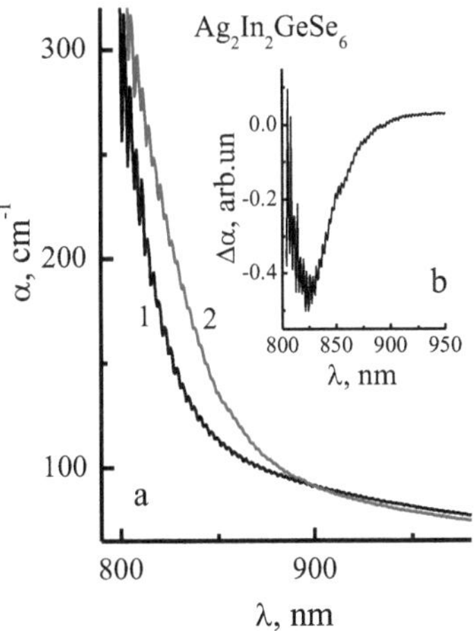


Fig.3-20. *a*) Dependências espectrais do coeficiente de absorção: 1) antes da irradiação; 2) após irradiação laser a 980 nm (1 min); *b*) alteração do coeficiente de absorção

Quando irradiados com lasers que excitam o subsistema de electrões, a alteração na absorção foto-induzida ocorre não por deslocações espectrais da banda de absorção fundamental, mas pela alteração da ocupação do subsistema de defeitos intrínsecos sob excitação foto-induzida.

As alterações fotoinduzidas sob irradiação pelo laser de $CO_2$ , bem como pelos lasers a 808 nm e 980 nm, são semelhantes, nomeadamente, ocorrem na região próxima do limite de absorção, sendo observada uma mudança espetral vermelha com o aumento da duração da irradiação. Isto é explicado pelo domínio do mesmo mecanismo para os dois tipos de excitações, ou seja, a interação significativa entre electrões e fões. Foi obtido um resultado semelhante no estudo do vidro e das vitrocerâmicas sob irradiação com um laser de $CO_2$ e um laser de estado sólido a 532 nm.

Assim, foram observadas alterações de absorção fotoinduzidas sob a influência do laser de $CO_2$ com impulsos de microssegundos e do laser de estado sólido com comprimentos de onda de 808 nm. As alterações fotoinduzidas sob irradiação laser de 808 nm estão associadas a transições electrónicas puras, que incluem níveis de aprisionamento de origem eletrónica no interior do intervalo de banda próximo do bordo da banda de absorção. Quando iluminados pelo laser $CO_2$ , estes níveis são excitados pela interação entre os fões (absorção multifonónica) e pela interação dos fões com os estados electrónicos. A semelhança das alterações provocadas pelo laser de estado sólido e pelo laser de $CO_2$ confirma o papel fundamental da interação anarmónica eletrão-fão. O estudo das alterações do coeficiente de absorção perto do bordo de absorção fundamental quando irradiado com o laser de estado sólido mostra a ausência de modificações irreversíveis foto-estimuladas. Este facto permite a utilização destes compostos como materiais opticamente controlados para lasers do visível e do infravermelho.

**Referências ao Capítulo 3**

98    Não-estequiometria nos compostos I-III-VI $_2$ . / E. I. Rogacheva. *Inst. Phys. Conf. Ser.* 1998. Vol. 152. P. 1-14.

99    Polarização eléctrica induzida pela orientação ótica de centros dipolares em piezoeléctricos não polares. / A. Grachev, A. Kamshilin. *Opt. Express.* 2005. Vol.13, № 21. P. 8565-8570.

100   Efeitos fotovoltaicos e de fotorrefracção em materiais não centrossimétricos. / B. I. Sturman e V. M. Fridkin. Filadélfia, Pensilvânia: *Gordon and Breach Science Publishers*, 1992.

101   Fotocondutividade e piezoeletricidade operada por laser dos cristais Ag-Ga-Ge-(S,Se) e soluções sólidas / M. El-Naggar, A. A. Albassam, G. L. Myronchuk, O. V. Zamuruyeva, I. V. Kityk, P. Rakus, O. V. Parasyuk, J. Jędryka, V. Pavlyuk, M. Piasecki. *Mater. Sci. Semicond. Process.* 2018. Vol. 86. P. 101-110.

102   Estudos recentes de cristais de calcogenetos não lineares para o infravermelho médio. / L. I. Isaenko, A. P. Yelisseyev. *Semicond. Sci. Technol.* 2016. Vol. 31. P. 123001 (24pp).

103   Geração de frequências diferenciais de correspondência de fase e femtossegundos no quaternário semicondutor AgGaGe$_5$ Se$_{12}$ / V. Petrov, F. Noack, V. Badikov, G. Shevyrdyaeva, V. Panyutin e V. Chizhikov. *Appl. Opt.* 2004. Vol. 43, No. 23. P. 4590-4597.

104   Caraterísticas induzidas por infravermelhos dos semicondutores cristalinos AgGaGeS$_4$ / G. Ye. Davydyuk, G. L. Myronchuk, G. Lakshminarayana, O. V. Yakymchuk, A. H. Reshak, A. Wojciechowski, P. Rakus, N. AlZayed, M. Chmiel, I. V. Kityk, O. V. Parasyuk. *J. Phys. Chem. Solids.* 2012. Vol. 73, № 3. P. 439-443.

105   Fotocondutividade e caraterísticas ópticas não lineares de novos cristais Ag$_x$ Ga$_x$ Ge$_{1-x}$ Se$_2$ / A. S. Krymus, G. L. Myronchuk, O. V. Parasyuk, G. Lakshminarayana, A. O. Fedorchuk, A. El- Naggar, A. Albassam, I. V. Kityk. *Mater. Res. Bull.* 2017. Vol. 85. P. 74-79.

106   Um novo efeito da piezoeletricidade induzida pelo laser CO$_2$ em cristais de calcogenetos Ag$_2$ Ga$_2$ SiS$_6$ / O. V. Parasyuk, G. L. Myronchuk, A. O. Fedorchuk, A. M. El-Naggar, A. Albassam, A. S. Krymus, I. V. Kityk. *Crystals.* 2016. Vol. 6. P. 107 (12pp).

10
7   Cristal $PbGa_2GeS_6$ como um novo material ótico não linear: Aspectos da estrutura de banda. / AO. Fedorchuk, O. V. Parasyuk, O. Cherniushok, B. Andriyevsky, G. L. Myronchuk, O. Y. Khyzhun, G. Lakshminarayana, J. Jedryka, I. V. Kityk, A. M. ElNaggar, A. A. Albassam, M. Piasecki. *J. Alloys Compd.* 2018. Vol. 740. P. 294-304.

10
8   Métodos de medição dos parâmetros dos materiais semicondutores. / L. P. Pavlov. M.: *Higher Sch.*, 1987. 239 p.

10
9   Processos Ópticos em Semicondutores. / J. I. Pankove. *Dover,* Nova Iorque, 1975. P. 35.

11
0   Semicondutores amorfos e líquidos. / J. Tauc. Nova Iorque : *Plenum,* 1974. P. 441.

11
1   Semicondutores amorfos: estrutura, propriedades ópticas e eléctricas. / K. Morigaki, C. Ogihara. *Springer Handbook of Electronic and Photonic Materials.* 2007. P. 565.

11
2   Calibração empírica do gap ótico em ligas de a-Si $C_{1-xx}$ :H ($x <$ 0,20). / A. O. Kodolbas. *Ciência e Engenharia de Materiais.* 2003. Vol. 98. P. 161-166.

11
3   A desordem e o limite de absorção ótica do silício amorfo hidrogenado / G. D. Cody, T. Tiedje, B. Abeles, B. Brooks, Y. Golstein. *Phys. Rev. Lett.* 1981. Vol. 47, No. 20. P. 1480.

11
4   Dependência energética do elemento de matriz ótica em silício amorfo e cristalino hidrogenado / W. B. Jackson, S. M. Kelso, C. C. Tsai, J. W. Allen, S.-J. Oh. *Phys. Rev. B.* 1985. Vol. 31, No. 8. P. 5187.

11
5   Espectros ópticos e estrutura de banda de $Ag_x Ga_x Ge_{1-x}Se_2$ ($x$ = 0,333, 0,250, 0,200, 0,167) monocristais: Experiment and Theory / A. H. Reshak, O. V. Parasyuk, A. O. Fedorchuk, H. Kamarudin, S. Auluck, and J. Chysk. *J. Phys. Chem. B.* 2013. Vol. 117, № 48. P.15220-15231.

11
6   Teoria da absorção e emissão de luz em semicondutores. / V. P. Hrybkovsky. *Nauka i Tekhnika,* 1975. 464 p.

11
7   Caraterísticas específicas da estrutura de banda e anisotropia ótica de $Cu CdGeSe_{24}$ compostos quaternários. / M. G. Brik, O. V. Parasyuk, G. L. Myronchuk, I. V. Kityk. *Mater. Chem. Phys.* 2014. Vol. 147, № 1-2. P. 155-161.

11
8	Caraterísticas fotoinduzidas do intervalo de energia em cristais quaternários de Cu CdGeS$_{24}$ / M. G. Brik, I. V. Kityk, O. V. Parasyuk, G. Myronchuk. *J. Phys: Condens. Matter.* 2013. Vol. 25. P. 505802 (11pp).

11
9	Espectros fotovoltaicos, fotoeléctricos e ópticos de novos monocristais quaternários Ag$_x$ Ga$_x$ Ge$_{1-x}$ Se$_2$ $(0,167 > x > 0,333)$ / G. Lakshminarayana, M. Piasecki, G. E. Davydyuk, G. L. Myronchuk, O. V. Yakymchuk, O. V. Parasyuk, I. V. Kityk. *Mater. Chem. Phys.* 2012. Vol. 135, № 2-3. P. 837-841.

12
0	Síntese, estrutura e propriedades do Li$_2$ In MQ$_{26}$ (M = Si, Ge; Q = S, Se): uma nova série de materiais ópticos não lineares IR. W. Yin, K. Feng, W. Hao, J. Yao, Y. Wu. *Inorg. Chem.* 2012. Vol. 51, № 10. P. 5839-5843.

12
1	Manifestação de defeitos intrínsecos nas estruturas de banda do calcogeneto quaternário Ag$_2$ In$_2$ SiSe$_6$ e Ag$_2$ In$_2$ GeSe$_6$ cristais / M. Makowska-Janusik, I. V. Kityk, G. Myronchuk, O. Zamuraeva e O. V. Parasyuk. *Cryst. Eng. Comm.* 2014. Vol. 16, № 40. P. 9534-9544.

12
2	Influência da substituição de si por ge nos sulfuretos quaternários de calcogenetos Ag$_2$ In$_2$ Si(Ge)S$_6$ na ligação química, susceptibilidades ópticas lineares e não lineares e hiperpolarizabilidade / A. H. Reshak, I. V. Kityk, O. V. Parasyuk, H. Kamarudin e S. Auluck. *J. Phys. Chem.* B. 2013, Vol. 117, № 8. P. 2545-2553.

12
3	Estado fundamental do gás de electrões por um método estocástico. / D. M. Ceperley, B. I. Alder. *Phys. Rev. Lett.* 1980. Vol. 45. P. 566-569.

12
4	Aproximação de gradiente generalizado simplificada. / J. P. Perdew, K. Burke, M. Ernzerhof. *Phys. Rev. Lett.* 1996. Vol. 77. P. 3865-3868.

12
5	Potenciais exactos apenas de troca e a relação virial como critérios microscópicos para aproximações de gradiente generalizado. / E. Engel, S. H. Vosko. *Phys. Rev. B.* 1993. Vol. 47. P. 13164-13174.

126 Méritos e limites do potencial de troca de becke-johnson modificado. / D. Koller, F. Tran, P. Blaha. *Phys. Rev. B.* 2011. Vol. 83. P. 195134-195143.

127 A influência da temperatura na largura do intervalo de banda de um semicondutor. / G. Gulyamov, N. Yu. Sharybaev. *FIP FYP PSE.* 2011. Vol. 9, No. 1. C. 40-43.

128 Propriedades eléctricas e ópticas de AgGaGe $S_{22}$ $Se_4$ monocristais / G. L. Myronchuk, G. E. Davidyuk, O. V. Parasyuk, M. V. Shevchuk, O. V. Yakymchuk, S. P. Danylchuk. *Jornal de Física da Ucrânia.* 2012. Vol. 57, No. 10. P. 1050-1054.

129 Espectros ópticos e de fotocondutividade de novos cristais de calcogenetos $Ag_2$ $In_2$ $SiS_6$ e $Ag_2$ $In_2$ $GeS_6$ / M. Chmiel, M. Piasecki, G. Myronchuk, G. Lakshminarayana, A. H. Reshak, O. V. Parasyuk, Yu. Kogut, I. V. Kityk. *Spectrochim. Ata, Parte A.* 2012. Vol. 91. P. 48-50.

130 Dinâmica da rede de $AgGaSe_2$ . I. Experimentação. / J. Camassel, L. Artus, J. Pascual. *Phys. Rev. B.* 1990. Vol. 41. P. 5717.

131 O limite de comprimento de onda longo da sensibilidade fotográfica e da absorção eletrónica dos sólidos. / F. Urbach. *Phys. Rev.* 1953. Vol. 92, № 5. P. 1324-1324.

132 Teoria eletrónica de semicondutores desordenados. / V. L. Bonch-Bruevich, I. P. Zvyagin, R. Kuiper, A. G. Mironov. M. Nauka, 1981. 385 p.

133 Absorção e espectros de parâmetros ópticos em soluções sólidas amorfas do sistema Se-S. / N. Z. Dzhalilov, H. M. Damirov. *FTP.* 2011. Vol. 45, No. 4. P. 500-505.

134 Propriedades eléctricas e ópticas do selénio vítreo. / H. P. D. Langon. *Phys. Rev.* 1963. Vol. 130, № 1. P. 134-143.

135 In optical properties of solids / J. Tauc. ed. por F. Abeles. *Amesterdão*, 1970. 277 p.

136 Processos electrónicos em materiais não-cristalinos. / N. F. Mott, E. A. Davis. Nova Iorque : *Oxford University Press*, 1971. 590 p.

13
7
Limite de Urbach do silício cristalino e amorfo: uma revisão pessoal. / G. D. Cody. *J. Non-Cryst. Solids.* 1992. Vol. 141. P. 3-15.

13
8
Processos de não-equilíbrio em fotocondutores. / V. E. Lashkarev, A. V. Lyubchenko, M. K. Sheynkman. Kyiv: *Naukova Dumka*, 1981. 264 p.

13
9
Propriedades físicas dos calcogenetos tetrários: uma monografia / G. E. Davydyuk, L. V. Bulatetska, V. V. Bozhko etc. Lutsk: *Universidade Nacional Lesya Ukrainka Volyn*, 2009. 212 p.

14
0
Estudo da absorção ótica de FeSi semicondutor policristalino sintetizado por feixe de iões$_2$ / Z. Yang, K. P. Homewood, M. S. Finney, M. A. Harry, K. J. Reeson. *J. Appl. Phys.* 1995. Vol. 78, № 3. P. 1958-1963.

14
1
Regra de Urbach em física do estado sólido internacional. / I. Studenyak, M. Kranjčec, M. Kurik. *Revista Internacional de Ótica e Aplicação*. 2014. Vol. 4, № 3. P. 76-83.

14
2
Regra de Urbach (Revisão). / M. V. Kurik. *Phys. Status Solidi A*. 1971. Vol. 8. p. 9-30.

14
3
Avaliação experimental da constante de interação excitão-fão. / M. V. Kurik. *Fiz. Tverd. Tela.* 1991. Vol. 33. P. 615-618.

14
4
Propriedades Estruturais e Ópticas do Novo Optoelectrónico $Tl_{1-x}$ $In_{1-x}$ $Si_x$ $Se_2$ Monocristais / G. L. Myronchuk, O. V. Zamurueva, O. V. Parasyuk, L. V. Piskach, A. O. Fedorchuk, N. S. AlZayed, A. M. El-Naggar, J. Ebothe, M. Lis, I. V. Kityk. *J. Mater. Sci: Mater. Electron.* 2014. Vol. 25, № 7. P. 3226-3232.

14
5
Fonões ópticos em $AgGaSe_2$ / A. Miller, G. D. Holah, W. D. Dunnett, G. W. Iseler. *Phys. Rev.* 1976. Vol. 78, № 2. P. 569-576.

14
6
Vibrações de rede de $AgGaS_2$ , $AgGaSe_2$ e $CuGaS_2$ / J. P. Van der Ziel, A. E. Meixner, H. M. Kasper, e J. A. Ditzenberger / *Phys. Rev. B.* Vol. 9, № 10. P. 4286-4294.

14
7
Dependência de temperatura do gap de energia ótica e Urbach - cauda de Martienssen nos espectros de absorção do semicondutor em camadas $Tl_2$ $GaInSe_4$ / B. Abay, H. S. Güder, H. Efeoğlu, Y. K. Yoğurtçu. *J. Phys. Chem. Solids.* 2001. Vol. 62. P. 747-752.

14
8
Borda de absorção ótica de GaAs e InP semi-isolantes a altas temperaturas / M. Beaudoin, A. J. G. DeVries, S. R. Johnson, H. Laman e T. Tiedje. *Appl. Phys. Lett.* 1997. Vol. 70. P. 3540-3542.

14
9
Absorção de borda em cristais de $Bi_{12} SiO_{20}$ . / T. Panchenko, S. Kopylova, Yu. Osetskii. *Phys. Sol. State.* 1995. Vol. 37. P. 1415-1419.

15
0
Compreensão da síntese de micro-ondas em estado sólido utilizando o semicondutor tipo diamante, $AgInSe_2$ , como um estudo de caso. / J. W. Lekse, A. M. Pischera, J. A. Aitken. *Mater. Res. Bull.* 2007. Vol. 42, № 3. P. 395-403.

15
1
Síntese e caraterização de $AgInSe_2$ para aplicação em células solares de película fina / H. Mustafa, D. Hunter, A. K. Pradhan, U. N. Roy, Y. Cui, e A. Burger. *Thin Solid Films.* 2007. Vol. 515, № 17. P. 7001-7004.

15
2
Retificação ótica por impurezas em cristais polares. / D. H. Auston, A. M. Glass e A. A. Ballman. *Phys. Rev. Lett.* 1972. Vol. 28. P. 897-900.

15
3
Geração ótica de impulsos eléctricos intensos de picossegundos. / D. H. Auston, A. M. Glass. *Appl. Phys. Lett.* 1972. Vol. 2. p. 398-399.

15
4
Mecanismo dos efeitos ópticos fotoinduzidos reversíveis no As amorfo $S_{23}$ . / O. I. Shpotyuk, J. Kasperczyk, I. V. Kityk. *J. Non-Cryst. Solids.* 1997. Vol. 215, № (2-3). P. 218-225.

15
5
Efeitos fotoinduzidos nos vidros $Sb_2 Se_3$ -$BaCl_2$ -$PbCl_2$ / J. Wasylak, J. Kucharski, I. V. Kityk, e B. Sahraoui. *J. Appl. Phys.* 1999. Vol. 85. P. 425.

15
6
Cinética espetral induzida por laser de infravermelhos de cristais de calcogenetos $AgGaGe_3 Se_8$ :Cu. / E. Al-Harbi, A. Wojciechowski, N. AlZayed, O. V. Parasyuk, E. Gondek, P. Armatys, A. M. El-Naggar, I. V. Kityk, P. Karasinski. *Spectrochim. Ata, Parte A.* 2013. Vol. 111. P. 142-149.

15
7
Estrutura de banda e susceptibilidades ópticas não lineares da proustite ($Ag_3 AsS_3$ ). / Ya. O. Dovgii, I. V. Kityk. *Phys. Status Solidi B.* 1991. Vol. 166. P. 395-402.

# Capítulo 4
## Propriedades electrofísicas e fotovoltaicas


**P. Rakus, M. Ya. Rudysh, G. L. Myronchuk**

## 4.1. Dependência da temperatura da condutividade eléctrica específica

Utilizando estudos electrofísicos e fotoeléctricos, é possível determinar os parâmetros dos centros com níveis profundos que participam nos processos de relaxação de portadores de carga sem equilíbrio e determinar a gama espetral de fotossensibilidade, inércia e nível de ruído dos receptores de radiação.

De acordo com o sinal do coeficiente termo-EMF, todos os cristais analisados pertencem a semicondutores com condutividade *do tipo p*, o que pode estar relacionado com o carácter aceitador das vacâncias estequiométricas de prata ($V_{Ag}$). Uma grande concentração de vacâncias estequiométricas pode contribuir para a ocorrência de condutividade eléctrica iónica sensível à estrutura, causada pelo transporte de iões metálicos através dos nós vazios da rede cristalina das amostras. A uma temperatura baixa ($T \leq 300$ K), devido à baixa mobilidade dos iões e à energia de ativação relativamente elevada, a condutividade eléctrica iónica é insignificante em comparação com a componente eletrónica. No entanto, pode revelar-se experimentalmente, o que leva ao aparecimento de cargas de polarização nos eléctrodos da amostra durante a passagem prolongada de corrente contínua. Normalmente, o estudo dos parâmetros eléctricos, fotoeléctricos e outros dos compostos quaternários tem sido realizado a temperaturas próximas da temperatura ambiente e inferiores e com uma ligação de curto prazo da amostra a uma fonte de tensão. Nestas circunstâncias, os resultados do estudo são determinados pela componente eletrónica da condutividade, que é dominante em relação à componente iónica.

Uma grande concentração de vacâncias estequiométricas ($V_{Ag}$) e a natureza estatística da distribuição dos átomos nos nós livres da sub-rede catiónica é uma das razões para a infração da ordem de longo alcance no arranjo dos átomos do cristal e da periodicidade do potencial elétrico [158]. Isto leva à ocorrência de novas armadilhas no intervalo de banda. Estas armadilhas causam alterações nas caraterísticas ópticas, eléctricas e fotoeléctricas dos materiais [159-161]. Por isso, nesta secção, escrevemos sobre o estudo das alterações na condutividade eléctrica no escuro, na fotocondutividade e na sua relaxação de acordo com a composição dos compostos [162-168].

O estudo da dependência da temperatura da condutividade eléctrica específica para corrente contínua foi realizado em amostras sob a forma de paralelepípedos com dimensões de $5\ 3 \times \times\ 0,3\ mm^3$. Realizámos o registo dos sinais eléctricos num eletrómetro Keithley 6514 com uma precisão de 1,5% da escala no modo de medição da resistência, nível de ruído <1fA. Os contactos eutécticos de gálio-índio aplicados pelo método de fricção serviram de contactos para os cristais. A resistência óhmica dos contactos manteve-se numa vasta gama de temperaturas e tensões e foi verificada em cada caso específico antes de efetuar estudos experimentais. A temperatura foi estabilizada pelo termorregulador UTREKS K.41, com uma precisão de $\pm 0,1$ K.

Todos os cristais estudados são semicondutores de alta resistência com uma condutividade eléctrica específica da ordem de $\sigma \sim 10\ \text{-}10^{-8\text{-}9}$ Ohm$^{-1}$ cm$^{-1}$ (a $T = 300$ K) [163, 164, 166-168]. O pequeno valor de $\sigma$ significa que os cristais investigados pertencem a semicondutores defeituosos, altamente compensados, com uma posição profunda do nível de Fermi no intervalo de banda [169]. Isto também é confirmado pelo pequeno valor do coeficiente termo-EMF ($\alpha$), que é típico de semicondutores compensados com contribuições próximas dos componentes de electrões e buracos das condutividades eléctricas para o valor de $\alpha$ [169]:

$$\alpha = \frac{\alpha_p p \mu_p - \alpha_n n \mu_n}{p \mu_p + n \mu_n}, \qquad (4\text{-}1)$$

em que $\alpha_p$ e $\alpha_n$ são coeficientes parciais da força termoelectromotriz (EMF) para buracos e electrões, respetivamente, e $p\mu_p$ e $n\mu_n$ são as concentrações e a mobilidade de buracos e electrões, respetivamente.

É de notar que os compostos multicomponentes têm uma concentração significativa de defeitos estruturais tecnológicos, que incluem átomos internodais, vacâncias aniónicas e os seus complexos. Alguns destes defeitos são dadores que compensam os aceitadores e proporcionam baixos valores de condutividade eléctrica e coeficiente térmico-EMF.

Uma caraterística típica dos cristais de $Ag_x\ Ga_x\ Ge_{1\text{-}x}\ Se_2$ é uma diminuição da condutividade eléctrica específica com um certo aumento da quantidade do componente $GeSe_2$ (Tabela 4-1). Este facto está, em certa medida, associado a um aumento do intervalo de banda ($E_g$) dos compostos quaternários [166].

Tabela 4-1. O valor do coeficiente termo-EMF e a condutividade eléctrica específica do monocristal $Ag_x\, Ga_x\, Ge_{1-x}\, Se_2$ a $T = 292$ K

| Amostra | $\sigma\text{-}10$ , $Ohm^{-8-1}\, cm^{-1}$ | $\alpha$, $\mu V/K$ |
|---|---|---|
| $AgGaGe_2\, Se_6$ | 12,30 | 280 |
| $AgGaGe_3\, Se_8$ | 4,84 | 200 |
| $AgGaGe_4\, Se_{10}$ | 2,25 | 130 |
| $AgGaGe_5\, Se_{12}$ | 1,66 | 80 |

Entre os cristais investigados, pode ver-se que os cristais $AgGaGeS_4$ têm o intervalo de banda máximo e o valor mínimo de condutividade $\sigma$ , que é igual a $0,167 \times 10^{-8}\, Ohm^{-1}\, cm^{-1}$ [165]. No entanto, obviamente, a alteração em $\sigma$ é também afetada pela substituição de átomos trivalentes de Ga (In) nos nós da sub-rede catiónica por átomos tetravalentes de Ge (Si). Além disso, a concentração de aceitadores (vacâncias de prata) diminui com o aumento do teor de $GeSe_2$ em cristais de $Ag_x\, Ga_x\, Ge_{1-x}\, Se_2$ . Alguns destes defeitos são dadores que compensam os aceitadores, assegurando baixos valores de condutividade eléctrica e coeficiente de termo-EMF.

Para os compostos $Ag_2\, In_2\, SiS_6$ , $Ag_2\, In_2\, GeS_6$ , $Ag_2\, In_2\, SiSe_6$ , $Ag_2\, In_2\, GeSe_6$ , $Ag_2\, Ga_2\, SiSe_6$ e $Ag_2\, Ga_2\, SiS_6$ , o valor do coeficiente de termicidade ($\alpha$) está no limite da sensibilidade dos dispositivos de medição e é da ordem de 10-20 $\mu V/K$, e o valor da condutividade eléctrica específica é $\sigma \sim 10^{-8}$ - $10^{9}$ $Ohm^{-1}\, cm^{-1}$ a $T = 300$ K [163, 164, 167, 168]. É caraterístico dos semicondutores com contribuições proporcionais das componentes eletrónica e de orifício da condutividade eléctrica.

O sinal positivo do valor final de $\alpha$, que indica a condutividade do *tipo p* de todos os compostos estudados, é obviamente devido a alguma predominância da concentração de aceitadores, nomeadamente, $V_{Ag}$ sobre a concentração de dadores ($Si_{Ga}$ , $Si_{In}$ , $Ge_{Ga}$ , $Ge_{In}$ , $V_S$ , $V_{Se}$ ). Isto deve-se ao facto de, na maioria dos materiais semicondutores, a mobilidade dos buracos ser inferior à mobilidade dos electrões ($\mu_p < \mu_n$) [169].

O estudo da dependência da temperatura da condutividade eléctrica específica permite determinar uma série de caraterísticas importantes dos materiais, nomeadamente, a largura do intervalo de banda e a energia de ativação dos níveis locais, e tirar algumas conclusões sobre o mecanismo de dispersão dos portadores de carga livre [170]. Sabe-se que a dependência da temperatura da condutividade eléctrica é determinada pela concentração e mobilidade dos portadores de carga. No entanto, a altas temperaturas, a concentração desempenha um papel mais importante. Isto deve-se ao facto de, a temperaturas elevadas, a dispersão das vibrações térmicas da rede ser dominante, e $\mu \sim T^{-\frac{3}{2}}$, ou seja, a temperatura aumenta, enquanto $\mu$ diminui. Uma concentração significativa de centros de defeitos também contribuirá para uma diminuição da mobilidade, uma vez que a mobilidade dos electrões é inversamente proporcional à sua dispersão em centros de defeitos carregados: $\mu \sim \frac{1}{N} T^{-\frac{3}{2}}$ onde $N$ é a concentração de centros de dispersão.

Com o aumento da temperatura, a concentração de portadores de carga livre aumenta muito mais rapidamente do que a sua mobilidade diminui, pelo que a condutividade eléctrica é determinada principalmente pela concentração de portadores [169]. No caso mais geral, $\sigma(T)$ em semicondutores com centros de defeitos doadores e aceitadores é dada pela seguinte relação [169]:

$$\sigma = \sigma_1 \exp\left(-\frac{E_1}{kT}\right) + \sigma_2 \exp\left(-\frac{E_2}{kT}\right) + \sigma_3 \exp\left(-\frac{E_3}{kT}\right), \qquad (4\text{-}2)$$

em que $\sigma$, $\sigma$, $\sigma_{123}$ é o fator pré-exponencial, que não depende da temperatura mas depende do mecanismo de condução; $E_1$, $E_2$, $E_3$ é a energia de ativação da condução; e $k$ é a constante de Boltzmann.

O primeiro termo da fórmula (4-2) descreve a condutividade, que se deve à excitação térmica dos electrões dos centros defeituosos para estados não localizados das zonas permitidas. Os resultados experimentais mostram que, para a maioria dos semicondutores amorfos ou altamente defeituosos, o valor de $\sigma_1$ neste caso situa-se na gama $10 - 10^{23}$ Ohm$^{-1}$ cm$^{-1}$.

O segundo termo descreve a condutividade que surge como resultado da excitação térmica dos portadores de carga em estados localizados nas "caudas" das zonas. É muito difícil fazer uma estimativa clara de $\sigma_2$ , mas consideramos que é $10 - 10^{24}$ vezes menor do que $\sigma_1$ . Esta diminuição está parcialmente relacionada com uma diminuição da densidade de estados nas "caudas" das zonas e com uma mobilidade muito menor dos portadores nos estados localizados em comparação com os não localizados.

O terceiro termo na fórmula (4-2) surge como resultado do mecanismo de saltos de condutividade causado por saltos de portadores de carga em estados localizados perto do nível de Fermi. Com uma forte localização, o eletrão salta apenas para o estado localizado mais próximo. Este processo é análogo à condução de impurezas em semicondutores fortemente dopados [169].

O fator pré-exponencial $\sigma_3$ da fórmula 4-2 é muito inferior a $\sigma_2$ ( $\sigma_3 << \sigma_2 < \sigma_1$ ), e $E_3$ é igual à distância energética entre o nível de Fermi e a posição da densidade máxima de estados da zona de impurezas. A energia média de ativação dos saltos $E_3$ depende da densidade dos estados electrónicos próximos do nível de Fermi $N(E_F)$ e da sobreposição das funções de onda: $E_3 \sim \dfrac{1}{R^3 N\left(E_F\right)}$ . Para o caso da distância média entre defeitos $R = 60$ Å i $\alpha = 8$ Å (onde $\alpha$ define o integral da sobreposição das funções de onda) em [169], a largura da zona de defeitos de estados localizados foi estimada. O valor obtido de $E_3 \approx 0,1$ eV é típico de muitos compostos de calcogenetos multicomponentes altamente compensados [158].

A dependência de $\ln(\sigma)$ em $1/T$ será uma linha reta apenas se os saltos ocorrerem entre os centros vizinhos mais próximos. Neste caso, a dependência exponencial da temperatura corresponde à condutância de salto com um comprimento de salto constante.

No caso em que a largura da zona de estados localizados é maior do que $kT$, os electrões podem, com elevada probabilidade, saltar para estados distantes, cuja diferença de energia é menor do que a dos vizinhos mais próximos. Neste caso, existe uma condução por saltos com um comprimento de salto variável. Ao mesmo tempo, a dependência de $\sigma(T)$ é exponencial:

$$\sigma(T) = \sigma_0(T)\exp\left(-\left(\frac{T_0}{T}\right)^n\right), \qquad (4\text{-}3)$$

em que $\sigma_0$ é a condutividade de equilíbrio em $T \to \infty$ , $T_0$ é um parâmetro relacionado com a energia de ativação da condutividade e $n$ é um indicador que caracteriza o tipo de condutividade.

De acordo com os dados da literatura, o índice $n$ pode ser igual a 0,25 ou 0,5. O valor de $n = 0,25$ é geralmente atribuído ao mecanismo de condução de saltos termicamente estimulados em estados localizados (mecanismo de Mott) [169], e $n = 0,5$ pertence ao mecanismo de Shklovsky-Efros, que é realizado com um gap de Coulomb na densidade de estados localizados perto do nível de Fermi [171].

A temperatura de transição para todos estes mecanismos de condução depende da densidade de estados defeituosos nos semicondutores. Quando a densidade de estados defeituosos aumenta, a temperatura de transição de um mecanismo de condução para outro aumenta. Além disso, em materiais amorfos com uma elevada densidade de estados defeituosos, o mecanismo de transferência de carga através de estados próximos do nível de Fermi domina desde as temperaturas mais baixas até à temperatura ambiente.

Para determinar o mecanismo de condutividade nos cristais estudados, os resultados experimentais foram analisados assumindo a predominância de um mecanismo específico no intervalo de temperatura dado (Fig. 4-1). Considerámos o valor do fator pré-exponencial na equação (2), que pode ser obtido por extrapolação da dependência de $\ln(\sigma)$ em $1000/T$ em $T \to \infty$ .

A análise dos resultados experimentais da dependência da temperatura da condutividade eléctrica do escuro dos cristais estudados (Fig. 4-1) mostra que esta é bem descrita pelo padrão exponencial e pela equação 4-2 [166]. Os diferentes declives da dependência de $\sigma(T)$ indicam que a condutividade em diferentes zonas de temperatura é causada por diferentes mecanismos de transferência de carga. Na zona de temperaturas elevadas $\sim$ 300-340 K, a energia de ativação da condutividade $E_1$ é determinada pelo declive de $\ln(\sigma)$ de $1000/T$, como apresentado na tabela 4-2. Ao mesmo tempo, $\sigma_1 \sim 10$ - $10^{24}$ $Om^{-1}$ $cm^{-1}$ , de acordo com o critério de Mott, pode ser interpretado como a excitação térmica de buracos (para condutividade *do tipo p*) de estados localizados perto do nível $E_F$ , que está localizado na zona de defeito. Esta zona de defeito está perto do meio do intervalo de banda, em estados deslocalizados da banda de valência. Nos semicondutores parcialmente compensados, a posição do nível de Fermi depende das posições dos níveis de energia dos dadores e dos aceitadores e da sua razão de concentração. As lacunas da rede cristalina podem desempenhar o papel de defeitos que afectam a posição do nível de Fermi numa vasta gama de temperaturas [169, 172]. O valor duplicado da energia de ativação $E_1$ dos sulfuretos e selenetos quaternários corresponde satisfatoriamente ao seu intervalo de banda determinado pelo método ótico (Tabela 4-2).

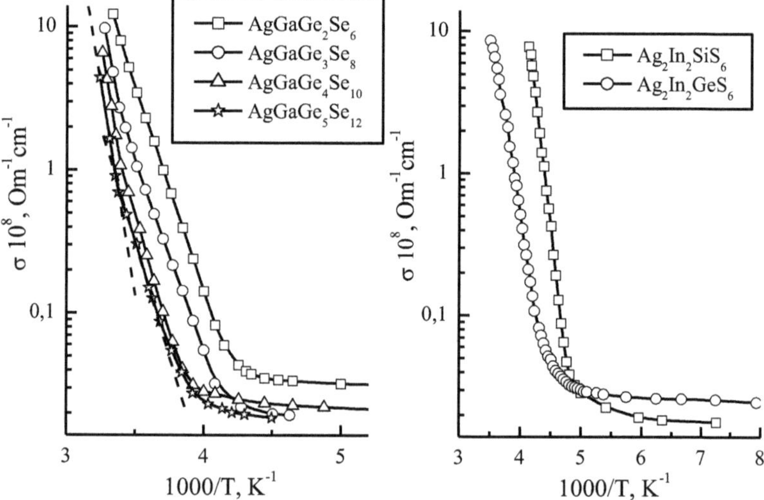

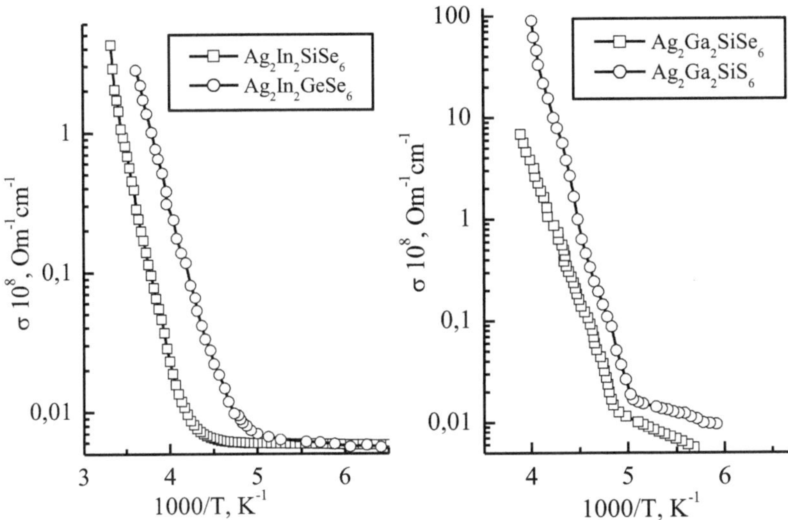


Fig. 4-1. Dependência da temperatura da condutividade eléctrica específica
do escuro em coordenadas de Arrhenius

Tabela 4-2. Estimativa da energia de ativação da condução escura

| Cristal | $E$ , $eV_1$ | $E$ , $eV_2$ |
|---|---|---|
| AgGaGeS$_4$ | 1,31 | 0.65 |
| AgGaGeS$_2$ Se$_2$ | 1.14 | 0.63 |
| AgGaGe$_3$ Se$_8$ | 1.09 | 0.58 |
| AgGaGe$_2$ Se$_6$ | 0.95 | 0.56 |
| AgGaGe$_4$ Se$_{10}$ | 1.19 | 0.59 |
| AgGaGe$_5$ Se$_{12}$ | 1.22 | 0.63 |
| Ag$_2$ Ga$_2$ SiSe$_6$ | - | 0.51 |
| Ag$_2$ In$_2$ SiSe$_6$ | - | 0.59 |
| Ag$_2$ In$_2$ GeSe$_6$ | - | 0.48 |
| Ag$_2$ Ga$_2$ SiS$_6$ | - | 0.69 |
| Ag$_2$ In$_2$ SiS$_6$ | - | 0.67 |
| Ag$_2$ In$_2$ GeS$_6$ | - | 0.55 |

Na faixa de temperatura $220 < T < 290$ K, o fator pré-exponencial na fórmula (4-2) é $\sim 1$ Ohm$^{-1}$ cm$^{-1}$ , o que mostra um mecanismo de condução devido à excitação térmica de buracos de estados próximos a $E_F$ na zona de defeito localizada para estados localizados na banda de valência da cauda. A energia de ativação $E_2$ determinada pelo declive $\ln(\sigma)$ de $1000/T$ nesta gama de temperaturas é apresentada na Tabela 4-2. Na nossa opinião, a mudança na energia de ativação está relacionada com a mudança no intervalo de banda, o que está de acordo com a investigação ótica.

Como sabemos por [173], em compostos com defeitos do tipo doador ($Ge_{In}$ ) e aceitador ($V_{Tl}$ ), aos quais pertencem os cristais estudados, o nível de Fermi no band gap é combinado com defeitos que criam a maior densidade de estados electrónicos. Assim, consideramos que as energias de ativação encontradas acima estão de acordo com as posições energéticas dos níveis aceitadores nos cristais estudados [174].

A $T \leq 200$ K, $\sigma(T)$ para cristais $AgGaGeS_4$ e $Ag_x$ $Ga_x$ $Ge_{1-x}$ $Se_2$ é descrita pela dependência (4.2) com $E_3 \approx 0{,}04\text{-}0{,}06$ eV e $\sigma_3\square$ $\sigma_2$ valor ($\sim 10^{-4}$ Om$^{-1}$ cm$^{-1}$ ). Esta dependência de $\sigma(T)$ é caraterística do salto de gama variável entre os vizinhos mais próximos na zona de defeito de impureza, que fixa $E_F$ . A energia de ativação dos saltos em excesso $E_3$ é próxima de metade da largura da zona de estados de defeito localizados $\Delta E \approx 2E_3$ [175]. A desionização de estados de defeito profundos no intervalo de banda ocorre quando a temperatura diminui. Ao mesmo tempo, a principal contribuição para a condutividade é feita por pequenos níveis de aceitadores ionizados na faixa de temperatura de 100 - 200 K.

Na gama de temperaturas de 150-200 K, a dependência de $\sigma(T)$ dos cristais $Ag_2$ $Ga_2$ $SiSe_6$ , $Ag_2$ $Ga_2$ $SiS_6$ , $Ag_2$ $In_2$ $SiSe_6$ , $Ag_2$ $In_2$ $GeSe_6$ , $Ag_2$ $In_2$ $SiS_6$ , e $Ag_2$ $In_2$ $GeS_6$ tem uma forma exponencial, que é descrita pela fórmula 4-3. A construção das dependências experimentais de $\sigma(T)$ nas coordenadas $\ln \sigma T^{1/2}$ - $(1/T)^{-1/4}$ e $\ln \sigma T^{1/2}$ - $(1/T)^{-1/2}$ mostrou que elas são mais corretamente aproximadas pela lei de Mott [169]. Neste caso, a expressão para a condutividade tem a forma:

$$\sigma(T) = \sigma_0 T^{-\frac{1}{2}} \exp\left( -\left(\frac{T_0}{T}\right)^{\frac{1}{4}} \right). \tag{4-4}$$

Como se mostra na Fig. 4-2, ao implementar esta dependência, todos os pontos experimentais são rectificados. Isto permite-nos assumir que, no intervalo de temperatura indicado, o comprimento do salto muda através de estados localizados que se encontram numa banda estreita de energias perto do nível de Fermi, no caso em que a transferência de carga é efectuada por condução por saltos de portadores de carga. Estes estados nos cristais estudados podem ser criados por vacâncias na rede cristalina.

Nos calcogenetos binários A $B^{IIIV}$ - análogos dos compostos estudados, os níveis de energia próximos do meio do band gap criam vacâncias catiónicas que são aceitadoras [158], em particular $V_{Cd}$ em CdS e CdSe. Assim, pode assumir-se que a zona de estados localizados é formada por vacâncias estequiométricas de prata ($V_{Ag}$ ). Sendo aceitadores, determinam obviamente a condutividade *do tipo p* dos compostos estudados. É de notar que os compostos multicomponentes têm uma concentração significativa de defeitos estruturais tecnológicos, que são os átomos internodais, as vacâncias aniónicas ($V_{Se}$ ) e os seus complexos. Alguns destes defeitos são dadores que compensam os aceitadores, proporcionando baixos valores de condutividade eléctrica e do coeficiente termo-EMF.

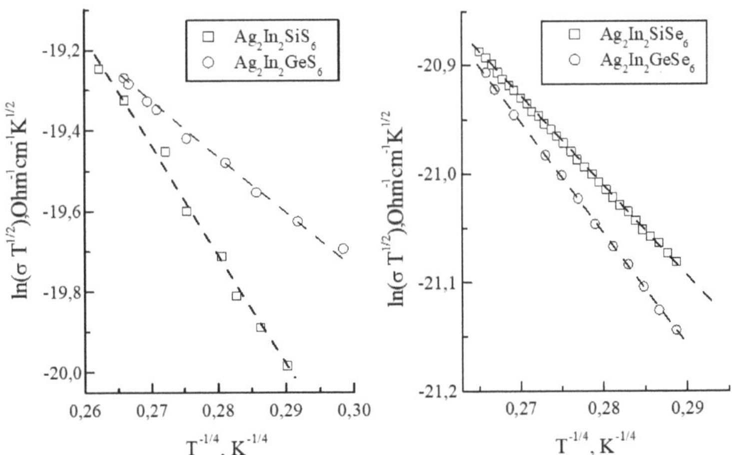

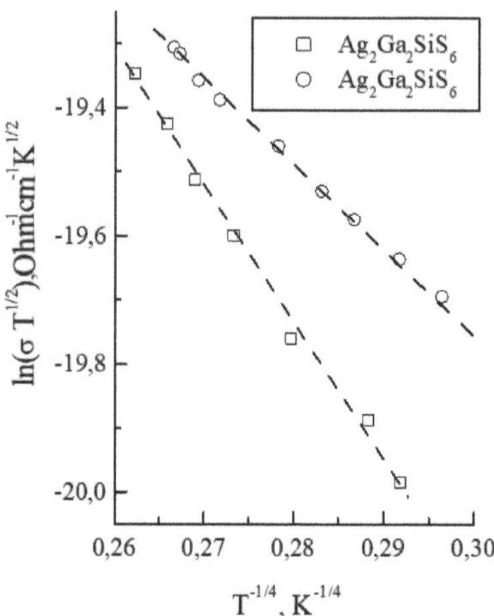


Fig. 4-2. Dependência da temperatura da condutividade eléctrica específica do escuro em coordenadas de Mott

Uma peculiaridade do mecanismo de condutividade por saltos é a baixa mobilidade dos portadores de carga, que se caracteriza pela transferência de portadores ao longo de sobreposições fracas das partes da cauda das funções de onda de níveis aceitadores adjacentes [169].

A temperatura caraterística $T_0$, que está relacionada com a energia de ativação da condutividade (fórmula 4-4), é determinada pelo declive das secções rectilíneas da dependência da temperatura da condutividade eléctrica nas coordenadas $\ln\left(\sigma T^{-\frac{1}{2}}\right)$ $-T^{-\frac{1}{4}}$ (Fig. 4-2). Os valores obtidos são apresentados na tabela 4-3.

Tabela 4-3 Parâmetros do salto de alcance variável

| Cristal | $T_0$, K | $N_F$, eV$^{-1}$ cm$^{-3}$ | $R$, Å | $\Delta E$, meV | $N_t$, cm$^{-3}$ |
|---|---|---|---|---|---|
| Ag$_2$ In$_2$ SiSe$_6$ | $8,7\times10^4$ | $2,67\times10^{20}$ | 35 | 20 | $5,33\times10^{18}$ |
| Ag$_2$ In$_2$ GeSe$_6$ | $1,4\times10^5$ | $1,58\times10^{20}$ | 41 | 22 | $3,59\times10^{18}$ |

| $Ag_2 In_2 SiS_6$ | $3,9 \times 10^5$ | $5,91 \times 10^{19}$ | 52 | 29 | $1,72 \times 10^{18}$ |
|---|---|---|---|---|---|
| $Ag_2 In_2 GeS_6$ | $1,5 \times 10^5$ | $1,59 \times 10^{20}$ | 41 | 23 | $3,61 \times 10^{18}$ |
| $Ag_2 Ga_2 SiSe_6$ | $8,7 \times 10^5$ | $2,67 \times 10^{19}$ | 63 | 35 | $9,48 \times 10^{18}$ |
| $Ag_2 Ga_2 SiS_6$ | $5,9 \times 10^5$ | $3,9 \times 10^{19}$ | 57 | 32 | $1,26 \times 10^{18}$ |

De acordo com [169], uma das condições para a implementação da condução por saltos com um comprimento de salto variável é o cumprimento do rácio $T_0/T \gg 1$. Os valores de $T_0/T$ calculados por nós a $T = 100$ K são $\sim 10^3$. Para os cristais $AgGaGeS_4$ e $Ag_x Ga_x Ge_{1-x} Se_2$, observou-se uma diminuição significativa do parâmetro $T_0$ e, consequentemente, o rácio $T_0/T$ aproximou-se de 1, pelo que o modelo de Mott para estes cristais é menos justificado.

A partir dos dados obtidos (Tabela 4-3), a densidade de estados localizados perto do nível de Fermi ($N_F$) pode ser estimada usando a fórmula:

$$T_0 = \frac{\lambda \alpha^3}{k N_F} \qquad (4\text{-}5)$$

onde $\lambda$ é uma quantidade adimensional que tem um valor de $\sim 16$ [169], $\alpha = \dfrac{1}{a}$ é o raio de localização, e $\alpha$ é a constante de decaimento da função de onda de um eletrão localizado perto do nível de Fermi.

De acordo com [176], o raio de localização de electrões perto de $E_F$ varia entre 0,3-30 nm. Nos cristais do grupo A B $C^{III III}_2{}^{VI}$, é de $\sim 20$ Å. Para os cristais $CuInSe_2$, o raio de localização dos electrões é de 2 nm. Considerando que $\alpha = 2$ nm para os cristais investigados, de acordo com a fórmula 4-5, os valores obtidos de $N_F$ são apresentados na tabela 4-3. O grande valor de $N_F$ obtido para os cristais estudados indica a sua proximidade, em termos de estrutura energética, aos semicondutores amorfos, o que se deve a perturbações estruturais causadas por perturbações dos catiões (átomos intenodais, vagas de catiões), desvio da estequiometria ideal, etc. A presença de tais defeitos explica a elevada densidade de estados perto do nível de Fermi.

No modelo considerado, o comprimento médio dos saltos dos portadores de carga ($R$) em estados localizados próximos do nível de Fermi para uma dada temperatura é encontrado a partir da expressão [169]:

$$R = \frac{3}{8} a \left( \frac{T_0}{T} \right)^{\frac{1}{4}}. \tag{4-6}$$

Da equação dada resulta que o valor do parâmetro $R$ aumenta à medida que a temperatura diminui. Simultaneamente, os estados locais no intervalo de banda são rapidamente esgotados e os saltos de portadores em níveis individuais de impureza sem ativação na banda de condução começam a dar uma contribuição notável para o processo de condutividade eléctrica. Como resultado, a probabilidade de saltos de portadores de carga para centros de localização espacialmente mais distantes, mas energeticamente mais próximos, aumenta. Esta é a razão para a diminuição da energia de ativação do salto. Com o salto normal de alcance variável, o comprimento médio de salto dos portadores de carga é da ordem da distância média entre as impurezas e permanece constante com as mudanças de temperatura.

A $T = 150$ K, $R = 37$ Å, e a $T = 200$ K, $R = 34$ Å. Assim, o comprimento médio dos saltos na gama de temperaturas de 150-200 K para $Ag_2\,In_2\,SiSe_6$ é $R_{cp} = 35$ Å. O valor de $R_{cp}$ neste caso é 1,7 vezes superior à distância média entre os centros de localização dos portadores de carga, ou seja, $R_{cp}/a \approx 1,7$. Para os cristais $Ag_2\,In_2\,GeSe_6$ , $Ag_2\,In_2\,SiS_6$ , $Ag_2\,In_2\,GeS_6$ , $Ag_2\,Ga_2\,SiSe_6$ , e $Ag_2\,Ga_2\,SiS_6$ , o valor de $R_{cp}$ é aproximadamente 2-3 vezes superior à distância média entre os centros de localização dos portadores de carga.

De acordo com [169], para determinar a energia térmica efectiva de ativação de saltos, ou seja, o valor da dispersão de energia dos estados locais, que é a largura da banda de energia óptima perto do nível de Fermi, utilizámos a fórmula

$$\Delta E = \frac{3}{2\pi R^3 N_F}. \tag{4-7}$$

Os valores calculados de $\Delta E$ são apresentados no quadro 4-3. A partir dos dados obtidos, foi estimada a concentração de armadilhas de profundidade ($N_t = N_F \Delta E$) (quadro 4-3).

Os resultados obtidos (Tabela 4-3) confirmam que nos cristais $Ag_2 In_2 SiSe_6$, $Ag_2 In_2 GeSe_6$, $Ag_2 In_2 SiS_6$, $Ag_2 In_2 GeS_6$, $Ag_2 Ga_2 SiSe_6$ e $Ag_2 Ga_2 SiS_6$ na gama de temperaturas de 150-200 K, é implementado um mecanismo de condução por saltos com uma alteração no comprimento do salto, uma vez que, para implementar este mecanismo, a relação $\Delta E >> kT$; $\alpha R > 1$, o que é observado nos cristais estudados.

Resultados análogos foram obtidos no estudo de cristais de $(TlInSe)_{21-x} (Si(Ge)Se)_{2x}$ cristais, segundo os quais o aumento da concentração de estados electrónicos localizados é influenciado pela dopagem destes cristais. A elevada condutividade dos estados localizados no band gap deve-se à existência de centros de defeitos de elevada concentração [177-178].

É de notar que, ao analisar a condutividade com um comprimento de salto variável, Mott partiu de várias hipóteses simplificadas e não teve em conta a dependência energética da densidade de estados perto do nível de Fermi $E_F$, os efeitos de correlação durante o tunelamento de portadores, os processos multifonónicos e as interações eletrão-fonão. Apesar do facto de a dependência de $\ln \sigma \sim T^{-\frac{1}{4}}$ ter sido repetidamente confirmada experimentalmente, o valor de $N(E_F)$ tem valores excessivamente grandes. Os autores de [169] mostraram que os resultados da descrição teórica do processo de condução com uma alteração do comprimento de salto são significativamente influenciados pela forma da função de distribuição da densidade de energia. A não consideração desta distribuição conduz a valores excessivos da densidade de estados localizados perto do nível de Fermi.


## 4.2. Fotocondutividade dos cristais

Um dos métodos para determinar os parâmetros dos centros locais dos materiais semicondutores e estabelecer as perspectivas da sua utilização em dispositivos optoelectrónicos é o estudo da sua fotossensibilidade. Nessa perspetiva, nos trabalhos [163-167, 179-181], foi investigada a distribuição espetral da fotocondutividade.

As medições experimentais foram efectuadas com um eletrómetro Keithley 6514 Sub-Femtoamp SourceMeter. A sensibilidade do dispositivo experimental Keithley 6514 não foi pior do que 1 pA + 5%. Como instrumento espetral, utilizámos um monocromador MDR-206 com uma grelha de difração de 600 linhas/mm e uma separação aspectral de 0,2 nm. Os contactos de corrente eléctrica foram aplicados pelo método de fricção do Ga-In eutéctico e foram óhmicos para todas as composições e temperaturas consideradas. A temperatura foi estabilizada usando o termostato Utrex K 41-3 com uma precisão ±0,2 K. Para obter a temperatura necessária no intervalo de 77 - 300 K, utilizámos um crióstato fabricado no laboratório de tecnologias criogénicas do Instituto de Física da Academia Nacional de Ciências da Ucrânia. O nitrogénio líquido foi utilizado como criogénio. A Fig. 4-3 mostra a distribuição espetral da fotocondutividade do cristal $AgGaGeS_4$ [165].

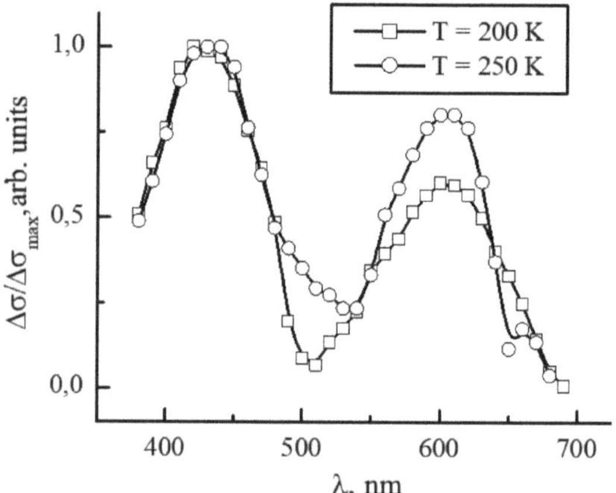



Fig. 4-3. Distribuição espetral da fotocondutividade dos cristais $AgGaGeS_4$

Uma caraterística das curvas $\Delta\sigma/\Delta\sigma_{max}$ é a presença de dois máximos de fotocondutividade (Fig. 4-3). O primeiro situa-se na zona de $\lambda_1 \approx 450$ nm, e o outro na zona com $\lambda_2 \approx 600$ nm. Ao mesmo tempo, a energia máxima de 2,75 eV à temperatura $T = 200$ K situa-se na zona da sua própria banda de absorção e corresponde bem à largura do intervalo de banda, que é estimada a partir da dependência espetral do coeficiente de absorção. Por conseguinte, podemos confirmar que o pico de dependência espetral $\Delta\sigma/\Delta\sigma_{max}$ a um comprimento de onda de 450 nm se deve à fotocondutividade inerente dos compostos $AgGaGeS_4$ . A sua ligeira deslocação para a zona de energias mais baixas quando a temperatura aumenta para 250 K pode ser explicada pela dependência da temperatura de $E_g$ [165].

De acordo com as caraterísticas espectrais do máximo de impureza, que se situa na zona de $hv = 2,06$ eV, determina-se a posição energética do nível de impureza de acordo com o teto da banda de valência. O valor obtido é $\approx 0,69$ eV, que é próximo da energia de ativação da condutividade escura (tabela 4-2). Algumas diferenças nas energias térmicas e ópticas determinadas para a ocorrência do nível de impureza no intervalo de banda são causadas por diferenças nos mecanismos térmicos e ópticos das transições electrónicas.

Considerando o acima exposto, podemos assumir que os mesmos centros de defeitos são responsáveis pela ativação térmica da condutividade escura e pela fotocondutividade máxima da impureza. Na fonte [165], assumiu-se que tais defeitos poderiam ser centros doadores profundos de $Ge_{Ga}$ (Ge com valência IV, que substitui o Ga com valência III no nó da rede cristalina). A existência de defeitos antiestruturais deste tipo é confirmada por análise estrutural de raios X, nomeadamente, o preenchimento estatístico dos nós da sub-rede catiónica com átomos de Ga e Ge [182].

Uma caraterística da área de impureza máxima em $\lambda_2 \approx 600$ nm é a sua redução quando a temperatura do cristal $AgGaGeS_4$ diminui de 250 para 200 K (Fig. 4-3). Pode assumir-se que o máximo na área de impurezas é causado pela fotoexcitação de electrões da banda de valência para níveis fracamente preenchidos no intervalo de banda a alta temperatura, com a sua subsequente ionização térmica na banda de condução. Isto pode explicar o aumento da fotocondutividade máxima da impureza, que se torna dominante a uma temperatura de 300 K.

A diminuição da intensidade do máximo de fotocondutividade da impureza é explicada pela diminuição da probabilidade de ionização térmica dos electrões quando a temperatura diminui de 250 para 200 K.

Foi observado um mecanismo semelhante de redistribuição dos portadores de carga com as alterações de temperatura nos cristais de Ag $CdSnS_{24}$ (condutividade *do tipo n*) [183] (Fig. 4-4).

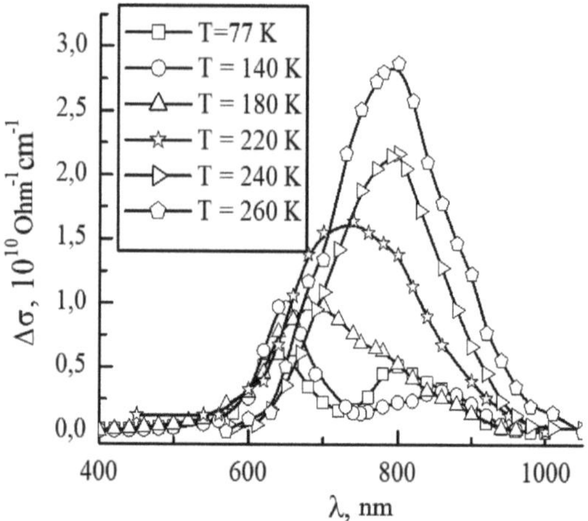

Fig. 4-4. Distribuição espetral da fotocondutividade Ag CdSnS$_{24}$ cristais

Como vemos, na gama de temperaturas de 77-140 K, é dominante um pequeno máximo esbatido de fotocondutividade na gama de 640 - 660 nm, que cumpre a sua própria fotocondutividade. À medida que a temperatura aumenta, observa-se um aumento da intensidade do máximo de fotocondutividade da impureza.

A caraterística definida da fotocondutividade da impureza é explicada pela fotoexcitação de electrões da banda de valência para centros doadores não preenchidos (os últimos estão localizados na banda de estados electrónicos localizados perto de $E_F$) com a sua subsequente extraexcitação térmica na banda de condução. Com a diminuição da temperatura, a probabilidade de ionização térmica dos centros doadores diminui, o que leva ao congelamento da fotocondutividade das impurezas [183].

As fotocondutividades inerente e de impureza aumentam com o aumento da temperatura, mas a velocidade de aumento da fotocondutividade própria é inferior à velocidade de aumento da fotocondutividade de impureza. A grande meia largura do máximo de impureza a $T = 220$, 240, 260 K indica a sobreposição da fotocondutividade máxima de impureza ($\lambda_M \approx 810$ nm) e inerente ($\lambda_M \approx 660$ nm). O aumento da fotocondutividade inerente com o aumento da temperatura indica a redistribuição dos fluxos de recombinação de portadores de carga em não-equilíbrio (electrões e buracos) dos centros de recombinação rápida (cujo papel, em regra, é desempenhado por defeitos estruturais) para os centros de recombinação lenta - *centros r*. O papel desses *centros r* nos calcogenetos binários do grupo A B$^{IIVI}$ pertence às vacâncias de catiões ou a aceitadores profundos com uma grande simetria de secção de captura de buracos e electrões.

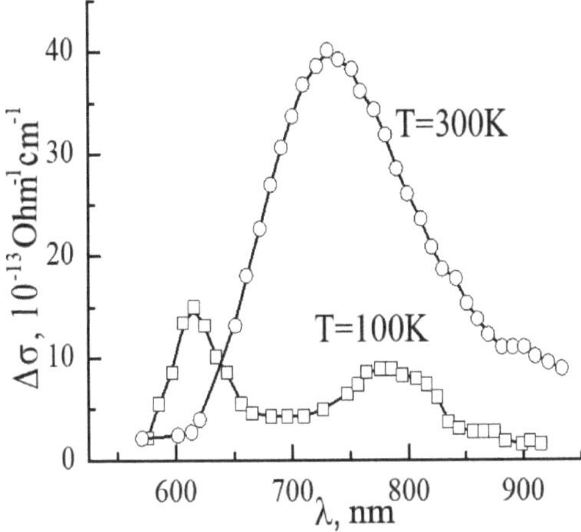


Fig. 4-5. Distribuição espetral da fotocondutividade dos cristais de Ag
Pb$_{0.51.75}$ GeS$_3$ Se

Os resultados obtidos são consistentes com os dados das fontes da literatura [168, 184]. De acordo com estes dados, o aumento da fotocondutividade da impureza com o aumento da temperatura é explicado pela elevada probabilidade de ionização térmica dos portadores dos centros dadores, e a grande largura do máximo da distribuição espetral da fotocondutividade indica a sobreposição dos máximos da fotocondutividade inerente e da fotocondutividade da impureza (Fig. 4-5).

Para determinar os parâmetros dos *r-centros*, nomeadamente a energia de ionização do nível de impureza nos cristais de Ag CdSnS$_{24}$ , foi investigado o espetro de atenuação ótica da fotocondutividade inerente (OAP) do composto (Fig. 4-6).

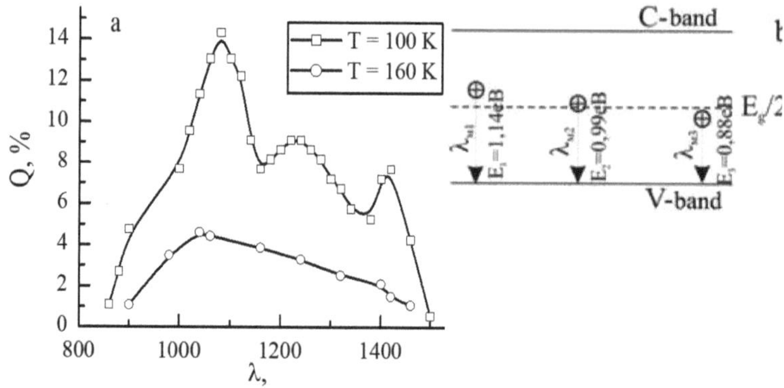


Fig. 4-6. a). Distribuição espetral da atenuação ótica da fotocondutividade do cristal único Ag CdSnS$_{24}$ ; b). Esquema da posição energética dos centros de recombinação lenta e das fototransições de buracos, que determinam a atenuação da fotocondutividade intrínseca

Como se pode ver na figura, observam-se três máximos na curva espetral da extinção ótica da fotocondutividade a $T$ = 100 K, que correspondem à energia de fotoionização dos buracos dos *centros r* para a zona permitida (Fig. 4-6 b). A posição espetral dos máximos indicados é a seguinte: $\lambda_{M1}$ = 1084 nm, $\lambda_{M2}$ ≈ 1250 nm e $\lambda_{M3}$ ≈ 1410 nm, que correspondem às energias de fotoionização $E_1$ ≈ 1,14 eV; $E_2$ ≈ 0,99 eV; $E_3$ ≈ 0,88 eV, respetivamente. Quando a temperatura aumenta para 160 K, observamos uma diminuição da intensidade e esbatimento dos máximos da atenuação ótica da fotocondutividade inerente. Infelizmente, com base nos resultados obtidos, não é possível estabelecer claramente o mecanismo de atenuação ótica da fotocondutividade a alta temperatura. Em geral, isto pode ser explicado pela captura adicional de buracos da banda de valência por centros aceitadores, que se activam a alta temperatura. Com o aumento da temperatura, os centros de recombinação e os centros de adesão são recarregados; como resultado, a eficiência do canal de recombinação rápida de portadores de carga sem equilíbrio aumenta, o que compensa a atenuação da fotocondutividade inerente [183].

No CdS, que é análogo ao Ag CdSnS$_{24}$ , os centros de recombinação lenta são vacâncias de catiões com uma posição de energia próxima do meio do intervalo de banda [158]. Nos cristais de Ag CdSnS$_{24}$ , esses centros são $V_{Ag}$ , $V_{Cd}$ e $V_{Sn}$ . A sua posição energética também está próxima do meio do intervalo de banda (Fig. 4- 6 b). Algumas diferenças entre as suas posições podem ser explicadas pela menor simetria da rede cristalina do composto quaternário em comparação com o binário, o que leva à deformação da vizinhança tetraédrica dos catiões e, consequentemente, a posições de energia ligeiramente diferentes das suas vacâncias no intervalo de banda do cristal.

De acordo com a composição da fórmula do composto Ag CdSnS$_{24}$ , o número de catiões dos átomos de Ag mais leves na rede cristalina é o dobro do número de catiões pesados de Cd e Sn. Portanto, pode-se supor que a concentração de $V_{Ag}$ e, obviamente, o maior máximo de extinção ótica da fotocondutividade associada a eles com $\lambda_{M1} \approx 1084$ nm (com a posição de $E_1$ = 1,14 eV) será a mais alta no calcogeneto quaternário. Outros máximos de fotocondutividade de extinção ótica com posições $E_2 \approx 0,99$ eV e $E_3 \approx 0,88$ eV estão associados a $V_{Cd}$ e Sn. É lógico assumir que com o aumento da massa do catião, a posição energética da sua vacância em relação ao bordo da banda de valência diminui (Fig. 4-6) [247].

Como o AgGaGeS$_4$ e o AgGaGe$_3$ Se$_8$ são isoestruturais com uma pequena diferença nos raios iónicos dos elementos permutáveis (no caso de substituição isovalente), a formação de soluções sólidas no sistema em que os compostos especificados são componentes pode ser prevista com elevada probabilidade. Nos trabalhos [167, 185], foram estudadas as propriedades fotoeléctricas de soluções sólidas $x$ mol.%AgGaGeS$_4$ - *(100-x)* mol.% AgGaGe$_3$ Se$_8$ .

A Figura 4-7 mostra a distribuição espetral da fotocondutividade dos compostos AgGaGeS$_4$ ; 50 mol.% AgGaGeS$_4$ - 50 mol.% AgGaGe$_3$ Se$_8$ e AgGaGe$_3$ Se$_8$ [185].

Com o aumento da temperatura, observamos uma atenuação da fotossensibilidade (Fig. 4-8.) das amostras estudadas, o que está muito provavelmente associado a um aumento da eficiência do fluxo de recombinação através de centros defeituosos.

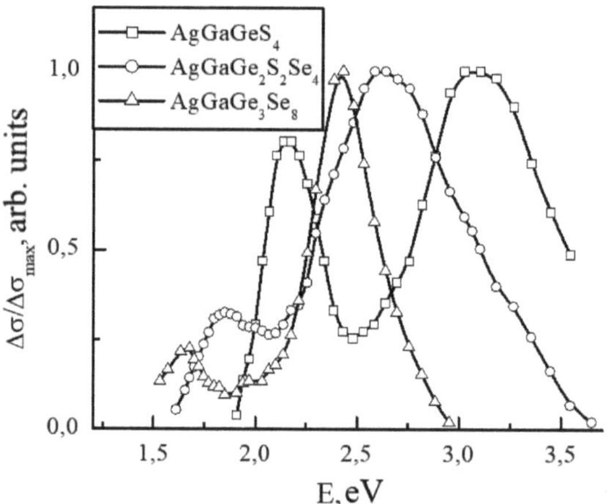

Fig. 4-7. Distribuição espetral da fotocondutividade dos cristais AgGaGeS₄ ; 50 mol.% AgGaGeS₄ - 50 mol.% AgGaGe₃ Se₈ e AgGaGe₃ Se₈ a $T$ = 100 K

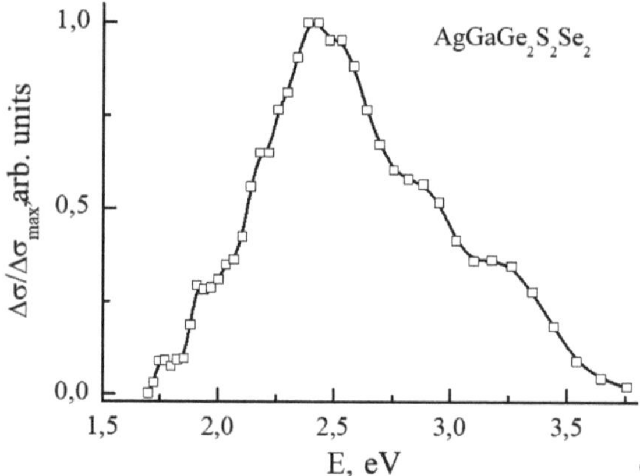

Fig. 4-8. Distribuição espetral da fotocondutividade dos cristais AgGaGe S₂₂ Se₄ a $T$ = 300 K

A multiplicidade de mudança na condutividade eléctrica no máximo da iluminação $10^2$ lk foi ≈ 2 [167]. Os estudos de difração de raios X mostraram que os cristais da fase AgGaGe S₂₂ Se₄ pertencem ao grupo espacial *Fdd2*; $a$ = 1,22746(5) nm, $b$ = 2,3541(1) nm, $c$ = 0,70539 nm. Na estrutura, os átomos de enxofre e selénio ocupam três posições locais *16b* numa proporção de 1:1. Ao mesmo tempo, os átomos de Ag estão localizados na mesma posição, que é ocupada por 56,3%. Os átomos de Ga e Ge estão estatisticamente localizados em duas posições cristalográficas *8a* e *16b*, cada uma das quais é ocupada por 37,5% e 62,5%, respetivamente [186]. A distribuição estatística de catiões (Ga, Ge) e aniões (S, Se) ao longo dos nós da rede cristalina e a presença de vacâncias não estequiométricas de átomos de Ag ($V_{Ag}$) na rede cristalina da solução sólida AgGaGe $S_{22}$ $Se_4$ ajudam a aumentar a concentração de centros de defeitos. A fotossensibilidade insignificante dos monocristais de AgGaGe $S_{22}$ $Se_4$ deve-se obviamente à presença de uma grande concentração de centros de recombinação rápida, que estão associados a defeitos estruturais da rede cristalina.

A temperaturas de 200 e 250 K para os compostos $AgGaGeS_4$ (Fig. 4-3) e a uma temperatura de 100 K, uma caraterística da distribuição espetral da fotocondutividade é a presença de dois máximos de fotocondutividade (Figs. 4-3, 4-7). Os parâmetros dos máximos dos espectros de fotocondutividade dos compostos $AgGaGeS_4$ , $AgGaGe_3$ $Se_8$ , AgGaGe $S_{1.82.4}$ $Se_{3.2}$ , AgGaGe $S_{22}$ $Se_4$ e AgGaGe $S_{2.21.6}$ $Se_{4.8}$ , que respondem a 40, 50 e 60 mol.% $AgGaGeS_4$ , são apresentados na tabela 4-4.

Tabela 4-4. Parâmetros espectrais dos máximos dos espectros de fotocondutividade a $T = 100$ K

| Amostra | $\lambda_{max\,1}$ | | $\lambda_{max\,2}$ | |
|---|---|---|---|---|
| | nm | eV | nm | eV |
| $AgGaGeS_4$ | 410 | 3.02 | 570 | 2.18 |
| AgGaGe $S_{1.82.4}$ $Se_{3.2}$ | 435 | 2.85 | 605 | 2.05 |
| AgGaGe $S_{22}$ $Se_4$ | 490 | 2.53 | 690 | 1.80 |
| AgGaGe $S_{2.21.6}$ $Se_{4.8}$ | 510 | 2.43 | 720 | 1.72 |
| AgGaGe_3 $Se_8$ | 520 | 2.38 | 740 | 1.68 |

O máximo $\lambda_{max\,1}$ é causado pela fotocondutividade inerente dos compostos, uma vez que se encontra na região da banda de absorção intrínseca e corresponde a uma energia que está em boa concordância com

$E_g$ , estimada a partir da dependência espetral do coeficiente de absorção. Ao fazer a transição de cristais AgGaGeS$_4$ para cristais AgGaGe$_3$ Se$_8$ , observamos um desvio para o vermelho de 410 nm para 520 nm, que é combinado com uma mudança no intervalo de banda.

O segundo máximo ($\lambda_{max\,2}$ ) está muito provavelmente associado à fotoexcitação de buracos do nível do aceitador para a banda de valência [165, 166]. Determinada pela posição do máximo espetral da fotocondutividade da impureza ($\lambda_{max\,2}$ ), a energia de ionização do centro aceitador é $E_a = E_v +$ (0,84± 0,02) eV para AgGaGeS$_4$ , $E_a = E_v +$ (0,80± 0,02) eV para o AgGaGe S$_{1.82.4}$ Se$_{3.2}$, $E_a = E_v +$ (0,73± 0,02) eV para o AgGaGe S$_{22}$ Se$_4$, $E_a = E_v +$ (0,71± 0,02) eV para o AgGaGe S$_{2.21.6}$ Se$_{4.8}$, e $E_a = E_v +$ (0,70± 0,02) eV para o AgGaGe$_3$ Se$_8$ a $T = 100$ K.

Na referência [166], foi desenvolvido um estudo da distribuição espetral da fotocondutividade dos compostos Ag$_x$ Ga$_x$ Ge$_{1-x}$ Se$_2$ . (Fig. 4-9).

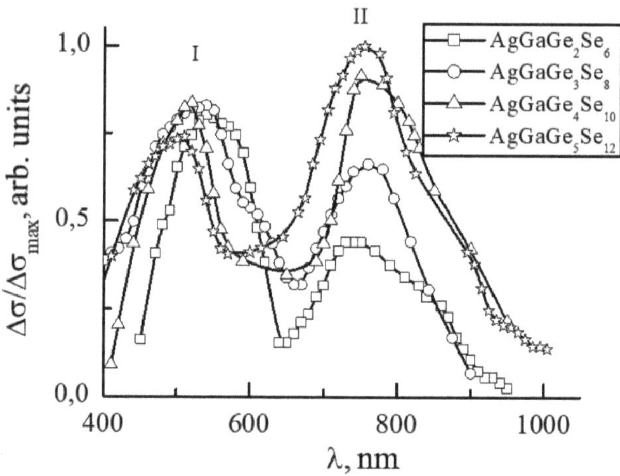


Fig. 4-9. Distribuição espetral da fotocondutividade dos cristais Ag$_x$ Ga$_x$ Ge$_{1-x}$ Se $_2$

Uma caraterística da distribuição espetral da fotocondutividade de todas as amostras é a presença de dois máximos espectrais, que são responsáveis pela fotocondutividade intrínseca e pela fotocondutividade de impurezas, tal como acontece com os cristais AgGaGeS$_4$ . Os parâmetros destes máximos a $T = 100$ K são apresentados na Tabela 4-5

134

Tabela 4-5 Parâmetros dos máximos espectrais dos espectros de
fotocondutividade dos monocristais quaternários de $Ag_x Ga_x Ge_{1-x} Se_2$
$(0,167 \leq x \leq 0,333)$ a $T = 100$ K

| Amostra | $\lambda_{max\ 1}$ | | $\lambda_{max\ 2}$ | |
|---|---|---|---|---|
| | nm | eV | nm | eV |
| $AgGaGe_2 Se_6$ | 540 | 2.30 | 740 | 1.66 |
| $AgGaGe_3 Se_8$ | 520 | 2.38 | 740 | 1.68 |
| $AgGaGe_4 Se_{10}$ | 510 | 2.43 | 750 | 1.65 |
| $AgGaGe_5 Se_{12}$ | 500 | 2.45 | 755 | 1.65 |

A deslocação do máximo $\lambda_{max\ 1}$ , que é responsável pela fotocondutividade inerente, para a zona de comprimento de onda curto do espetro com uma concentração crescente de $GeSe_2$ no composto está associada a um aumento do intervalo de banda. O segundo máximo ($\lambda_{max\ 2}$) está associado à fotoexcitação de buracos de centros de defeitos para a banda de valência. A proximidade energética das posições dos máximos (~1,65 - 1,68 eV) para amostras com diferentes concentrações de $GeSe_2$ indica a ligação do centro de defeito, que é responsável pelo máximo de impureza, à banda de valência [187].

Como se pode ver na Fig. 4-9, quando o teor do componente muda, há uma redistribuição das intensidades dos máximos principais $\lambda_{max\ 1}$ e $\lambda_{max\ 2}$, o que facilita um aumento do valor do segundo máximo em relação ao primeiro máximo. A caraterística observada pode ser explicada pelo aumento da concentração de centros de defeitos responsáveis pela fotocondutividade das impurezas. Isto é consistente com o aumento da energia de Urbach e, consequentemente, com o esbatimento do bordo de absorção. Isto é confirmado por estudos de difração de raios X, segundo os quais a concentração dos centros doadores $Ga_{Ge}$ e aceitadores ($V_{Ag}$) muda durante a transição dos compostos $AgGaGe_2 Se_6$ para $AgGaGe_5 Se_{12}$ .

A zona proibida dos cristais estudados está saturada de níveis locais com parâmetros diferentes, pelo que a caraterística observada pode ser explicada no âmbito do modelo de recombinação de dois centros [188]. De acordo com este modelo, existem no cristal *centros r* profundos de

135

recombinação lenta e *centros s* de recombinação rápida. Estes *centros r* e *s* têm diferentes secções transversais de captura de electrões $S_{sn}/S_{rn} \gg 10^3$, em que $S_{sn}$, $S_{rn}$ é a secção transversal de captura de electrões pelos *centros s* e *r*, bem como *níveis t* de adesão. O papel dos *níveis t* é determinar o preenchimento dos *centros s* e *r* com electrões [172]. A presença de centros de recombinação *r* - com um valor pequeno leva a um tempo de vida mais longo dos electrões e a um aumento da fotossensibilidade. Consideramos que existem centros aceitadores devidos a $V_{Ag}$, que são abundantes nos cristais que estudámos, em cristais de $Ag_x Ga_x Ge_{1-x} Se_2$, que são responsáveis pela fotocondutividade das impurezas. Como $V_{Ag}$ cria centros aceitadores, a razão $S_{rn} \ll S_{rp}$ será cumprida (onde $S_{rp}$ é a secção transversal de captura de buracos), o que confirma que os níveis formados por $V_{Ag}$ são centros *de r-recombinação* [172]. À medida que a concentração de centros *de r-recombinação* diminui, a fotossensibilidade da amostra diminui, como mostra a Fig. 4-9.

Com o aumento da temperatura, a atenuação da fotossensibilidade das amostras estudadas deve-se à ativação térmica de centros de recombinação rápida quando o estado de carga muda e o fluxo de recombinação aumenta devido a estes estados defeituosos. Este facto é confirmado pelo aumento da energia de Urbach à medida que a temperatura das amostras aumenta. Ao mesmo tempo, os compostos $Ag_x Ga_x Ge_{1-x} Se_2$ pertencem a cristais com uma concentração significativa dos seus próprios centros de defeito, que na maioria dos casos são centros de recombinação rápida ou são responsáveis pelo processo Auger não radiativo.

Os trabalhos [180, 181, 164, 168] analisaram a distribuição espetral da fotocondutividade dos cristais $Ag_2 Ga_2 SiS(Se)_6$, $Ag_2 In_2 Si(Ge)S_6$, e $Ag_2 In_2 Si(Ge)Se_6$ (Fig. 4-10, 4-11, 4-12).

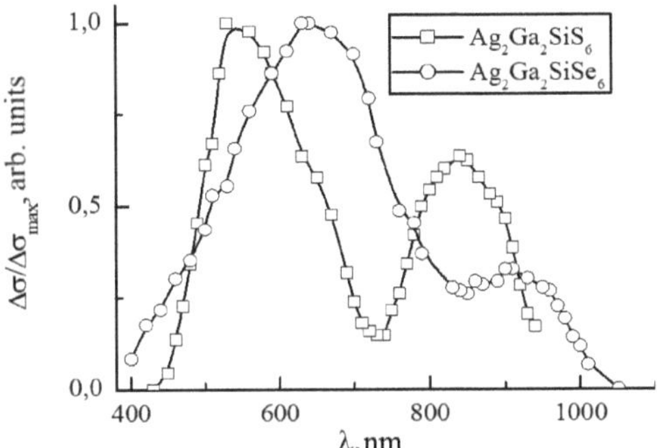

Fig. 4-10. Distribuição espetral da fotocondutividade dos cristais Ag$_2$ Ga$_2$ SiS(Se)$_6$

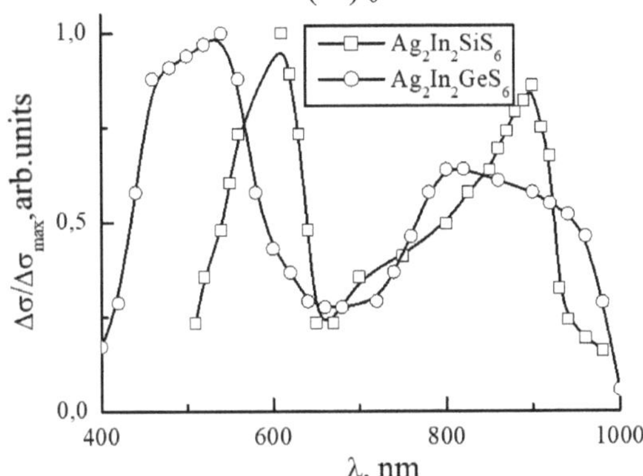

Fig. 4-11. Distribuição espetral da fotocondutividade dos cristais Ag$_2$ In$_2$ Si(Ge)S$_6$

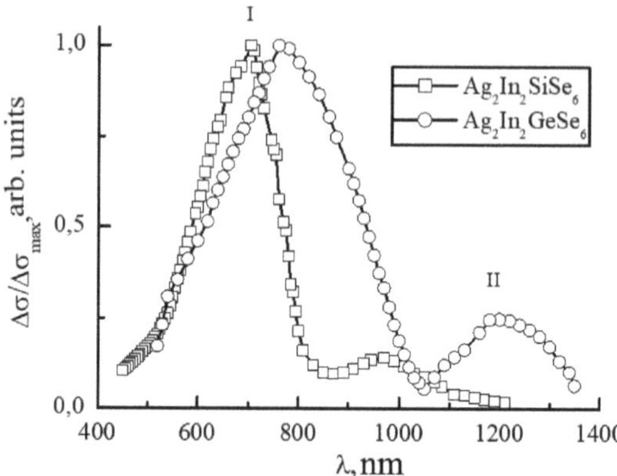


Fig.4-12. Distribuição espetral da fotocondutividade dos cristais de $Ag_2$ $In_2$ Si(Ge)Se $_6$

A baixa fotossensibilidade dos cristais a $T = 100$ K e a sua ausência na zona de altas temperaturas (~292 K) deve-se obviamente à ativação dos centros de recombinação rápida não radiativa associada à recarga dos seus próprios centros de defeitos, cuja concentração é muito mais elevada em comparação com as amostras anteriormente estudadas. Isto é confirmado pelo estudo da dependência espetral do coeficiente de absorção, onde observamos um desvio para o vermelho paralelo do bordo de absorção quando a temperatura da amostra muda.

Típico para a dependência espetral $\Delta\sigma/\Delta\sigma_{max}$ ($\lambda$) dos compostos estudados é a presença de dois máximos de fotocondutividade, o que também foi encontrado para os cristais $AgGaGeS_4$ e $Ag_x$ $Ga_x$ $Ge_{1-x}$ $Se_2$ . O primeiro máximo está localizado na zona do bordo de absorção fundamental e está associado à fotocondutividade inerente do semicondutor. O máximo de fotocondutividade da impureza $\lambda_{max\,2}$ nos cristais $Ag_2$ $Ga_2$ $SiS(Se)_6$ situa-se numa região espetral próxima da mesma região nos cristais $Ag_2$ $In_2$ $GeS_6$ e $Ag_2$ $In_2$ $SiS_6$ , o que, na nossa opinião, é causado pela mesma natureza dos centros de defeitos responsáveis pela fotocondutividade da impureza. Por analogia com os cristais $AgGaGeS_4$ e $Ag_x$ $Ga_x$ $Ge_{1-x}$ $Se_2$ , os defeitos que causam a fotocondutividade das impurezas podem ser combinados com as vacâncias na sub-rede catiónica.

138

Com base na posição do máximo de fotocondutividade da impureza (Figs. 4-10.-4-12), foi estimada a energia de ionização do centro aceitador, que é $E_a = E_v + (0,50 \pm 0,02)$ eV (para $Ag_2 In_2 GeSe_6$ ); $E_a = E_v + (0,55 \pm 0,02)$ eV (para $Ag_2 In_2 SiSe_6$ ); $E_a = E_v + (0,65 \pm 0,02)$ eV (para $Ag_2 In_2 GeS_6$ ); $E_a = E_v + (0,69 \pm 0,02)$ eV (para $Ag_2 In_2 SiS_6$ ); $E_a = E_v + (0,75 \pm 0,02)$ eV (para $Ag_2 Ga_2 SiS_6$ ); e $E_a = E_v + (0,56 \pm 0,02)$ eV (para $Ag_2 Ga_2 SiSe_6$ ). Estes valores correspondem aos valores da energia de ativação da condutividade eléctrica escura para os compostos estudados.

Por conseguinte, um aspeto caraterístico da distribuição espetral da fotocondutividade de todos os cristais estudados é a presença de dois máximos de fotocondutividade. O primeiro máximo situa-se na zona da banda de absorção intrínseca e corresponde a uma energia que corresponde bem ao intervalo de banda $E_g$ . O segundo máximo é causado pela fotoexcitação de electrões da banda de valência para níveis parcialmente preenchidos no intervalo de banda a alta temperatura, com a sua subsequente ionização térmica na banda de condução. Quando a temperatura diminui e, consequentemente, a probabilidade de ionização térmica dos electrões diminui, a intensidade do máximo de fotocondutividade da impureza diminui.

Para os materiais calcogenetos $AgIn(Ga)S(Se)_2$ - $Si(Ge)S(Se)_2$ a altas temperaturas, observamos uma atenuação da fotossensibilidade, que está associada a um aumento da eficiência do fluxo de recombinação através dos centros de defeitos, que são centros de recombinação rápida.

De acordo com a posição do máximo de fotocondutividade da impureza, foi determinada a energia de ionização dos centros aceitadores. Esta energia é consistente com o valor da energia de ativação da condutividade eléctrica escura para os compostos estudados.


## 4.3. Relaxamento da fotocondutividade

Para estabelecer as possibilidades de aplicação de materiais recentemente sintetizados na tecnologia optoelectrónica, é importante dispor de informações não só sobre a largura do intervalo de banda, mas também sobre a posição energética dos níveis de impureza e o tempo de relaxação caraterístico após a cessação da influência ótica externa. Um dos métodos para obter esta informação é o estudo da cinética de relaxação da fotocondutividade. O problema da investigação da relaxação da fotocondutividade é determinado pela necessidade de estudar as causas do funcionamento instável dos dispositivos fotoelectrónicos.

Para identificar as peculiaridades e clarificar o mecanismo da dependência dos processos de recombinação da composição dos compostos, foi investigada a cinética da relaxação da fotocondutividade a diferentes níveis de excitação e a diferentes temperaturas, tal como descrito nos trabalhos [162, 189, 170].

Para os estudos experimentais, foram feitas amostras sob a forma de paralelepípedos regulares a partir de lingotes obtidos durante o crescimento. O tamanho médio das amostras era de $\sim6\times2\times1$ mm$^3$ . O tratamento da superfície foi efectuado por lixagem e polimento com pastas de diamante de diferentes granulometrias. Foram aplicados contactos eutécticos de gálio-índio às amostras. Estudos anteriores das caraterísticas corrente-tensão mostraram que os contactos são óhmicos e neutros em relação à iluminação. O estudo da relaxação da fotocondutividade foi efectuado na gama de temperaturas de 100-300 K. A cinética do aumento e da diminuição da fotocondutividade foi registada após a iluminação das amostras com quanta de luz correspondentes à posição energética dos máximos de fotocondutividade das impurezas. As amostras foram excitadas por quanta de luz de um laser de díodo ($\lambda = 800, 980$ nm). As medições eléctricas foram efectuadas com um medidor de fonte sub-femtoampere Keithley 6430.

Durante as experiências, foi estabelecido que a alteração do valor da fotocondutividade estacionária nos cristais estudados depende da intensidade da luz de excitação (Fig. 4-13, Fig. 4-14, Fig. 4-15). As curvas típicas da cinética da condutividade em estado estacionário com alterações na intensidade da iluminação após excitação por radiação monocromática da região de impurezas de diferentes intensidades para AgGaGeS$_4$ são apresentadas na Fig. 4-13.

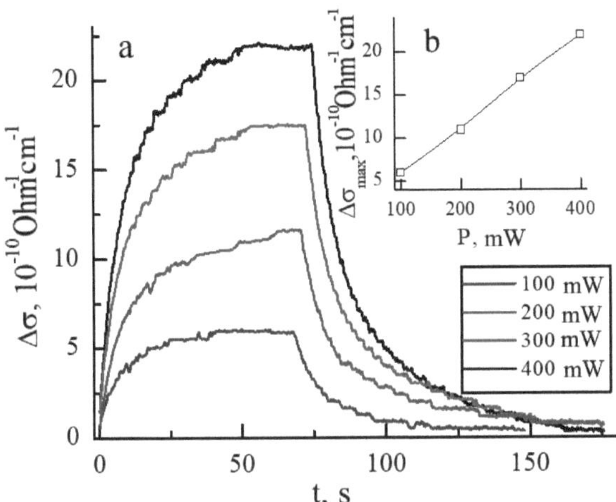


Fig. 4-13. Curvas de relaxação da fotocondutividade a diferentes intensidades de excitação com luz monocromática ($\lambda$ = 800 nm, $T$ = 300 K) para cristais AgGaGeS$_4$

Como se mostra na Fig. 4-13, em todas as intensidades de excitação de 100 - 400 mW, observamos o efeito da fotoactivação - um aumento da fotossensibilidade ao longo do tempo. Resultados semelhantes foram obtidos para cristais de Ag$_x$ Ga$_x$ Ge$_{1-x}$ Se$_2$ ($x$ = 0,333; 0,25; 0,20; 0,167). Na Fig. 4-14, são apresentadas as curvas de relaxação da fotocondutividade a diferentes intensidades de excitação com luz monocromática ($\lambda$ = 800 nm, $T$ = 300 K) para cristais AgGaGe$_3$ Se$_8$ , o que confirma a hipótese enunciada.

A fotocondutividade de equilíbrio estacionária ($\Delta\sigma_{st}$ ) é proporcional à intensidade da luz de excitação ($I$): $\Delta\sigma_{st} \sim I$ (Fig. 4-13 b, 4-14 b). Esta dependência corresponde ao caso da recombinação linear. Por conseguinte, para estas intensidades de excitação, utilizamos a lei linear de recombinação.

Nos cristais Ag$_2$ In(Ga)$_2$ Si(Ge)S(Se)$_6$ , o máximo de fotocondutividade da impureza sofre um desvio para o vermelho em comparação com os cristais AgGaGeS$_4$ e Ag$_x$ Ga$_x$ Ge$_{1-x}$ Se$_2$ . Por conseguinte, foi utilizado um laser de díodo com um comprimento de onda de $\lambda$ = 980 nm ($P$ = 25-50 mW) para a excitação. Tal como no caso anterior, em todas as intensidades de excitação ótica investigadas para os cristais Ag$_2$ In(Ga)$_2$ Si(Ge)S(Se)$_6$ , observou-se o efeito de fotoactivação e $\Delta\sigma_{st} \sim I$. No caso de recombinação não linear, a ligação linear entre ($\Delta\sigma_{st}$ ) e $I$ é quebrada.

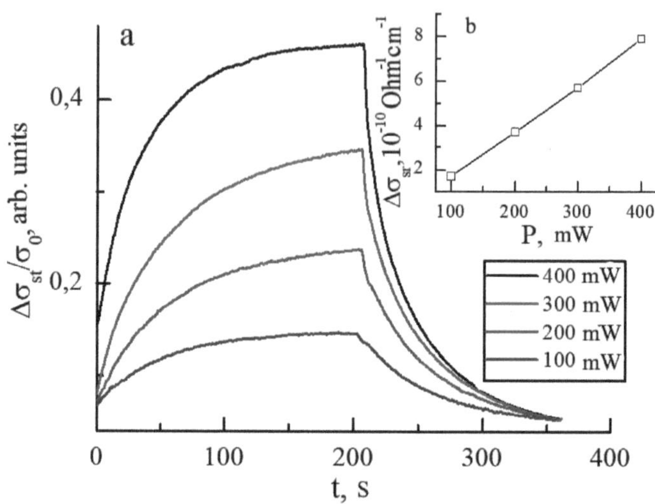


Fig. 4-14. Curvas de relaxação da fotocondutividade a diferentes
intensidades de excitação com luz monocromática ($\lambda$ = 800 nm, $T$ = 300 K)
para cristais AgGaGe$_3$Se$_8$

A dependência da fotocondutividade estacionária ($\Delta\sigma_{st}$ ) com a
intensidade da luz de excitação para cristais de seleneto é mostrada na Fig.4-
15. Um resultado semelhante foi obtido para as amostras de sulfureto.

À medida que a intensidade da luz excitante aumenta, o declive da
curva $\Delta\sigma_{st}$ (*I*) diminui e, com uma excitação suficientemente grande, atinge
a saturação. Esta saturação das caraterísticas lux-ampere é perfeitamente
compreensível se tivermos em conta que a concentração de electrões livres
não pode exceder a concentração de electrões nos níveis. Mesmo com
intensidades de excitação muito elevadas, é impossível esvaziar
completamente os centros de impurezas, pois à medida que o preenchimento
destes centros diminui, a probabilidade de excitação dos electrões diminui, e
a probabilidade da sua captura aumenta [188].

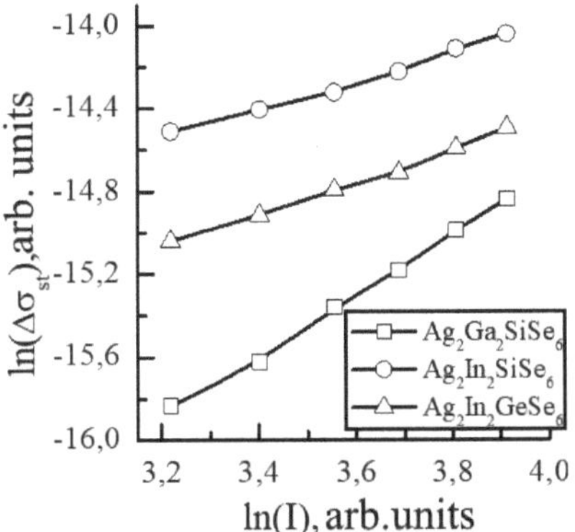


Fig. 4-15. Dependência da fotocondutividade estacionária da intensidade da luz de excitação

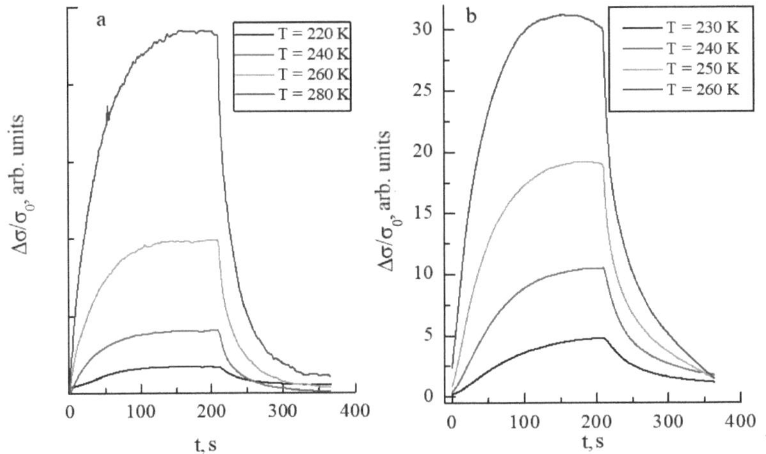


Fig. 4-16. Cinética da fotocondutividade de a) $AgGaGeS_4$ b) $AgGaGe_3 Se_8$ cristais a diferentes temperaturas

A alteração do valor da fotocondutividade estacionária nos compostos estudados também depende da temperatura. A cinética temporal típica da fotocondutividade dos cristais $AgGaGeS_4$ e $AgGaGe_3 Se_8$ a diferentes temperaturas é apresentada na Fig. 4-16. Foram obtidos resultados semelhantes para os cristais $Ag_2 In(Ga)_2 Si(Ge)S(Se)_6$ .

A Fig. 4-16 mostra que a cinética de aumento e diminuição da fotocondutividade a diferentes temperaturas tem uma natureza complexa a longo prazo.

Existem vários mecanismos para explicar o relaxamento a longo prazo da fotocondutividade. Na maioria dos casos, os resultados experimentais do estudo do relaxamento a longo prazo da fotocondutividade são explicados pela existência de barreiras de recombinação colectiva para os principais portadores de carga formados nos limites das macro-homogeneidades eletricamente activas da estrutura [190]. Estas podem ser flutuações na concentração de centros de impurezas carregadas, flutuações na composição, etc. Estas inomogeneidades levam à localização e separação espacial dos portadores de carga excitados pela luz. De acordo com [190], a barreira de potencial que ocorre na fronteira do aglomerado de defeitos separa espacialmente os portadores de carga que surgem durante a absorção de luz. A recombinação de portadores de carga está associada à superação de uma barreira de potencial (ativação ou processo de tunelamento), o que leva ao seu longo tempo de vida. Outros mecanismos de relaxamento da fotocondutividade a longo prazo estão associados à recombinação entre impurezas e ao rearranjo de defeitos estruturais realizados a baixas temperaturas [191, 192]. A altas temperaturas, o relaxamento da fotocondutividade a longo prazo pode dever-se à dessorção estimulada e à migração de defeitos nos semicondutores.

Em [190], o relaxamento a longo prazo da fotocondutividade é explicado pela captura de portadores ao nível da adesão ou em centros de armadilha. A separação destes mecanismos é uma tarefa não trivial. Em [193], afirma-se que a exposição à radiação (com quanta gama de $Co^{60}$ a diferentes temperaturas) permite diferenciar a realização destes mecanismos.

Uma vez que a relaxação da fotocondutividade causada por quanta de luz provenientes da zona de impurezas foi investigada no nosso trabalho, a análise dos resultados experimentais foi efectuada utilizando um modelo de relaxação a longo prazo causado pela captura de portadores de corrente livres por centros de localização pontual (armadilhas). A existência de uma elevada concentração de níveis de adesão nos cristais de $AgInSe_2$ e $AgGaSe_2$ é evidenciada por estudos de fotocondutividade termicamente estimulada e de supressão da fotocondutividade à temperatura [194].

A natureza complexa da cinética da subida e descida das condições de fotocondutividade pelo rico espetro de centros locais no intervalo de banda dos cristais estudados é confirmada pelos estudos descritos nas secções 2 e 3. A presença de centros de impurezas num semicondutor, nos quais os portadores de carga em estado de não-equilíbrio podem recombinar-se eficientemente, ou centros de adesão, afecta a cinética da fotocondutividade. Os electrões livres, na presença de centros de captura, não só se recombinam com os buracos como também são capturados por centros de adesão. Depois de desligar a luz de excitação, o esvaziamento das armadilhas mostra o processo de relaxamento. Como resultado, há um abrandamento do processo de crescimento e declínio da fotocondutividade, o que é observado na Fig. 4-16. Adicionalmente, o facto de o canal principal dos processos de recombinação ser a transição de electrões para centros de defeito leva a um aumento do tempo de relaxação. Neste caso, a transição ocorre para os centros de recombinação $r$- ou $s$- [169].

Por conseguinte, o efeito de relaxamento a longo prazo da fotocondutividade sem equilíbrio é causado pela estrutura não homogénea das amostras. A heterogeneidade dos compostos investigados está associada a uma grande concentração de $V$ estequiométrico$_{Ag}$ e ao carácter probabilístico da distribuição dos átomos nos nós livres da sub-rede catiónica, bem como à existência de outros defeitos estruturais que surgem durante o processo de cristalização.

Para obter informações sobre a influência da temperatura nos parâmetros de tempo da cinética de declínio e crescimento da fotocondutividade da impureza, utilizámos a secção linear da caraterística lux-ampere, que é típica para baixas intensidades da luz excitante. Ao mesmo tempo, o tempo de crescimento da fotocondutividade é determinado usando a relação (4-8):

$$\Delta\sigma = \Delta\sigma_{st} \cdot \left(1 - \exp\left(-\frac{t}{\tau_1}\right)\right), \qquad (4\text{-}8)$$

em que $\Delta\sigma_{st}$ é a condução estacionária sem equilíbrio e $\tau_1$ é o tempo de relaxamento da fotocondutividade após a ligação da luz.

Em coordenadas logarítmicas, as curvas de crescimento da fotocondutividade estão representadas na Fig. 4-17. Foram efectuados estudos semelhantes para todos os compostos considerados.

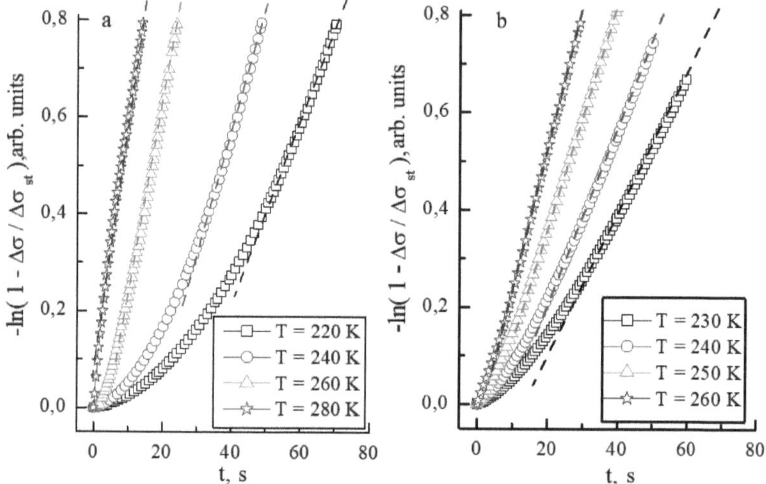

Fig. 4-17. Cinética de crescimento da fotocondutividade dos cristais a) AgGaGeS$_4$ b) AgGaGe$_3$ Se$_8$ a diferentes temperaturas

Na fase inicial de crescimento, observamos um desvio da dependência exponencial da fotocondutividade ao longo do tempo. Uma análise mais detalhada mostrou que a fotocondutividade após o início da fotoexcitação aumenta linearmente com o tempo. De acordo com estudos [188, 169], este comportamento da relaxação crescente da fotocondutividade é observado no caso de fraco preenchimento eletrónico dos níveis de adesão, ou seja, semicondutores fortemente compensados, que incluem os compostos investigados. A razão para este comportamento da cinética da fotocondutividade pode ser a redistribuição de electrões nos centros de defeito [172]. Nomeadamente, o equilíbrio entre a banda c e os níveis t é estabelecido algum tempo após o início da fotoexcitação. Nas fases seguintes, após o estabelecimento do equilíbrio entre a *zona s* e *os níveis t*, simultaneamente com a fotoexcitação dos electrões, ocorre a sua recombinação através dos *centros r* e s

Na escala indicada na Fig. 4-17. num intervalo de tempo significativo, a cinética do crescimento da fotocondutividade a diferentes temperaturas

146

pode ser interpolada por linhas rectas, cujo declive determina o tempo de relaxação da fotocondutividade ($\tau_1$ ) após o início da fotoexcitação. Os parâmetros temporais da cinética da fotocondutividade calculados a partir de resultados experimentais a diferentes temperaturas e com um nível constante de iluminação inicial são apresentados na Tabela 4-6.

Tabela 4-6 Parâmetros temporais dos processos de relaxamento

| $AgGaGeS_4$ | | | | | | | | |
|---|---|---|---|---|---|---|---|---|
| | 220 K | 230 K | 240 K | 250 K | 260 K | 270 K | 280 K | 300 K |
| $\tau_1$, c | 49.29 | 40.10 | 37.04 | 36.43 | 29.92 | 30.11 | 27.52 | 20.13 |
| $\tau_2$, c | 46.98 | 29.07 | 27.15 | 15.94 | 15.78 | 13.40 | 11.14 | 5.92 |
| $\tau_3$, c | 120.27 | 90.92 | 68.89 | 65.06 | 51.31 | 43.38 | 33.92 | 19.47 |

| $AgGaGe_3 Se_8$ | | | |
|---|---|---|---|
| | 230 K | 240 K | 250 K | 260 K |
| $\tau_1$, c | 78.84 | 62.27 | 44.62 | 33.81 |
| $\tau_2$, c | 57.58 | 39.87 | 29.36 | 21.71 |
| $\tau_3$, c | 226.64 | 137.48 | 88.28 | 64.16 |

| $AgGaGe_5 Se_{12}$ | | | |
|---|---|---|---|
| | | | |
| $\tau_1$, c | 70.30 | 62.29 | 49.96 | 43.64 |
| $\tau_2$, c | 69.99 | 52.76 | 40.03 | 28.54 |
| $\tau_3$, c | 331.18 | 201.92 | 110.88 | 74.97 |

| $Ag_2 In_2 GeSe_6$ | | | | | | | | |
|---|---|---|---|---|---|---|---|---|
| | 140 K | 160 K | 180 K | 200 K | 220 K | 240 K | 260 K | 280 K |
| $\tau_1$, c | 4.38 | 2.07 | 1.38 | 0.85 | 0.69 | 0.5 | 0.39 | 0.33 |
| $\tau_2$, c | 5.91 | 3.98 | 3.13 | 2.68 | 2.25 | 1.80 | 1.30 | 1.01 |
| $\tau_3$, c | 16.57 | 9.69 | 6.67 | 5.14 | 3.85 | 2.84 | 2.44 | 2.15 |

| Ag$_2$ In$_2$ SiSe$_6$ | | | | | | | |
| --- | --- | --- | --- | --- | --- | --- | --- |
| | 160 K | 180 K | 200 K | 220 K | 240 K | 260 K | 280 K |
| $\tau_1$, c | 11.45 | 7.37 | 6.12 | 5.42 | 4.24 | 3.81 | 2.83 |
| $\tau_2$, c | 15.68 | 9.42 | 7.42 | 5.81 | 5.06 | 4.10 | 3.71 |
| $\tau_3$, c | 32.38 | 20.54 | 13.75 | 9.42 | 8.45 | 6.83 | 5.13 |

Valores elevados de $\tau_1$ indicam, como já foi referido, a participação de pequenos níveis de armadilha ou a participação de barreiras de recombinação na relaxação da fotocondutividade. A existência de uma elevada concentração de níveis de adesão nos cristais de AgInSe$_2$ é evidenciada por estudos de fotocondutividade termicamente estimulada e de atenuação da fotocondutividade à temperatura [194].

Após desligar a iluminação, a cinética da diminuição da fotocondutividade tem uma natureza temporal complexa (Fig. 4-16), o que torna difícil a sua interpretação direta e a sua utilização para determinar os parâmetros dos centros locais. Na escala linear habitual, a curva de relaxação da fotocondutividade terá a forma da curva 2 (Fig. 4-18). Verifica-se que a curva tem duas secções que se fundem suavemente uma na outra, mas é difícil obter quaisquer caraterísticas quantitativas a partir desta dependência.

A mesma dependência reconstruída numa escala logarítmica (curva 1, Fig. 4-18) leva a uma manifestação mais clara de duas secções rectas. Após o fim da fotoexcitação, o relaxamento da fotocondutividade é caracterizado pela presença de pelo menos dois canais de recombinação de portadores de carga sem equilíbrio.

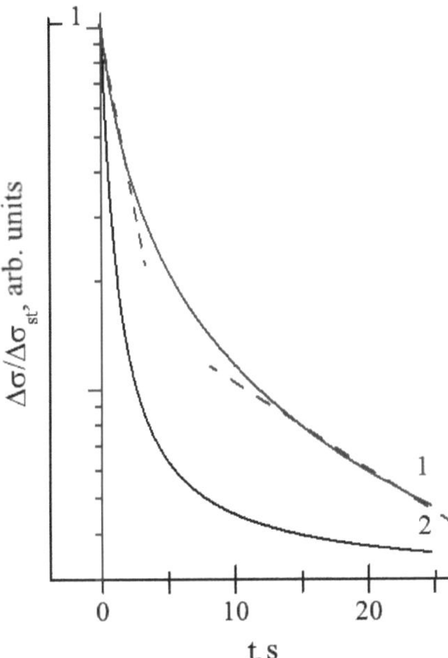


Fig. 4-18. Curvas de relaxação nas escalas simples (2) e semilogarítmica (1)

O processo de relaxação da fotocondutividade neste caso é determinado pela soma de dois expoentes [188]:

$$\Delta\sigma = A \cdot \exp\left(-\frac{t}{\tau_2}\right) + B \cdot \exp\left(-\frac{t}{\tau_3}\right),$$ (4-9),

em que $A \approx B$ $\Delta\sigma \approx_{st} . \tau_2$ e $\tau_3$ foram determinados pelo declive das secções lineares da dependência da condutividade em relação ao tempo numa escala semilogarítmica (Fig. 4-19).

Após a cessação da fotoexcitação, a relaxação da fotocondutividade tem dois componentes: "rápido" e "lento", o que indica a participação no processo de recombinação de dois tipos de centros de captura com diferentes secções transversais [188]. Estes últimos formam níveis localizados no intervalo de banda. O canal de relaxação rápida da fotocondutividade é causado por transições de electrões para *centros s* de recombinação rápida. O componente de relaxação lenta é realizado como resultado da recombinação nos *centros r*. O papel dos níveis t é que eles determinam o preenchimento dos centros de recombinação.

149

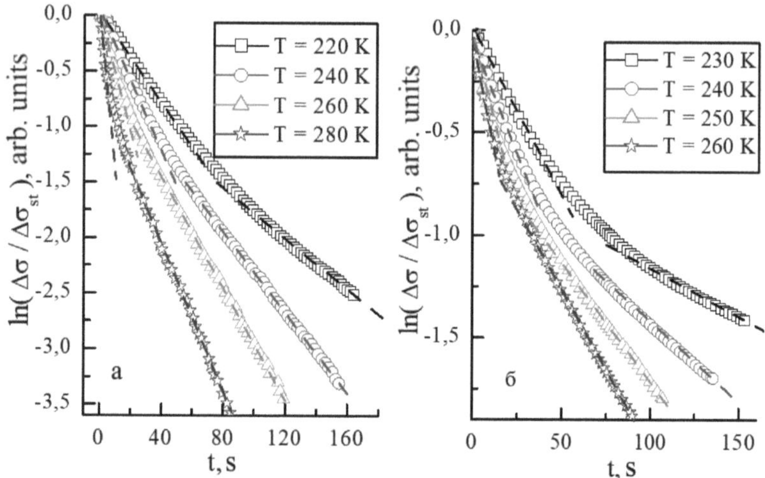


Fig. 4-19. Cinética da diminuição da fotocondutividade de a) AgGaGeS$_4$ b) AgGaGe$_3$ Se$_8$ cristais a diferentes temperaturas

Com o aumento da temperatura, o valor do declínio "rápido" inicial após desligar a excitação aumenta, e as caraterísticas $\tau_2$ e $\tau_3$ , calculadas a partir dos declives das secções exponenciais nas curvas de relaxação, diminuem rapidamente (Fig. 4-19, Tabela 4-6). Observa-se uma ativação térmica da condutividade. Em muitos semicondutores de hiato largo, o efeito da ativação térmica da fotocondutividade está associado à dependência da temperatura de $\tau_n$ no âmbito do modelo de recombinação de dois centros (ou multicentros). De acordo com este modelo, a depleção dos *níveis t* com o aumento da temperatura leva ao efeito da ativação térmica da condutividade.

De acordo com [188], à medida que a temperatura aumenta, o tempo de relaxamento da fotocondutividade na presença de centros de adesão diminui de acordo com a equação:

$$\tau = \tau_n \cdot \left( 1 + \frac{N_t}{N_c} \cdot \exp\left( \frac{E_t}{kT} \right) \right), \quad \sim \qquad (4\text{-}10)$$

em que $\tau_n$ - é o tempo de vida dos electrões livres sem equilíbrio, $N_t$ - é a concentração de centros de adesão, $N_c$ - é a densidade efectiva de estados

150

electrónicos na banda de condução e $E_t$ - é a distância de energia entre o fundo da banda de condução e o nível de armadilha.

Da fórmula 4-10 resulta que quanto maior for a concentração de centros de adesão e quanto mais baixa for a temperatura, mais significativa será a diferença entre $\tau_n$ e $\tau$. Uma vez que a relaxação da fotocondutividade é determinada pela componente lenta da relaxação da fotocorrente, então na expressão $(4-10)\,\tau = \tau_3$ . Assumimos que, no intervalo de temperatura investigado $\tau >> \tau_n$ , a última fórmula pode ser escrita na forma:

$$\tau = \tau_n \cdot \frac{N_t}{N_c} \cdot \exp\left(\frac{E_t}{kT}\right). \qquad (4\text{-}11)$$

Isto, por sua vez, torna possível estimar a profundidade das armadilhas ($E_t$ ) com base no declive da dependência da temperatura do tempo de relaxação ($\ln \tau(1000/T)$) (Fig. 4-20).

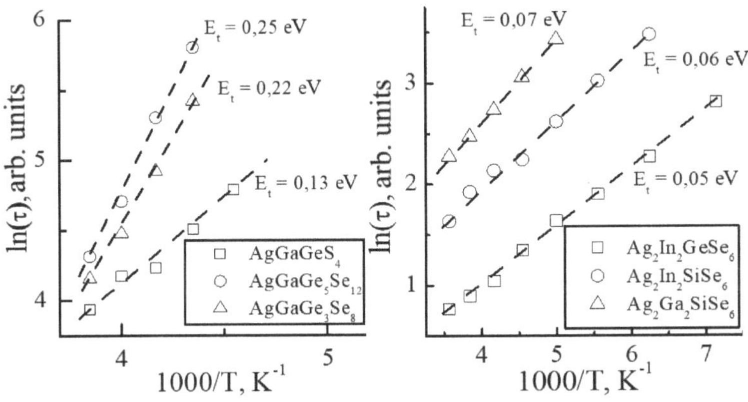


Fig. 4-20. Dependência do tempo de relaxação da componente de relaxação lenta da fotocondutividade com a temperatura

De acordo com o declive das dependências da temperatura no tempo de relaxação apresentado na Fig. 4-20, os valores determinados de $E_t$ foram 0.13 eV (para AgGaGeS$_4$ ), 0,22 eV (para AgGaGe$_3$ Se$_8$ ), 0,25 eV (para AgGaGe$_5$ Se$_{12}$ ), 0,07 eV (para Ag$_2$ Ga$_2$ SiSe$_6$ ), 0,06 eV (para Ag$_2$ In$_2$ SiSe$_6$ ), e 0,05 eV (para Ag$_2$ In$_2$ GeSe$_6$ ). Os valores da energia da profundidade dos centros t obtidos por este método revelaram-se próximos dos valores da energia térmica de ativação destes centros, que foi determinada a partir dos espectros de condutividade termicamente estimulada.

Com base nos resultados obtidos, foi efectuada a modelação do espetro de energia dos níveis de impureza dos compostos investigados (Fig. 4-21). Os resultados obtidos mostram que, alterando o teor de componentes dos compostos, é possível controlar eficazmente a alteração não só da largura do intervalo de banda, mas também da posição energética dos níveis de defeitos, que contribuem para uma fotopolarização efectiva.

Todos os cristais investigados são semicondutores de elevada resistência, com um valor de condutividade eléctrica específica da ordem de σ

~ 10 -10$^{-8-9}$ Ohm$^{-1}$ cm$^{-1}$ (a $T$ = 300K) e um coeficiente termo-EMF de ~ 20-200 μV/K, o que é típico dos semicondutores com contribuições proporcionais das componentes eletrónica e de orifício da condutividade eléctrica.

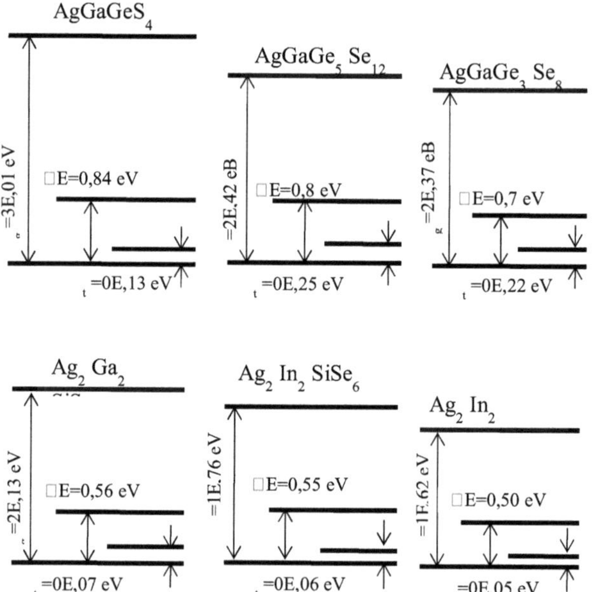


Fig. 21. Modelação do espetro de energia dos níveis de impureza

A partir de estudos da dependência da temperatura da condutividade eléctrica específica, determinou-se a energia de ativação dos níveis locais e investigou-se o mecanismo de condutividade em diferentes intervalos de temperatura. Foi estabelecido que na gama de 300-340 K nos cristais pertencentes ao primeiro grupo, observamos um mecanismo de condução, que, de acordo com o critério de Mott, pode ser interpretado como a excitação térmica de buracos (para condutividade *do tipo p*) de estados localizados perto do nível $E_F$ localizado na zona de defeito, localizado perto do meio do intervalo de banda, em estados deslocalizados da banda de valência. Este mecanismo não foi detectado nos cristais do grupo II no intervalo de temperatura especificado. Isto deve-se ao facto de a temperatura de transição para todos os mecanismos de condução mencionados depender da densidade de estados defeituosos nos semicondutores. À medida que a densidade de estados defeituosos aumenta, a temperatura de transição de um mecanismo de condução para outro aumenta.

Na faixa de temperatura de $220 < T < 290$ K para todos os cristais estudados, o mecanismo de condução implementado é devido à excitação térmica de buracos de estados próximos ao nível $E_F$ na zona de defeito localizada para estados localizados na cauda da banda de valência.

Em $T \leq 200$ K, para os cristais do primeiro grupo, observamos a condução por hopping ao longo da zona de defeito de impureza com um comprimento de salto constante, e para os cristais do segundo grupo, a transferência de carga é realizada por condução por hopping com uma mudança no comprimento de salto através de estados localizados próximos ao nível de Fermi.

Foi estabelecido que uma caraterística da distribuição espetral da fotocondutividade de todos os cristais investigados é a presença de dois máximos de fotocondutividade. O primeiro máximo está localizado na região do bordo de absorção fundamental e está associado à fotocondutividade inerente dos semicondutores. O segundo máximo é devido à fotoexcitação de electrões da banda de valência para níveis parcialmente preenchidos no intervalo de banda a alta temperatura, seguida da sua ionização térmica para a banda de condução. Quando a temperatura diminui e, consequentemente, a probabilidade de ionização térmica dos electrões diminui, a intensidade do máximo de fotocondutividade da impureza diminui.

Para os materiais calcogenetos AgIn(Ga)S(Se)$_2$ - Si(Ge)S(Se)$_2$ a altas temperaturas, observamos uma atenuação da fotossensibilidade, que está associada a um aumento da eficiência do fluxo de recombinação através de centros de defeitos que desempenham o papel de centros de recombinação rápida.

De acordo com a posição do máximo de fotocondutividade da impureza, foi determinada a energia de ionização dos centros aceitadores, o que é consistente com o valor da energia de ativação da condutividade eléctrica escura para os compostos estudados. A fotocondutividade máxima da impureza nos cristais Ag$_2$ Ga$_2$ SiS(Se)$_6$ situa-se numa região espetral próxima da dos cristais Ag$_2$ In$_2$ GeS$_6$ e Ag$_2$ In$_2$ SiS$_6$ , o que pode dever-se à mesma natureza dos centros de defeito responsáveis pela fotocondutividade da impureza.

Foi estabelecido que o efeito de relaxamento a longo prazo da fotocondutividade sem equilíbrio se deve à estrutura não homogénea das amostras, que está associada a uma grande concentração de $V$ estequiométrico$_{Ag}$ e à natureza probabilística da distribuição dos átomos nos nós livres da sub-rede catiónica, bem como à existência de outros defeitos estruturais que surgem durante o processo de cristalização. A partir do estudo dos parâmetros temporais da cinética da fotocondutividade, foi estimada a energia de ocorrência de pequenos níveis de armadilha.

### Referências ao Capítulo 4


158 Propriedades físicas dos calcogenetos tetrinários: uma monografia / G. E. Davydyuk, L. V. Bulatetska, V. V. Bozhko etc. Lutsk: *Universidade Nacional Lesya Ukrainka Volyn*, 2009. 212 p.

159 Influência da substituição de Si por Ge nos sulfuretos quaternários de calcogenetos Ag$_2$ In$_2$ Si(Ge)S$_6$ na ligação química, susceptibilidades ópticas lineares e não lineares e hiperpolarizabilidade / A. H. Reshak, I. V. Kityk, O. V. Parasyuk, H. Kamarudin e S. Auluck. *J. Phys. Chem. B.* 2013, Vol. 117, № 8. P. 2545-2553.

160 Espectros ópticos e de fotocondutividade de novos cristais de calcogenetos Ag$_2$ In$_2$ SiS$_6$ e Ag$_2$ In$_2$ GeS$_6$ / M. Chmiel, M.

Piasecki, G. Myronchuk, G. Lakshminarayana, A. H. Reshak, O. V. Parasyuk, Yu. Kogut, I. V. Kityk. *Spectrochim. Ata, Parte A.* 2012. Vol. 91. P. 48-50.

16 1 Caraterísticas estruturais e ópticas de novos cristais de calcogeneto de $Tl_{1-x}$ $In_{1-x}$ $Ge_x$ $Se_2$ / O. V. Zamurueva, G. L. Myronchuk, G. Lakshminarayana, O. V. Parasyuk, L. V. Piskach, A. O. Fedorchuk, N. S. AlZayed, A. M. El-Naggar, I. V. Kityk. *Opt. Mater.* 2014. Vol. 37. P. 614-620.

16 2 $AgGaGeS_4$ cristal como material optoelectrónico promissor / G. L. Myronchuk, G. Lakshminarayana, I. V. Kityk, A. O. Fedorchuk, R. O. Vlokh, V. R. Kozer, O. V. Parasyuk, M. Piasecki. *Chalcogenide Lett.* 2018. Vol. 15, № 3. P. 151-156.

16 3 Estrutura eletrónica e propriedades fotoeléctricas de $Ag_2$ $Em_2$ $SiSe_6$ e $Ag_2$ $Em_2$ $GeSe_6$ / O. Y. Khyzhun, G. L. Myronchuk, O. V. Zamurueva, O. V. Parasyuk. *Opt. Mater.* 2014. Vol. 38. P. 10-16.

16 4 Espectros ópticos e de fotocondutividade de novos cristais de calcogenetos $Ag_2$ $In_2$ $SiS_6$ e $Ag_2$ $In_2$ $GeS_6$ / M. Chmiel, M. Piasecki, G. Myronchuk, G. Lakshminarayana, A. H. Reshak, O. V. Parasyuk, Yu. Kogut, I. V. Kityk. *Spectrochim. Ata, Parte A.* 2012. Vol. 91. P. 48-50.

16 5 Caraterísticas induzidas por infravermelhos dos semicondutores cristalinos $AgGaGeS_4$ / G. Ye. Davydyuk, G. L. Myronchuk, G. Lakshminarayana, O. V. Yakymchuk, A. H. Reshak, A. Wojciechowski, P. Rakus, N. AlZayed, M. Chmiel, I. V. Kityk, O. V. Parasyuk. *J. Phys. Chem. Solids.* 2012. Vol. 73, № 3. P. 439-443.

16 6 Espectros fotovoltaico, fotoelétrico e ótico de novos monocristais quaternários $Ag_x$ $Ga_x$ $Ge_{1-x}$ $Se_2$ $(0,167 > x > 0,333)$ / G. Lakshminarayana, M. Piasecki, G. E. Davydyuk, G. L. Myronchuk, O. V. Yakymchuk, O. V. Parasyuk, I. V. Kityk. *Mater. Chem. Phys.* 2012. Vol. 135, № 2-3. P. 837-841.

16 7 Propriedades eléctricas e ópticas de $AgGaGe$ $S_{22}$ $Se_4$ monocristais / G. L. Myronchuk, G. E. Davidyuk, O. V. Parasyuk, M. V. Shevchuk, O. V. Yakymchuk, S. P. Danylchuk.

*Jornal de Física da Ucrânia.* 2012. Vol. 57, No. 10. P. 1050-1054.

16 8   Propriedades eléctricas e fotoeléctricas de $Ag_2$ $In_2$ $Si(Ge)Se_6$ soluções sólidas / O. V. Zamuruyeva, G. L. Myronchuk, M. V. Khvishtun, O. V. Parasyuk. *Física e Química do Estado Sólido.* 2016. Vol. 17, No. 2. P. 202-206.

16 9   Processos Electrónicos em Materiais Não-Cristalinos. / N. F. Mott, E. A. Davis. *Clarendon-Press*, Oxford 1971. 437p.

17 0   Teoria da dependência da temperatura das estruturas de banda eletrónica. / P. B. Allen, V. Heine. *J. Phys. C.: Solid State Phys.* 1976. Vol. 9, № 12. P. 2305-2312.

17 1   Comportamento crítico da condutividade e da constante dieléctrica perto do limiar da transição metal-não metal. / A. L. Efros, B. I. Shklovski. *Phys. Stat. Solidi. B.* 1976. Vol. 76. P. 475-485.

17 2   Processos de não-equilíbrio em semicondutores. / G. E. Davidyuk. Lutsk: RVV "Vezha" Lesya Ukrainka Volyn. Universidade Estatal, 2000. 151 p.

17 3   Efeito da deformação da rede e das transições de fase nos espectros electrónicos dos semicondutores em camadas $TlGaS_2$, $TlGaSe_2$ e $TlInS_2$ . / T. G. Mamedov, R. Suleimanov A.*Phys. Solid State.* 2003. Vol. 45, № 12. P. 2242-2248.

17 4   Propriedades eléctricas, ópticas e fotoeléctricas dos cristais $Ag_2$ $In_2$ $SiSe_6$ e $Ag_2$ $In_2$ $GeSe_6$ / O. V. Zamuruyeva, G. L. Myronchuk, O. V. Parasyuk. VI Conferência Científica Ucraniana sobre Física de Semicondutores: Coll. tez., Ucrânia, Chernivtsi, 30 de setembro a 4 de outubro. 2013. Chernivtsi, 2013. P. 497.

17 5   Eletrodeposição de filmes de $AgInSe_2$ a partir de um banho de sulfato / Y. Ueno, Y. Kojima, T. Sugiura, H. Minoura. *Thin Solid Films.* 1990. Vol. 189, № 1. P. 91-101.

17 6   Caraterísticas fotoelectrónicas espectrais de monocristais de $TlInSe_2$ . / A. M. Badr, A. M. Ashraf. *Phys. Scr.* 2012. Vol. 86, № 3. P. 035704 (7pp).

17 7   Fenómenos de transporte em monocristais $Tl_{1-x}$ $In_{1-x}$ $Ge_x$ $Se_2$ ($x$ = 0.1, 0.2) / O. V. Zamurueva, G. L. Myronchuk, K. Oźga, M.

Szota, A. M. El- Naggar, A. A. Albassam, O. V. Parasyuk, L. V. Piskach e I. V. Kityk. *Arch. Metall. Mater*. 2015. Vol. 60, № 3. P. 2025-2028.

177 Propriedades ópticas fotoinduzidas de cristais de $Tl_{1-x}$ $In_{1-x}$ $Si_x$ $Se_2$ / G. L. Myronchuk, O. V. Zamurueva, K. Ozga, M. Szota, A. M. El- Naggar, N. S. Alzayed, L. V. Piskach, O. V. Parasyuk, A. A. Albassam, A. O. Fedorchuk, I. V. Kityk. *Arch. Metall. Mater*. 2015. Vol. 60, № 2. P. 1051-1055.

179 Um novo efeito da piezoeletricidade induzida pelo laser $CO_2$ em cristais de calcogenetos $Ag_2$ $Ga_2$ $SiS_6$ / O. V. Parasyuk, G. L. Myronchuk, A. O. Fedorchuk, A. M. El- Naggar, A. Albassam, A. S. Krymus, I. V. Kityk. *Crystals*. 2016. Vol. 6. P. 107 (12pp).

180 Síntese e estrutura de novos cristais $Ag_2$ $Ga_2$ $SiSe_6$ : materiais promissores para a gravação dinâmica de imagens holográficas / O. V. Parasyuk, V. V. Pavlyuk, O. Y. Khyzhun, V. R. Kozer, G. L. Myronchuk, V. P. Sachanyuk, G. S. Dmytriv, A. Krymus, I. V. Kityk, A. M. El- Naggar, A. A. Albassamh e M. Piasecki. *RSC Adv*. 2016. Vol. 6. P. 90958-90966.

181 Síntese, caraterísticas estruturais, electrónicas e electro-ópticas lineares do novo composto quaternário $Ag_2$ $Ga_2$ $SiS_6$ / M. Piasecki, G. L. Myronchuk, O. V. Parasyuk, O. Y. Khyzhun, A. O. Fedorchuk, V. V. Pavlyuk, V. R. Kozer, V. P. Sachanyuk, A. M. El-Naggar, A. A. Albassam, J. Jedryka, I. V. Kityk. *J. Solid State Chem*. 2017. Vol. 246. P. 363-371.

182 Crescimento monocristalino e estrutura eletrónica do tiogermanato $AgGaGeS_4$ , um novo material ótico não linear / O. Y. Khyzhun, O. V. Parasyuk, e A. O. Fedorchuk. *Columbia International Publishing Advances in Alloys and Compounds (Avanços em Ligas e Compostos)*. 2014. Vol. 1, № 1. P. 15-29.

183 Ag $CdSnS_{24}$ single crystals as promising materials for optoelectronic / G. E. Davydyuk, G. L. Myronchuk, I. V. Kityk, S. P. Danyl'chuk, V. V. Bozhko, O. V. Parasyuk. *Opt. Mater*. 2011. Vol. 33, № 8. P. 1302-1306.

184 Caraterísticas electrónicas e ópticas dos cristais mistos Ag $Pb_{0.51.75}$ $Ge(S_{1-x}$ Se $)_{x4}$ / A. H. Reshak, Y. M. Kogut, A. O. Fedorchuk, O. V. Zamuruyeva, G. L. Myronchuk, O. V.

Parasyuk, H. Kamarudin, S. Auluck, K. J. Plucinski, e J. Bila. *J. Mater. Chem. C.* 2013. Vol. 1. P. 4667-4675.

18 5 Fotocondutividade e piezoeletricidade operada por laser nos cristais Ag-Ga-Ge-(S,Se) e soluções sólidas / M. El-Naggar, A. A. Albassam, G. L. Myronchuk, O. V. Zamuruyeva, I. V. Kityk, P. Rakus, O. V. Parasyuk, J. Jędryka, V. Pavlyuk, M. Piasecki. *Mater. Sci. Semicond. Process.* 2018. Vol. 86. P. 101-110.

18 6 Preparação de um único cristal e propriedades da solução sólida $AgGaGeS_4$ -$AgGaGe_3$ $Se_8$ / M. V. Shevchuk, V. V. Atuchin, A. V. Kityk, A. O. Fedorchuk, Y. E. Romanyuk, S. Ca'us, O. M. Yurchenko, O. V. Parasyuk. *J. Cryst. Growth.* 2011. Vol. 318. P. 708-712.

18 7 Propriedades fotoeléctricas do monocristal de calcogeneto quaternário $AgGaGe_3$ $Se_8$ / G. L. Myronchuk, G. Y. Davydyuk, I. V. Kityk, O. V. Parasyuk, L. V. Yakymchuk, V. V. Bozhko. $16^{th}$ *Conferência sobre Materiais Semicondutores e Isolantes*: Programa e Resumos. Suécia Estocolmo, 19-23 de junho de 2011. Estocolmo : KNT, 2011. P. 3-8.

18 8 Landsberg, recombinação em semicondutores. / T. Peter. Cambridge : *Cambridge University Press*, 1991.

18 9 Fotocondutividade e caraterísticas ópticas não lineares de novos cristais $Ag_x$ $Ga_x$ $Ge_{1-x}$ $Se_2$ / A. S. Krymus, G. L. Myronchuk, O. V. Parasyuk, G. Lakshminarayana, A. O. Fedorchuk, A. El- Naggar, A. Albassam, I. V. Kityk. *Mater. Res. Bull.* 2017. Vol. 85. P. 74-79.

19 0 Processos de relaxação da fotocondutividade em soluções sólidas de Cu $Zn_{1-xx}$ $InS_2$ / V. V. Bozhko, A. V. Novosad, O. V. Parasyuk [et al.]. *Ciência dos Materiais no Processamento de Semicondutores.* 2015. Vol. 39. P. 665-670.

19 1 Armazenamento de fotocondutividade em ligas de $Ga_{1-x}$ $Al_x$ As a baixas temperaturas. / A. K. Saxena *Solid-State Electron.* 1982. Vol. 25, № 2. P. 127-131.

19 2 Efeito de memória fotoeléctrica em GaAs. / G. Vicent, D. Bois, A. Chantre. *J. Appl. Phys.* 1982. Vol. 53. P. 3643-3649.

19 3 Propriedades fotoeléctricas de monocristais de GaS em camadas e estruturas relacionadas / M. Caraman, V. Chiricenco, L.

Leontie, I. I. Rusu. *Mater. Res. Bull.* 2008. Vol. 43. P. 3195-3201.

19
4   Estrutura de banda de energia dos semicondutores I-III-VI$_2$ . / I. L. Shay, B. Tell. *Surface Sci.* 1973. Vol. 37, P.748-761.

# Capítulo 5
## Propriedades ópticas não lineares de calcogenetos complexos

**J. Jedryka, K. Ozga, G. L. Myronchuk**

## 5.1. Fenómenos ópticos não lineares

No início do século XXI, a ótica não linear continuou o seu desenvolvimento dinâmico, iniciado nos anos sessenta. Para além do seu aspeto de conhecimento teórico fundamental, tem também uma componente aplicada significativa que permite resolver uma série de importantes tarefas aplicadas, nomeadamente nos domínios da optoelectrónica e da eletrónica quântica. Os materiais ópticos não lineares na gama espetral do infravermelho médio são de particular interesse e acabam de ser amplamente utilizados em dispositivos de conversão de frequências laser, em espetroscopia molecular, sondagem atmosférica, diagnóstico médico não invasivo, navegação laser, deteção no espaço profundo e comunicação laser [195, 196, 197]. Os materiais mais promissores neste domínio são os calcogenetos com uma química cristalina complexa.

A conceção e o fabrico de materiais ópticos não lineares estão diretamente relacionados com o desenvolvimento de geradores quânticos ópticos (lasers) e moduladores de luz cuja intensidade de radiação excede em muitas ordens de grandeza as fontes de luz tradicionais. Por exemplo, a densidade de potência luminosa de uma lâmpada espetral normal é igual a cerca de $10^4$ W/m$^2$ , e a de um laser atinge $10^{14}$ -$10^{24}$ W/m$^2$ . Com uma tal densidade de potência laser, a natureza dos fenómenos habitualmente conhecidos é significativamente alterada e surgem novos efeitos ópticos.

Há duas razões principais para a natureza diferente da interação da luz de baixa e alta intensidade com a matéria [198]. A primeira é que, a intensidades mais elevadas, os processos multifotónicos se tornam dominantes, ao contrário dos processos de fotão único que determinam a interação a nível microscópico e com uma potência relativamente baixa. Isto significa que não um, mas vários fotões são absorvidos simultaneamente no ato elementar de interação da luz com a matéria. A segunda razão é o facto de que, para caraterizar as substâncias, especialmente as ópticas, que dependem da potência da luz incidente, qualquer meio é, em princípio, não linear. A uma densidade de potência elevada, o desvio de constantes ópticas como o coeficiente de absorção e o índice de refração em relação às propriedades iniciais torna-se visivelmente diferente.

A ótica não linear nega o princípio da sobreposição de ondas electromagnéticas, segundo o qual diferentes ondas de luz que variam em frequência, direção ou polarização são propagadas e interagem efetivamente com o meio independentemente umas das outras. Uma onda luminosa de alta intensidade afecta a propagação de outras ondas nesse meio.

Uma caraterística específica dos calcogenetos ternários e quaternários é a existência de um grande número de níveis de aprisionamento que têm energias de ressonância dentro do intervalo de energia da banda, o que provoca o aparecimento de algumas caudas adicionais de densidade ótica. Este facto é crucial para o estudo de vários processos ópticos não lineares [199] que são definidos por transições para níveis virtuais.

De um modo geral, os fenómenos ópticos não lineares são separados em efeitos NLO de segunda e terceira ordem. Nos efeitos de segunda ordem (geração de segundo harmónico, efeito electro-ótico linear), os fenómenos NLO são descritos por tensores de terceira ordem, e nos efeitos de terceira ordem (absorção de dois fotões, geração de terceiro harmónico) por tensores de quarta ordem. Uma caraterística dos calcogenetos é que as magnitudes dos efeitos são comensuráveis. Este facto decorre das especificidades das ligações químicas deslocalizadas dos aniões [200, 201].

Para compreender os processos que ocorrem nos calcogenetos, devemos considerar a descrição fenomenológica nas equações materiais de Maxwell apresentadas abaixo:

$$\vec{P}_i = \vec{P}_i^L + \vec{P}_i^{NL} = a_{ij}E_j^{(\omega)} + \beta_{ijk}E_j^{(\omega)}E_k^{(\omega)} + \gamma_{ijkl}E_j^{(\omega)}E_k^{(\omega)}E_j^{(\omega)} , \qquad (5\text{-}1)$$

onde

$$\vec{P}_i^L = a_{ij}E_j^{(\omega)} ,$$

$$\vec{P}_i^{NL} = \beta_{ijk}E_j^{(\omega)}E_k^{(\omega)} + \gamma_{ijkl}E_j^{(\omega)}E_k^{(\omega)}E_l^{(\omega)} .$$

onde, $,\alpha_{ij}\beta_{ijk}$ e$\gamma_{ijkl}$ correspondem à polarização microscópica linear e às hiperpolarizabilidades não lineares de primeira e segunda ordem, respetivamente. Os índices $i, j, k$ correspondem aos eixos cristalográficos. A soma é efectuada por índices repetidos. As componentes de $E_{i,j,k}{}^{(\omega)}$ correspondem às componentes $i, j, k$ da componente eléctrica da onda electromagnética à frequência $\omega$ .

Os tensores microscópicos das susceptibilidades ópticas $,\alpha_{ij}\beta_{ijk}$ , e$\gamma_{ijkl}$ e os valores macroscópicos $,\chi_{ij}\chi_{ijk}$ e$\chi_{ijkl}$ estão relacionados com as hiperpolarizabilidades microscópicas por parâmetros do campo de Lorentz local $L_{i,j}$ . Os cálculos destas constantes a partir da teoria química quântica são extremamente difíceis e ambíguos. Por conseguinte, são selecionadas semi-empiricamente ou com base numa expressão simplificada que as relaciona com os índices de refração e a densidade com base na equação de Clausius-Mosotti:

$$\chi_{ij}^{(\omega)} = L_i^{(\omega)} L_j^{(\omega)} \alpha_{ij},$$

$$\chi^{(\omega)}_{ijk} = L_i^{(\omega)} L_j^{(\omega)} L_k^{(\omega)} \beta_{ijk}, \qquad\qquad (5\text{-}2)$$

$$\chi^{(\omega)}_{ijkl} = L_i^{(\omega)} L_j^{(\omega)} L_k^{(\omega)} L_l^{(\omega)} \gamma_{ijkl},$$

em que $\chi_{ij}^{(\omega)}$ é a suscetibilidade macroscópica linear (tensor de segunda ordem); $\chi_{ijk}^{(\omega)}$ é a suscetibilidade não linear quadrática (tensor de terceira ordem); $\chi_{ijkl}^{(\omega)}$ é a suscetibilidade não linear cúbica (tensor de quarta ordem).

No caso dos cristais centro-simétricos, a simetria não permite a polarização quadrática ($\chi_{ijk}^{(2)} = 0$). Assim, a não-linearidade ótica de primeira ordem em substâncias centro-simétricas é determinada pela suscetibilidade cúbica. Se o cristal for não-centrossimétrico e, portanto, tiver uma suscetibilidade quadrática diferente de zero, então a polarização quadrática será o principal contribuinte para a sua polarização não-linear. Deve-se enfatizar que a polarização NLO devido à não-linearidade cúbica, tanto em cristais centrossimétricos como não-centrossimétricos, é significativamente menor do que a da não-linearidade quadrática, uma vez que corresponde aos termos de decomposição mais elevados da polarização.

Devido às caraterísticas fenomenológicas de simetria do tensor de suscetibilidade quadrático, ou seja, a independência em relação à substituição dos dois últimos índices ($\chi_{ijk} = \chi_{ikj}$), estes tensores têm geralmente apenas 18 componentes tensoriais independentes de 27 possíveis. Este permite uma transformação de um sistema de três índices ($\chi_{ijk}$) para um sistema de dois índices ($d_{il}$).

Um fator importante nos cálculos dos calcogenetos são as unidades estruturais locais, tais como tetraedros, octaedros, dodecaedros, etc. Assim, a função do campo circundante pode ser considerada na aproximação da teoria da perturbação. Com base em abordagens simplificadas de dois e três níveis, as polarizabilidades e hiperpolarizabilidades microscópicas podem ser expressas como:

$$\alpha_{ij} \cong \frac{\vec{\mu}_i \vec{\mu}_j}{E_g^2},$$

$$\beta_{ijk} \cong \frac{\vec{\mu}_i \vec{\mu}_j \, \Delta\vec{\mu}_k}{E_g^3}, \qquad (5\text{-}3a)$$

$$\gamma_{ijkl} \cong \frac{\vec{\mu}_i \vec{\mu}_j \, \Delta\vec{\mu}_k \Delta\vec{\mu}_l}{E_g^4},$$

em que $\vec{\mu}_{i,j}$ é o momento de dipolo da matriz de transição entre as sub-bandas $i$, $j$ equações; $\Delta\vec{\mu}_{k,l} = \vec{\mu}_{k,l}^{(ex)} - \vec{\mu}_{k,l}^{(gr)}$ é a diferença entre os estados excitado e fundamental das bandas. Isto é típico da geração de segundo harmónico (SHG), que é descrita pelo tensor polar de terceira ordem, e da absorção de dois fotões, que é descrita pelo tensor polar de quarta ordem. A simetria macroscópica nos calcogenetos pode, neste caso, ser apresentada como uma sobreposição de um par de simetrias locais.

Além disso, no caso dos calcogenetos, tanto os componentes electrónicos como os fonónicos contribuem para os momentos de dipolo totais. Isto deve-se ao facto de os calcogenetos terem uma parte significativa de interações eletrão-fão:

$$\vec{\mu} = \vec{\mu}_{el} + \vec{\mu}_{ph}, \qquad (5\text{-}3b)$$

em que $\vec{\mu}_{el}$ é o momento de dipolo da parte eletrónica, que é menos dependente da temperatura, e $\vec{\mu}_{ph}$ é a componente de fão que depende substancialmente da temperatura. A concentração de fões determina globalmente as macro-susceptibilidades de terceira e quarta ordem.

De particular interesse são as interações não lineares fonão-fonão (multifonão), em particular as componentes anarmónicas, que são descritas por tensores de ordem superior:

$$\gamma_{ijk} = \frac{\partial^3 U}{\partial x_i \partial x_j \partial x_k},$$

$$U = \frac{1}{2!}\alpha_{ij}x^2 - \frac{1}{3!}\beta_{ijk}x^3 - \frac{1}{4!}\gamma_{ijkl}x^4 \tag{5-4}$$

onde $U$ é a energia total do potencial eletrostático. O segundo e o terceiro termos definem as interações anarmónicas fónicas de segunda e terceira ordem. No caso dos calcogenetos, os componentes intra-cluster e inter-cluster devem ser separados, o que altera significativamente a distribuição espacial local da densidade eletrónica. Por exemplo, isto pode ocorrer em fortes campos eléctricos externos de elevada intensidade eléctrica (superior a $10^6$ V/cm). Tais campos podem ser eficazmente formados por lasers e utilizados para efeitos induzidos por estímulos laser. Uma das manifestações mais interessantes de tais efeitos é a não-centrossimetria estimulada pelo laser, que é descrita por tensores de terceira ordem responsáveis por fenómenos como o SHG, o efeito piezoelétrico e os efeitos electro-ópticos [202-204].

Tais efeitos nos calcogenetos são particularmente importantes devido à forte fotopolarização [205], que é uma consequência da anisotropia local sob a influência de luz externa de potência moderada. Pode ocorrer devido a uma alteração significativa das polarizações descritas pelos tensores de ordem hierárquica e pode também aparecer para efeitos descritos pelos tensores de quarta ordem (absorção de dois fotões, geração de terceiros harmónicos, etc.) [206]. Um parâmetro muito importante que determina a eficiência da fotopolarização ótica é o produto do momento de dipolo e da hiperpolarizabilidade não linear $\mu\beta$.

Os efeitos ópticos não lineares fotoinduzidos podem ser utilizados para polarizar tanto o sistema de electrões como o subsistema de fões. Os principais factores que impedem a utilização generalizada destes efeitos são a fotodestruição e as alterações irreversíveis das constantes ópticas, típicas dos calcogenetos. Além disso, a eficiência do controlo dos parâmetros fotoinduzidos destes semicondutores calcogenetos depende significativamente da polarização do anião e da energia do intervalo de banda. Este facto deve-se principalmente à concentração relativamente elevada de defeitos intrínsecos no interior do intervalo de energia proibida [207].

## 5.2. Geração de segunda e terceira harmónicas

A conversão coerente de frequências de fontes laser (modulação de frequências) é um dos principais objectivos da tecnologia optoelectrónica e da eletrónica quântica utilizada nos domínios civil e militar, incluindo a monitorização atmosférica, os radares laser, etc. O $AgGaX_2$ (X = S, Se) [208] e o $ZnGeP_2$ têm sido praticamente utilizados como materiais NLO desde a década de 1970 [209].

No entanto, todos estes cristais são caracterizados por uma ou outra das principais desvantagens. Por exemplo, os cristais $AgGaX_2$ têm um baixo limiar de dano laser, e o $ZnGeP_2$ apresenta uma forte absorção de dois fotões para uma fonte de bomba laser de comprimentos de onda convencionais (1 μm (Nd:YAG) ou 1,55 μm (Yb:YAG)) [210]. O GaSe tem uma baixa estabilidade mecânica e um baixo limiar de dano laser. Por conseguinte, a procura de novos materiais NLO é relevante e, recentemente, muito ativa [211-212]. Entre todos os requisitos para novos materiais IR MLO, os mais importantes são a melhoria do limiar de dano laser (estabilidade) e a prevenção da absorção de dois fotões.

Os aumentos da resistência à radiação em cristais não lineares estão normalmente associados a um aumento do intervalo de energia da banda. Este facto é confirmado pelos resultados de [213], segundo os quais o limiar de dano do $PbGa_2 GeSe_6$ é de 5,61 $MW/cm^2$ , é quase triplicado em relação ao $AgGaS$ comercial$_2$ (1,53 $MW/cm^2$ ), e o intervalo de banda $PbGa_2 GeSe_6$ é de 1,96 eV, que é maior do que no $AgGaS_2$ (1,8 eV).

A absorção de dois fótons (TPA) é determinada pela parte imaginária do NLO que é inversamente proporcional ao quadrado da energia do intervalo de banda. A probabilidade da TPA diminui com o aumento de $E_g$ .

Muitos estudos recentes centram-se na inclusão, nos cristais IR-NLO, de unidades activas ópticas não lineares, nomeadamente tetraedros contendo calcogénio [(Ga/Ge)$X_4$ ] (X = S, Se) [214, 215]. A adição de metais alcalinos ou alcalino-terrosos aumenta o intervalo de banda de energia ótica, e o empacotamento de unidades activas NLO microscópicas aumenta a possibilidade de obter uma grande resposta ótica não linear macroscópica.

Vários factores favorecem estes cristais na conversão de frequências do espetro de infravermelhos para operar na gama do visível. O primeiro é a sua região de transparência espectralmente relativamente ampla na parte IR do espetro [216]. Outro fator são os anarmonismos fónicos extremamente elevados que determinam enormes susceptibilidades ópticas não lineares de segunda ordem [217].

A maior parte dos estudos NLO foram efectuados sobre efeitos ópticos não lineares de segunda ordem, que são descritos por um tensor polar de terceira ordem [218]. Os efeitos NLO existem tanto em compostos centrossimétricos como não-centrossimétricos. Estes efeitos são principalmente diferentes dos efeitos ópticos não lineares de segunda ordem que requerem uma estrutura não centrossimétrica. A intensidade do THG é determinada pela hiperpolarização de terceira ordem que depende da alteração dos momentos de dipolo.

Os níveis localizados de defeitos intrínsecos não estequiométricos situados dentro do intervalo de energia proibido são de particular interesse para os efeitos de segunda e terceira ordem [219, 220]. Tendo em conta o que precede, estudámos exaustivamente o SHG e o THG, os efeitos NLO de segunda e terceira ordem que são determinados pelos tensores de terceira e quarta ordem, respetivamente.

A configuração principal é mostrada na Fig. 5-1.

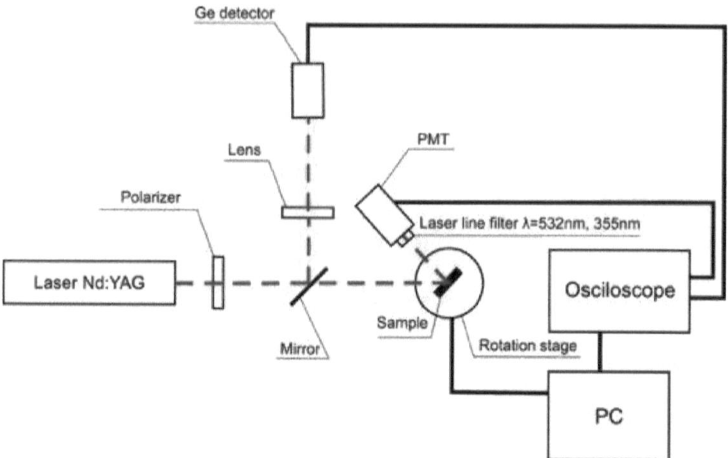


Fig. 5-1. Instalação de medição para determinar a intensidade do sinal da segunda e terceira harmónicas (dependendo dos filtros de interferência)

O sistema de medição foi concebido para estudar os harmónicos de luz gerados pelos materiais investigados sob irradiação laser fundamental. O laser Nd:YAG de nanossegundos com impulsos de $\lambda = 1064$ nm foi utilizado como fonte de radiação fundamental, com uma energia máxima de impulsos de 80 mJ e uma taxa de repetição de impulsos de 1 a 100 Hz. Os valores de energia foram gradualmente alterados pelo polarizador Glan. As densidades máximas de potência para o THG foram iguais a 200 J/m$^2$ , e 100 ou 150 J/m$^2$ para o SHG. A radiação fundamental incidente foi medida com um detetor de Ge, e o seu SHG e THG com um fotomultiplicador munido de um filtro de interferência para os comprimentos de onda de 355 nm (terceira harmónica) ou 532 nm (segunda harmónica).

As amostras foram colocadas num suporte especial sobre uma mesa rotativa. Os níveis de intensidade dos sinais de saída da radiação original e dos seus SHG e THG foram monitorizados por um osciloscópio Tektronix a uma frequência de cerca de 1 GHz. O osciloscópio e a mesa de medição foram operados e sincronizados por um PC. Todo o conjunto de medição foi colocado sob uma cobertura protetora que elimina os efeitos indesejáveis da radiação electromagnética externa. Assim, foi registada a dependência do SHG/THG da intensidade do sinal fundamental.

As medições de SHG e THG foram efectuadas utilizando a técnica de pó de Kurtz-Perry [221]. As condições de utilização deste método estão descritas em [222]. Deve notar-se que o método de Kurtz-Perry permite apenas uma estimativa relativa da eficiência das transformações NLO utilizando apenas o pó de um cristal NLO estudado. Este método envolve uma comparação da intensidade de geração harmónica do cristal NLO estudado com a intensidade de geração harmónica do pó do cristal NLO com coeficientes NLO de referência conhecidos. Este método permite explorar novos materiais NLO promissores, aproximando as partículas de pó como cristais únicos com dimensões médias de~ 100 μm que são orientados aleatoriamente no espaço. Ao mesmo tempo, os cristalitos são distribuídos uniformemente entre as placas. As dimensões dos grãos do pó obtido por esmagamento mecânico e acústico foram avaliadas por microscopia ótica com uma resolução de cerca de 100-300 μm.

Os estudos de SHG nos cristais de $Ag_x Ga_x Ge_{1-x} Se_2$ indicam uma ligeira dependência da intensidade de SHG em relação ao teor de composição. O maior coeficiente NLO $d_{31}$ está muito próximo de $d_{36}$ de $AgGaSe_2$ (30 pm/V), e a magnitude de $d_{32}$ é aproximadamente metade desse valor [223]. Ao mesmo tempo, os cristais eram resistentes aos danos causados pelo laser, com o limiar de densidade de potência de danos igual a pelo menos 80 $GW/cm^2$ quando irradiados com impulsos de 50 fs a 1400 nm. A irradiação com impulsos de 10 ns a 1064 nm causa danos de 75 $MW/cm^2$ [224]. Os resultados obtidos estimularam a continuação das experiências com estes cristais. O estudo SHG foi também efectuado utilizando um laser de $CO_2$ de microssegundos com um comprimento de onda de 10,6 μm [223]. O cristal $AgGaSe_2$ foi selecionado como amostra de referência, à semelhança do que aconteceu com a irradiação com um laser de femtossegundos. A não linearidade ótica de segunda ordem foi estimada utilizando a regra de Miller, segundo a qual o valor

$$\frac{\chi^{(2)}\left(\omega_1 + \omega_2; \omega_1; \omega_2\right)}{\chi^{(1)}\left(\omega_1 + \omega_2\right)\chi^{(1)}\left(\omega_1\right)\chi^{(1)}\left(\omega_2\right)}, \tag{5-5}$$

tem uma dispersão muito fraca e é quase idêntica para um grande conjunto de cristais não centrossimétricos

Os dados SHG a este comprimento de onda produziram $d_{31} = 1,14\, d_{36}$ (AgGaSe$_2$) e $d_{32} = 0,67 \times d_{36}$ (AgGaSe$_2$). O rácio $d_{31}/d_{32} = 1,7$ está próximo dos resultados observados nos compostos de sulfureto. Assumindo que $d_{36}$ para AgGaSe$_2$ é igual a 29,3 pm/V [225], os valores corrigidos por Miller para 10,6 μm de $d_{31}$ e $d_{32}$ são iguais a 33,4 pm/V e 19,6 pm/V, respetivamente. Estes resultados estão em boa concordância com os dados [226, 227] de que o coeficiente $d_{31}$ para AgGaGe$_3$Se$_8$ e AgGaGe$_5$Se$_{12}$ é de cerca de ~29 pm/V.

Os valores de $d_{31}$ e $d_{32}$ para AgGaGeS$_4$ não puderam ser estimados da mesma forma porque os valores relatados de $d_{36}$ para AgGaS$_2$ em $\lambda = 10,6$ μm diferem em quase três vezes [196]. Esta é uma manifestação adicional de defeitos intrínsecos não controlados. Um forte SHG de luz verde ($\lambda = 533$ nm) foi obtido a partir do vidro cristalizado não tóxico AgGaGeS$_4$ em [228]. Os investigadores explicaram este efeito aos microcristais NLO de AgGaGeS$_4$. A não-linearidade ótica de segunda ordem foi estimada pela primeira vez como sendo igual a 5,79 pm/V.

O THG nos cristais Ag$_x$ Ga$_x$ Ge$_{1-x}$ Se$_2$ foi estudado utilizando o laser de Er:vidro de nanossegundos a $\lambda = 1540$ nm. Estes cristais têm diferentes rácios Ga/Ge e conteúdo de átomos de Ag, com apenas um sítio parcialmente ocupado por átomos de prata. Os resultados dos estudos experimentais são apresentados na Fig. 5-2.

Os valores obtidos da eficiência do THG estão bem correlacionados com os momentos de dipolo estáticos do estado fundamental para os tetraedros [(Ga,Ge)Se$_4$] [229]. O valor máximo de THG foi encontrado para as amostras de AgGaGe$_5$Se$_{12}$, menor para AgGaGe$_3$Se$_8$, e o menor para os cristais de AgGaGe$_4$Se$_{10}$ que têm o menor momento de dipolo (Sec. 2). Deste modo, podemos concluir que a coordenação do anião é extremamente importante. É de notar que o aparecimento do THG nestes cristais é apenas em camadas até 100 nm devido à sua própria absorção. Assim, todos estes efeitos são diferentes dos efeitos conhecidos em cristais a granel. Ao mesmo tempo, a intensidade do THG é maior aqui devido aos termos de ressonância. Este facto pode ser responsável pelos valores dos momentos de dipolo dos tetraedros [(Ga,Ge)Se$_4$] que determinam as não linearidades ópticas originais. Ao mesmo tempo, existe uma correlação dos cálculos químicos quânticos dos momentos de dipolo com os resultados do estudo da TPA. O coeficiente de absorção TPA determinado em [229] é igual a 13,5 cm/GW para o cristal AgGaGe$_3$ Se$_8$ , 10,4 cm/GW para AgGaGe$_5$ Se$_{12}$ , e 2,5 cm/GW para AgGaGe$_4$ Se$_{10}$ .

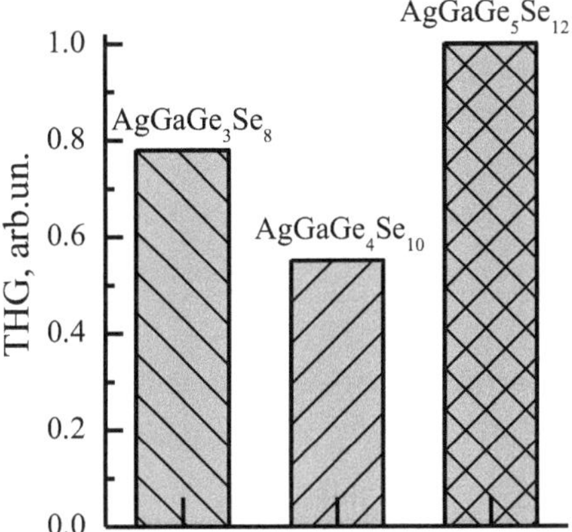


Fig. 5-2. Valores máximos da geração do terceiro harmónico para os cristais Ag$_x$ Ga$_x$ Ge$_{1-x}$ Se $_2$

Os momentos de dipolo dos tetraedros [(Ga,Ge)Se$_4$ ] são cruciais para as dependências ópticas e ópticas não lineares, e os parâmetros obtidos do THG e estão em boa correlação com os dados da TPA [229].

Estes calcogenetos multicomponentes, ou seja, AgGaGeS$_4$ e Ag$_x$ Ga$_x$ Ge$_{1-x}$ Se$_2$ , são assim promissores como materiais NLO, uma vez que o limiar de dano laser é superior e a resposta ótica não linear é comparável à dos AgGaS$_2$ e AgGaSe$_2$ atualmente utilizados.

Os resultados obtidos estão em boa sintonia com os dados de [215], onde foi investigada outra série de materiais NLO, Li$_2$ In D X$_2^{IV}$$_6$ compostos (D$^{IV}$ = Si, Ge; X = S, Se). As energias do intervalo de banda destes compostos são 3,61, 3,45, 2,54 e 2,30 eV, para Li$_2$ In$_2$ SiS$_6$ , Li$_2$ In$_2$ GeS$_6$ , Li$_2$ In$_2$ SiSe$_6$ e Li$_2$ In$_2$ GeSe$_6$ , respetivamente. Estes valores, tanto para os sulfuretos como para os selenetos, são superiores aos da referência AgGaS$_2$ (2,64 eV) e AgGaSe$_2$ (1,8 eV). Por conseguinte, é provável que estes compostos tenham limiares de dano laser mais elevados. Ao mesmo tempo, a intensidade do sinal SHG para ambos os sulfuretos é comparável à do AgGaS$_2$ , e para os selenetos à do AgGaSe$_2$ , o que determina a perspetiva de utilização destes compostos.

Foi efectuado um estudo teórico das susceptibilidades NLO de segunda ordem e do efeito da substituição de Si por Ge nos cristais $Ag_2\,In_2\,Si(Ge)S_6$ em [230]. A suscetibilidade NLO foi escolhida porque é mais sensível a pequenas alterações na energia do intervalo de banda e na estrutura da banda do que as susceptibilidades ópticas lineares. Os compostos $Ag_2\,In_2\,Si(Ge)S_6$ têm uma estrutura monoclínica que requer apenas cinco componentes tensoriais não nulas da suscetibilidade NLO, pelo que os cálculos (Tabela 5-1) foram efectuados para , , $\chi_{111}^{(2)}(\omega)$ $\chi_{122}^{(2)}(\omega)$ $\chi_{133}^{(2)}(\omega)$, $\chi_{221}^{(2)}(\omega)$ e $\chi_{331}^{(2)}(\omega)$ .

Tabela 5-1. Componentes tensoriais da suscetibilidade NLO de segunda ordem $\chi_{ijk}^{(2)}(\omega)$ e $d_{ijk}^{(2)}(\omega)=0.5\chi_{ijk}^{(2)}$ , pm/V, calculados utilizando o potencial mBJ [230]

| Componente tensor | Cristal | $\chi_{ijk}^{(2)}(0)$ | $d_{ijk}^{(2)}(0)$ | $\chi_{ijk}^{(2)}(\omega)$, $\lambda=1064$ nm | $d_{ijk}^{(2)}(\omega)$, $\lambda=1064$ nm |
|---|---|---|---|---|---|
| $\left|\chi_{111}^{(2)}(\omega)\right|$ | $Ag_2\,In_2\,GeS_6$ | 35.0 | 17.5 | 105.5 | 50.5 |
| | $Ag_2\,In_2\,SiS_6$ | 30.0 | 15.0 | 81.0 | 40.5 |
| $\left|\chi_{122}^{(2)}(\omega)\right|$ | $Ag_2\,In_2\,GeS_6$ | 9.0 | 4.5 | 22.0 | 11.0 |
| | $Ag_2\,In_2\,SiS_6$ | 8.0 | 4.0 | 12.0 | 6.0 |
| $\left|\chi_{133}^{(2)}(\omega)\right|$ | $Ag_2\,In_2\,GeS_6$ | 7.0 | 3.5 | 34.0 | 17.0 |
| | $Ag_2\,In_2\,SiS_6$ | 6.0 | 3.0 | 24.0 | 12.0 |
| $\left|\chi_{221}^{(2)}(\omega)\right|$ | $Ag_2\,In_2\,GeS_6$ | 15.0 | 7.5 | 69.0 | 43.5 |
| | $Ag_2\,In_2\,SiS_6$ | 13.0 | 6.5 | 56.0 | 28.0 |
| $\left|\chi_{331}^{(2)}(\omega)\right|$ | $Ag_2\,In_2\,GeS_6$ | 21.0 | 10.5 | 85.0 | 42.5 |

| | Ag$_2$ In$_2$ SiS$_6$ | 16.0 | 8.0 | 65.0 | 32.5 |
|---|---|---|---|---|---|

As dispersões significativas observadas dos componentes da suscetibilidade NLO são causadas por diferentes polarizações electrónicas em diferentes direcções. Ao mesmo tempo, $\chi_{111}^{(2)}(\omega)$ é dominante em ambos os cristais. Para comparar os valores calculados e experimentais da suscetibilidade efectiva de segunda ordem, explorámos o SHG para os mesmos cristais através do método de Kurtz-Perry, utilizando como fonte um laser Nd:YAG de nanossegundos a 1064 nm e os monocristais -BiB O$\alpha_{36}$ foram utilizados como amostras de referência. A suscetibilidade efectiva de segunda ordem para as amostras Ag$_2$ In$_2$ GeS$_6$ e Ag$_2$ In$_2$ SiS$_6$ foi igual a 1,25 pm/V e 0,97 pm/V, respetivamente. Os valores experimentais obtidos são inferiores aos calculados teoricamente, o que pode ser, em parte, uma consequência da subestimação da energia do intervalo de bandas típica das simulações DFT, bem como da presença de defeitos intrínsecos nas amostras. No entanto, tanto nos cálculos teóricos como na experiência, observamos uma diminuição da suscetibilidade ótica efectiva não linear de segunda ordem do Si para o Ge. Os dados experimentais obtidos são a chamada suscetibilidade efectiva de segunda ordem, normalmente definida como componentes tensoriais médias que permitem comparar os valores relativos. A comparação direta com os componentes tensoriais calculados requer amostras maiores.

Além disso, o aumento das susceptibilidades está relacionado com o aumento da quantidade de unidades activas NLO, principalmente, tetraédricas contendo calcogénio. Um aspeto particularmente interessante nos estudos das propriedades NLO é a adição de iões altamente polarizados ao cristal. Um desses exemplos é o chumbo, cujos iões Pb$^{2+}$ têm uma polarização eletrónica significativa. Investigámos o cristal PbGa$_2$ GeS$_6$ [231], com a energia do intervalo de banda calculada igual a 2,445 eV e o valor experimental real de 2,37 eV. A existência de iões altamente polarizados é um fator crucial no estudo dos efeitos NLO de segunda e terceira ordem.

Comparámos a eficiência do SHG e do THG para Ag$_2$ In$_2$ SiS$_6$ , PbGa$_2$ SiSe$_6$ , PbGa$_2$ SiS$_6$ [231] utilizando -BiB O$\alpha_{36}$ como referência, e laser

Nd:YAG pulsado (1064 nm) com duração de pulso de 30 ns e taxa de frequência de repetição de pulso de 10 Hz. Os resultados obtidos são apresentados na Fig. 5-3.

Destes três compostos, a intensidade máxima de SHG foi atingida para o $PbGa_2 GeSe_6$ , com uma suscetibilidade ótica de segunda ordem de 2,9 pm/V a 1064 nm. A eficiência do SHG é pelo menos uma ordem de grandeza inferior para o $PbGa_2 GeS_6$ e $Ag_2 In_2 SiS_6$ . A situação para a geração do terceiro harmónico difere apenas significativamente. Aqui, a maior eficiência de ordem de terceira ordem foi obtida para $Ag_2 In_2 SiS_6$ . O sulfureto $PbGa_2 GeS_6$ tem a mesma ordem de eficiência THG que o $PbGa_2 GeSe_6$ . A principal influência nos efeitos NLO observados é a anarmonicidade extremamente elevada dos fões, descrita por tensores polares de terceira ordem [232, 233], à semelhança da geração ótica de segunda ordem. Os átomos de chumbo com maior polarizabilidade possuem hiperpolarizações mais elevadas. Assim, o resultado é uma consequência da coexistência de catiões de Pb altamente polarizados e aniões de calcogenetos com anarmonicidades melhoradas.

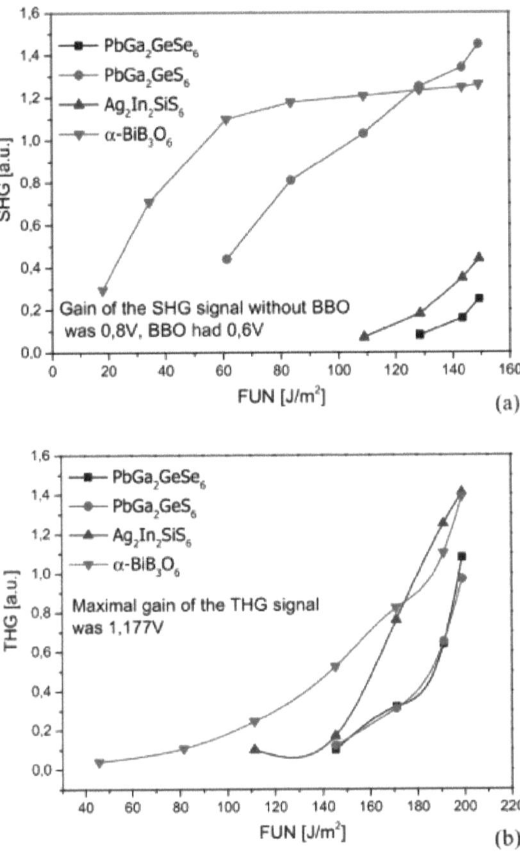


Fig. 5-3. Dependência das eficiências SHG (a) e THG (b) da densidade de energia do feixe fundamental incidente

Manifestamente, a utilização de $PbGa_2$ $GeSe_6$ para a geração simultânea de SHG e THG seria eficaz e, contrariamente a -BiB $Oα_{36}$ , pode ser utilizada na gama espetral até 10 µm. De acordo com [213], a eficiência SHG dos cristais de $PbGa_2$ $GeSe_6$ é 12 e 5 vezes superior à dos cristais comerciais de $AgGaS_2$ para as dimensões das partículas que variam entre 25-45 µm e 150-210 µm, respetivamente. Para uma explicação mais clara dos coeficientes NLO maiores, foram calculados os momentos de dipolo estático do estado fundamental dos tetraedros [$PbSe_4$ ] (21,437 D e 18,887

D), [SiSe$_4$ ] (2,058 D) e [GeSe$_4$ ] (1,790 D) para PbGa$_2$ SiSe$_6$ e PbGa$_2$ GeSe$_6$ , respetivamente [213]. As polarizações dos tetraedros [PbSe$_4$ ] são muito maiores do que as dos tetraedros [GaSe$_4$ ], [SiSe$_4$ ] e [GeSe$_4$ ]. Concluiu-se, portanto, que os tetraedros [PbSe$_4$ ] contribuem mais para a resposta NLO do que os tetraedros [SiSe$_4$ ] e [GeSe$_4$ ]. Os componentes do tensor principal calculado do SHG para PbGa$_2$ SiSe$_6$ e PbGa$_2$ GeSe$_6$ são iguais a $d_{31}$ = 224,7 pm/V e $d_{12}$ = 222,1 pm/V, respetivamente. Para o ternário AgGaS$_2$ , o $d$ calculado$_{36}$ é igual apenas a 21,2 pm/V.

Os resultados obtidos favorecem as perspectivas de utilização dos novos cristais de Ag$_2$ In$_2$ SiS$_6$ , PbGa$_2$ SiSe$_6$ , PbGa$_2$ SiS$_6$ como moduladores NLO e deflectores de luz laser. É de salientar que a utilização destes compostos como conversores de frequência eficientes requer material monocristalino perfeito a granel. O método do pó aqui utilizado fornece uma estimativa rápida da magnitude das propriedades NLO, mas é necessária uma investigação exaustiva para qualquer aplicação prática significativa.

Resumindo os resultados experimentais obtidos, as intensidades de SHG aumentam com a diminuição das energias do intervalo de banda, tanto para Ag$_2$ In$_2$ SiSe$_6$ (1,68 eV) como para Ag$_2$ In$_2$ GeSe$_6$ (1,55 eV) e para Ag$_2$ In$_2$ SiS$_6$ (2,0 eV) como para Ag$_2$ In$_2$ GeS$_6$ (1,96 eV) (Fig. 5-4), que são típicas dos cristais de calcogenetos multicomponentes. No entanto, comparando os compostos de seleneto e sulfureto, o maior intervalo de banda nos sulfuretos é acompanhado por um certo aumento da eficiência do SHG (Fig. 5-4). Isto resulta da contribuição do subsistema fónico e da maior absorção nos selenetos devido ao menor intervalo de banda. A diminuição do intervalo de banda leva a uma maior contribuição dos fões. Devido à deslocação espectral das ressonâncias dos fões, a hiperpolarizabilidade aumenta mesmo quando a energia do intervalo de banda aumenta.

O aumento da intensidade de SHG é principalmente definido por um aumento das hiperpolarizabilidades microscópicas NLO$\beta_{ijk}$ que são determinadas pela fórmula $\beta_{ijk} \cong \vec{\mu}_i \vec{\mu}_j \Delta\vec{\mu}_k / E_g^3$ . Tendo em conta este facto, a suscetibilidade NLO microscópica de primeira ordem deve também ser inversamente proporcional à terceira potência da energia do intervalo de banda. No entanto, considerando a contribuição dos fónons, em particular os anarmónicos descritos por tensores de terceira ordem, bem como as ressonâncias de energia dos defeitos intrínsecos, o papel do sistema de fónons pode tornar-se dominante.

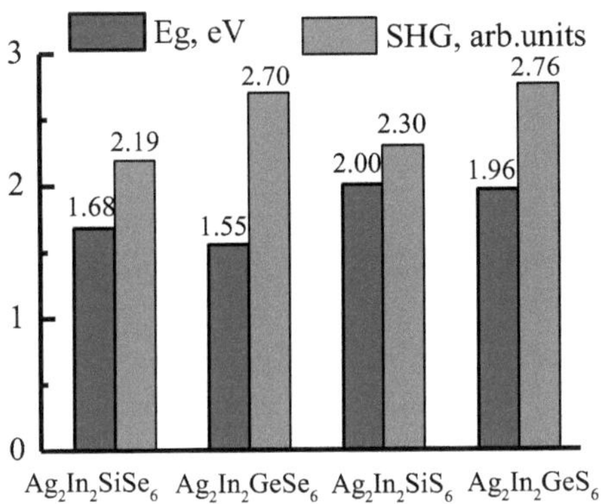


Fig. 5-4. Eficiências SHG para o feixe laser fundamental Nd:YAG (1064 nm) e intervalo de banda dos cristais Ag$_2$ In$_2$ Si(Ge)Se(S) $_6$

Consequentemente, mesmo diminuindo o intervalo de banda, a eficiência do SHG pode ser menor, e vice-versa. Por conseguinte, $\beta_{ijk}$ não é puramente inversamente proporcional à energia do "band gap" eletrónico, mas também depende substancialmente das ressonâncias fónicas e, consequentemente, esta dependência não é monótona. A diferença dos momentos de dipolo (estados excitado e fundamental $\Delta\vec{\mu}_{k,l} = \vec{\mu}_{k,l}^{(ex)} - \vec{\mu}_{k,l}^{(gr)}$ ) é um fator muito sensível às contribuições combinadas de electrões e fões.

Os parâmetros alcançados dos efeitos NLO de terceira ordem obtidos para os comprimentos de onda do laser $CO_2$ permitem a utilização generalizada dos cristais estudados como materiais para a conversão coerente de frequências de feixes laser IR, o que é crucial para os sistemas IR lidar (feixes de alcance). As alterações fotoinduzidas observadas foram completamente reversíveis durante múltiplos tratamentos induzidos por IR, confirmando o seu elevado potencial de reprodutibilidade.

## 5.3. Efeito electro-ótico linear

177

Tendo em conta que os efeitos NLO de segunda ordem descritos pelos tensores polares de terceira ordem incluem, para além do SHG, o efeito electro-ótico linear, e que as magnitudes destes efeitos são comensuráveis, foi efectuado um estudo do efeito electro-ótico linear para verificar as conclusões.

O efeito electro-ótico linear (efeito Pockels) é a alteração do índice de refração num meio ótico sob um campo elétrico DC fixo. É descrito por um tensor polar de terceira ordem que requer meios acêntricos. Como resultado, a birrefringência aparece no cristal ou altera a sua magnitude quando o cristal tem intrinsecamente dupla refração. A alteração dos coeficientes electro-ópticos lineares é proporcional à intensidade do campo aplicado. A linearidade deste efeito é confirmada por mudanças de sinal conforme a direção das direcções do campo. A alteração do índice de refração sob um campo elétrico externo deve-se às propriedades anisotrópicas de um composto. Sob o campo dc-elétrico, os electrões são deslocados para os iões, enquanto simultaneamente a polarização do meio varia juntamente com o índice de refração relacionado.

Para os estudos, foi utilizado um laser He-Ne de onda contínua com um comprimento de onda de $\lambda = 3390$ nm e uma potência até 30 mW. As medições foram efectuadas através de um procedimento normalizado de Sennormont [234]. Para aumentar o efeito mencionado, foi aplicado um campo elétrico adicional à amostra, o que provoca uma anisotropia adicional necessária para medir a electro-ótica linear. O cristal foi colocado entre os dois polarizadores cruzados de modo a que a transmitância da luz pelo sistema fosse zero (mínima) na ausência de campo elétrico externo. Sob um campo externo, a birrefringência induzida aparece ou muda, o que altera a polarização (fase) da luz que passa através do cristal, e o sistema começa a transmitir luz. Numerosas aplicações do efeito de Pockels na tecnologia laser baseiam-se neste princípio, como moduladores ópticos, interruptores, accionadores e outros dispositivos controlados por raios laser.

A eficiência electro-ótica das amostras de pó $Ag_2 In_2 GeSe_6$ e $Ag_2 In_2 GeS_6$ num substrato de álcool polivinílico é apresentada na Fig. 5-5. Verificou-se que os valores dos coeficientes electro-ópticos lineares são iguais a 4,35 pm/V para $Ag_2 In_2 GeSe_6$ e 4,21 pm/V para o cristal $Ag_2 In_2 SiSe_6$ .

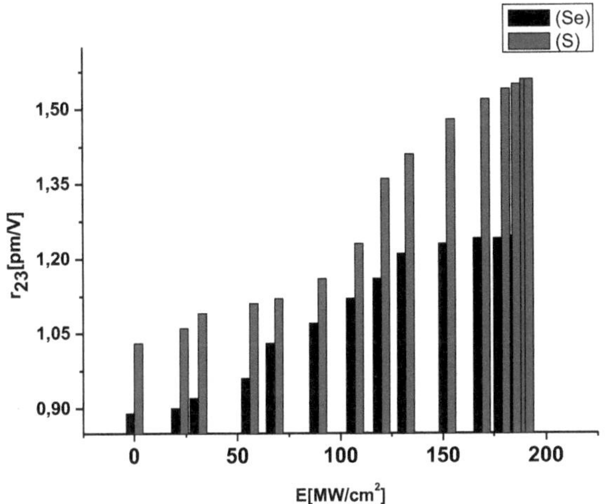


Fig. 5-5. Dependência do coeficiente electro-ótico linear em relação à densidade de potência de foto-indução no comprimento de onda de 3390 nm

As amostras de sulfuretos apresentam coeficientes electro-ópticos induzidos por laser mais elevados do que os selenetos. Foi observado um comportamento semelhante para o comprimento de onda de sondagem de 1540 nm. Este resultado não pode ser explicado pelo conceito de divisão de energia do intervalo de banda, uma vez que, neste caso, os compostos de seleneto teriam coeficientes electro-ópticos mais elevados. Uma razão possível é a contribuição mais significativa do subsistema de fões devido ao seu desvio espetral. Além disso, a contribuição das anarmonicidades dos fões pode ser mais importante do que as contribuições puramente electrónicas. Os resultados obtidos confirmam sem ambiguidade o papel essencial do subsistema fónico no valor da suscetibilidade de segunda ordem descrita pelo tensor de terceira ordem perturbado por interações anarmónicas. Este facto pode ser muito importante para a conceção futura de materiais de calcogenetos com propriedades NLO melhoradas e maior transparência espetral. Os investigadores tentam geralmente reduzir a energia do intervalo de bandas, o que está intimamente ligado à diminuição da transparência, reduzindo assim a adequação da utilização de compostos na vasta gama espetral

179

Apenas foi observado um sinal SHG fraco em cristais $Ag_2\,Ga_2\,SiS_6$ [220]. A sua eficiência foi inferior a 0,6 pm/V para o comprimento de onda de 1064 nm. Também medimos os valores dos coeficientes do efeito electro-ótico linear. Os resultados das medições são apresentados sob a forma de mapas de contorno do espaço eletrónico dos perfis de luz espacialmente distribuídos do cristal estudado em polarizadores cruzados para diferentes campos eléctricos constantes aplicados perpendicularmente à propagação da luz (Fig. 5-6).

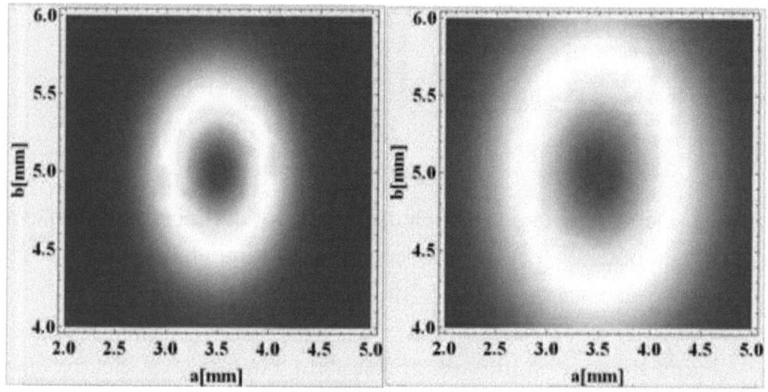

Fig. 5-6. Secção da intensidade da luz para o cristal $Ag_2\,Ga_2\,SiS_6$ a diferentes tensões em polarizadores cruzados: 4 kV/cm (esquerda), 8 kV/cm (direita)

O efeito electro-ótico linear requer uma não-centrossimetria espacial na decomposição da densidade eletrónica. Isto é criado pelos fragmentos Ag-S e S-0-S (aqui 0 denota um defeito intrínseco). A acentricidade da densidade de carga é determinada pela presença de estados de defeito intrínsecos, principalmente de origem catiónica.

Uma contribuição adicional é devida a estados fonónicos anarmónicos descritos pelos tensores polares de terceira ordem. A combinação de todos estes factores determina a elevada eficiência electro-ótica linear e permite a modificação destes parâmetros por luz laser externa de onda contínua. Aumentando a intensidade do campo elétrico de 5 para 8 kV/cm, observa-se um claro aumento da transparência induzida electro-opticamente em polarizadores cruzados. O efeito é linear em relação à intensidade do campo elétrico dc, o que é confirmado pela alteração do sinal da birrefringência no campo elétrico fixo de sinais opostos.

As nossas avaliações mostram que o valor do coeficiente do tensor electro-ótico é de 2,1 pm/V para 1150 nm. A menor eficiência de SHG e o maior coeficiente electro-ótico linear devem-se à contribuição significativa, neste caso, da anarmonicidade dos fões, que dá um contributo importante para a electro-ótica. A presença de um maior número de estados de defeito intrínsecos e de vazios pode servir como fonte adicional de aumento da polarização eletrónica.

O coeficiente electro-ótico volta ao valor original sem alterações irreversíveis após o desligamento do laser foto-indutor. Por conseguinte, à semelhança de muitos outros calcogenetos ternários e quaternários [224, 231], o $Ag_2 Ga_2 SiS_6$ pode ser considerado um material promissor para aplicações NLO e electro-ópticas.


**Referências ao capítulo 5**

195     Forte geração de segundo harmónico a partir dos tioarsenatos de tântalo $A_3 Ta_2 AsS_{11}$ (A = K e Rb) / T. K. Bera, J. I. Jang, J. B. Ketterson, M. G. Kanatzidis. *J. Am. Chem. Soc.* 2009. Vol. 131. P. 75-77.

196     Cristais ópticos não lineares: Um estudo completo / ed. D. N. Nikogosyan. New York: *Springer*, 2005.

197     The senseability of semiconductor lasers Lasers de cascata quântica sintonizáveis no infravermelho médio para aplicações de deteção de gás / C. Gmachl, F. Capasso, R. Kohler, A. Tredicucci, A. L. Hutchinson, D. L. Sivco, J. N. Baillargeon e A. Y. Cho. *Circuitos e Dispositivos IEEE*. 2000. Vol. 16. P. 10-18.

198     Ótica não-linear: livro didático. / V. G. Besprozvannykh, V. P. Pervadchuk. Perm: Editora da Universidade Técnica Estatal de Perm., 2011. 200 p.

199     Influência do tamanho dos nanocristalitos de $YAB:Cr^{3+}$ na absorção de dois fotões de $YAB:Cr^{3+}$. / A. Majchrowski, I. V. Kityk, J. Ebothe. *Phys. Status Solidi B.* 2004. Vol. 241. P. 3047-3055.

20  Sistemas TlInX -D $X_{2IV2}$ : equilíbrio de fases e propriedades
0    optoelectrónicas de soluções sólidas: monografia. / G. L.
     Myronchuk, I. V. Kityk, L. V. Piskach, O. Yu. Khyzhun, A. O.
     Fedorchuk, O. V. Zamuruyeva, S. P. Danylchuk, M. Yu.
     Mozolyuk. Lutsk: Vezha-Druk, 2016. 148 p.

20  Cálculo da largura de banda esperada para uma fonte de
1    supercontínuo no infravermelho médio baseada em fibras de
     cristal fotónico de calcogeneto de As $S_{23}$ / R. J. Weiblen, A.
     Docherty, J. Hu e C. R. Menyuk. *Opt. Express*. 2010. Vol. 18,
     № 25. P. 26666-26674.

20  Geração de segundo-harmónico induzida por luz no
2    infravermelho médio em vidros específicos. / B. Sahraoui, I. V.
     Kityk. *J. Opt. A*. 2003. Vol. 5. p. 174-179.

20  Efeito Pockels fotoinduzido nos nanofilmes orientados de ZnO
3    dopados com Nd / A. Douayar, M. Abd-Lefdil, K. Nouneh, P.
     Prieto, R. Diaz, A. O. Fedorchuk, I. V. Kityk. *Appl. Phys. B*.
     2013. Vol. 110, № 3. P. 419-423.

20  δCristais de d-BIBO:Nd como promissores materiais
4    piezoeléctricos operados a laser. / A. Majchrowski, L. R.
     Jaroszewicz, I. V. Kityk. *J. Alloys Compd*. 2015. V. 620. P. 337-
     339.

20  Caracterização ótica linear de vidros calcogenetos / G. Boudebs,
5    S. Cherukulappurath, M. Guignard, J. Troles, F. Smektala e F.
     Sanchez. *Opt. Commun*. 2004. Vol. 230 (4-6). P. 331-336.

20  Origem das propriedades electrónicas do cristal $PbGa_2 Se_4$ :
6    Investigações experimentais e teóricas / T. I. Babuka, I. V.
     Kityk, O. V. Parasyuk, G. Myronchuk, O. Y. Khyzhun, A. O.
     Fedorchuk, M. Makowska-Janusik. *J. Alloys Compd*. 2015. Vol.
     633. P. 415-423.

20  Fibra de banda fotónica de alta birrefringência com orifícios de
7    ar elípticos / J. Wang, C. Jiang, W. Hu e M. Gao. *Opt. Fiber
     Technol*. 2006. Vol. 12, № 3. P. 265-267.

20  Tiogalato de prata, um novo material com potencial para
8    dispositivos de infravermelhos / D. S. Chemla, P. J. Kupecek,
     D. S. Robertson, R. C. Smith. *Opt. Commun*. 1971. Vol. 3. p.
     29-31.

20	Propriedades ópticas lineares e não lineares de $ZnGeP_2$ e CdSe.
9	/ G. D. Boyd, E. Buehler, F. G. Storz. *Appl. Phys. Lett.* 1971.
	Vol. 18. P. 301-304.

21	Crescimento de cristais e propriedades de materiais ópticos não
0	lineares. / P. G. Schunemann *AIP Conf. Proc.* 2007. Vol. 916.
	P. 541-559.

21	$LiGaGe_2 Se_6$ : Um novo material ótico não linear com baixo
1	ponto de fusão / D. Mei, W. Yin, K. Feng, Z. Lin, L. Bai, J. Yao,
	Y. Wu. *Inorg. Chem.* 2012. Vol. 51. P. 1035-1040.

21	$BaAl_4 Se_7$ : um novo material ótico não linear de infravermelhos
2	com um grande intervalo de banda / D. Mei, W. Yin, L. Bai, Z.
	Lin, J. Yao, P. Fu, Y. Wu. *Dalton Trans.* 2011. Vol. 40. P. 3610-
	3615.

21	$PbGa_2 MSe_6$ (M = Si, Ge): Dois Cristais Ópticos Não Lineares
3	de Infravermelhos Excepcionais / Luo Zhong-Zhen, Chen-
	Sheng Lin, Hong-Hua Cui, Wei-Long Zhang, Hao Zhang, Hong
	Chen, Zhang-Zhen He e Wen-Dan Cheng. *Chem. Mater.* 2015.
	Vol. 27. P. 914-922.

21	Mecanismo dos efeitos ópticos lineares e não lineares dos
4	cristais de calcopirite $AgGaX_2$ (X=S, Se e Te) / L. Bai, Z. Lin,
	Z. Wang, C. Chen, M. H. Lee. *J. Chem. Phys.* 2004. Vol. 120.
	P. 8772-8778.

21	Síntese, estrutura e propriedades de $Li_2 In MQ_{26}$ (M = Si, Ge; Q
5	= S, Se): uma nova série de IR não-linear / Wenlong Yin, Kai
	Feng, Wenyu Hao, Jiyong Yao e Yicheng Wu. *Opt. Mat. Inorg.
	Chem.* 2012. Vol. 51. P. 5839-5843.

21	Nanoestruturas de teluretos metálicos (PbTe, CdTe, $CoTe_2$ , $Bi_2$
6	$Te_3$ , e $Cu_7 Te_4$ ) com várias morfologias: uma síntese
	solvotérmica geral e propriedades ópticas. / L. Jiang, Y. J. Zhu,
	J. B. Cui. *Eur. J. Inorg. Chem.* 2010. Vol. 2010. P. 3005-3011.

21	Dispersão de fões anarmónicos gigantes em PbTe / O. Delaire,
7	J. Ma, K. Marty, A. F. May, M. A. McGuire, M.-H. Du, D. J.
	Singh, A. Podlesnyak, G. Ehlers, M. D. Lumsden. *B. C. Sales.
	Nat. Mater.* 2011. Vol. 10. P. 614-619.

21
8
Estudos recentes de cristais de calcogenetos não lineares para o infravermelho médio. / L. I. Isaenko, A. P. Yelisseyev. *Semicond. Sci. Technol.* 2016. Vol. 31. P. 123001 (24pp).

21
9
Novos cristais de $Ag_{0.98}$ $Cu_{0.02}$ $GaGe_3$ $Se_8$ operados por IR / A. O. Fedorchuk, G. P. Gorgut, O. V. Parasyuk, G. Lakshminarayana, I. V. Kityk, M. Piasecki. *J. Phys. Chem. Solid.* 2011. Vol. 72. P. 1354-1357.

22
0
Síntese, caraterísticas estruturais, electrónicas e electro-ópticas lineares do novo composto quaternário $Ag_2$ $Ga_2$ $SiS_6$ / M. Piasecki, G. L. Myronchuk, O. V. Parasyuk, O. Y. Khyzhun, A. O. Fedorchuk, V. V. Pavlyuk, V. R. Kozer, V. P. Sachanyuk, A. M. El-Naggar, A. A. Albassam, J. Jedryka, I. V. Kityk. *J. Solid State Chem.* 2017. Vol. 246. P. 363-371.

22
1
Uma técnica de pó para a avaliação de materiais ópticos não lineares. / S. K. Kurtz, T. T. Perry *J. Appl. Phys.* 1968. Vol. 39. P. 3798-3813.

22
2
Geração de segundo harmónico por micropós: uma revisão do método de Kurtz-Perry e sua aplicação prática / I. Aramburu, J. Ortega, C. L. Folcia, J. Etxebarria. *Appl. Phys. B: Lasers and Optics.* 2014. Vol. 116, № 1. P. 211-233.

22
3
Cristais não lineares ortorrômbicos de $Ag_x$ $Ga_x$ $Ge_{1-x}$ $Se_2$ para a gama espetral do infravermelho médio / V. Badikov, K. Mitin, F. Noack, V. Panyutin, V. Petrov, A. Seryogin, G. Shevyrdyaeva. *Opt. Mater.* 2009 Vol. 31, № 4. P. 590-597.

22
4
Efeito da dopagem de cobre nas propriedades ópticas de $Ag_x$ $Ga_x$ $Ge_{1-x}$ $Se_2$ $(0,12 \leq x \leq 0,25)$ monocristais / G. E. Davidyuk, I. D. Olekseyuk, G. P. Shavarova, G. P. Gorgut. *Inorg. Mater.* 2005. Vol. 41. P. 923-926. Traduzido de Izv. Ross. Akad. Nauk : *Neorganicheskie Materialy.* 2005. Vol. 41. P. 1054-1057.

22
5
Investigação experimental de cristais $AgGaSe_2$ simples e gémeos para CW 10,2 µm SHG. J.-J. Zondy. *Opt. Commun.* 1995. Vol. 119. P. 320-326.

22
6
Cristais não lineares ortorrômbicos de $Ag_x$ $Ga_x$ $Ge_{1-x}$ $Se_2$ para a gama espetral do infravermelho médio / V. Badikov, K. Mitin, F. Noack, V. Panyutin, V. Petrov, A. Seryogin e G. Shevyrdyaeva. *Opt. Mater.* 2009. Vol. 31, № 4. P. 590-597.

227	Cristais quaternários de AgGaGenSe$_{2(n+1)}$ para aplicações NLO / D. J. Knuteson, N. B. Singh, G. Kanner, A. Berghmans, B. Wagner, D. Kahler, S. McLaughlin, D. Suhre, M. Gottlieb. *J. Cryst. Growth*. 2010. Vol. 312. 1114-1117.

228	Geração permanente de segundo harmónico em vidros de calcogenetos cristalizados a granel AgGaGeS$_4$ / Lin Changgui, Haizheng Tao, Ruikun Pan, Xiaolin Zheng, Guoping Dong, Haochun Zang, Xiujian Zhao. *Chem. Phys. Lett.* 2008. Vol. 460. P. 125-128.

229	Fotocondutividade e caraterísticas ópticas não lineares de novos cristais Ag$_x$ Ga$_x$ Ge$_{1-x}$ Se$_2$ / A. S. Krymus, G. L. Myronchuk, O. V. Parasyuk, G. Lakshminarayana, A. O. Fedorchuk, A. El- Naggar, A. Albassam, I. V. Kityk. *Mater. Res. Bull.* 2017. Vol. 85. P. 74-79.

230	Influência da substituição de si por ge nos sulfuretos quaternários de calcogenetos Ag$_2$ In$_2$ Si(Ge)S$_6$ na ligação química, susceptibilidades ópticas lineares e não lineares e hiperpolarizabilidade / A. H. Reshak, I. V. Kityk, O. V. Parasyuk, H. Kamarudin e S. Auluck. *J. Phys. Chem.* B. 2013, Vol. 117, № 8. P. 2545-2553.

231	Cristal PbGa$_2$ GeS$_6$ como um novo material ótico não linear: Band structure aspects / O. Fedorchuk, O. V. Parasyuk, O. Cherniushok, B. Andriyevsky, G. L. Myronchuk, O. Y. Khyzhun, G. Lakshminarayana, J. Jedryka, I. V. Kityk, A. M. ElNaggar, A. A. Albassam, M. Piasecki. *J. Alloys Compd.* 2018. Vol. 740. P. 294-304.

232	Novos cristais de Ag$_{0.98}$ Cu$_{0.02}$ GaGe$_3$ Se$_8$ operados por IR / A. O. Fedorchuk, G. P. Gorgut, O. V. Parasyuk, G. Lakshminarayana, I. V. Kityk, M. Piasecki. *J. Phys. Chem. Solid*. 2011. Vol. 72. P. 1354-1357.

233	Síntese, caraterísticas estruturais, electrónicas e electro-ópticas lineares do novo composto quaternário Ag$_2$ Ga$_2$ SiS$_6$ / M. Piasecki, G. L. Myronchuk, O. V. Parasyuk, O. Y. Khyzhun, A. O. Fedorchuk, V. V. Pavlyuk, V. R. Kozer, V. P. Sachanyuk, A. M. El-Naggar, A. A. Albassam, J. Jedryka, I. V. Kityk. *J. Solid State Chem.* 2017. Vol. 246. P. 363-371.

23
4   Geração de segundo harmónico por micropós: uma revisão do
    método de Kurtz-Perry e sua aplicação prática / I. Aramburu, J.
    Ortega, C. L. Folcia, J. Etxebarria. *Appl. Phys. B: Lasers and
    Optics*. 2014. Vol. 116, № 1. P. 211-233.
23
5   Plasmões de comutação: Aglomerados de nanopartículas de
    ouro com casca de cobre e calcogeneto com ressonâncias
    Plasmónicas NIR selecionáveis de metal/semicondutor / M. A.
    H. Muhammed, M. Döblinger, J. Rodríguez-Fernández. *J. Am.
    Chem. Soc.* 2015. Vol. 137, P. 11666-11677
23
6   Progressos em piezotrónica e piezo-fotónica. / Z. L. Wang. *Adv.
    Mater.* 2012. Vol. 24. 4632-4646.

# Capítulo 6
# Propriedades Piezoeléctricas de Calcogenetos Complexos


P. Rakus, J. Jedryka, K. Ozga

## 6.1. Efeito piezoelétrico

Recentemente, tem-se observado também um interesse crescente na criação de dispositivos opticamente controlados que utilizam campos acústicos e mecânicos externos para serem utilizados como activadores ópticos eficazes numa vasta gama espetral [237, 238]. A procura e conceção de diferentes tipos de sensores que convertem energia mecânica em eletricidade estimulou uma intensa exploração dos materiais piezoeléctricos. Entre os vários tipos de materiais encontram-se cerâmicas tão promissoras como o $PbZrTiO_2$ , semicondutores binários (ZnO, GaN, InN), tanto na forma de objectos a granel como de nano-objectos. Outra área de investigação baseia-se na variação da piezoeletricidade sob a influência de um raio laser externo [239], um efeito observado em cristais de borato [240]. As estimativas teóricas [241] mostraram que a polarização eléctrica induzida pelo laser pode ser muito superior à polarização electro-ótica (conversão ótica), que consiste na geração de um campo elétrico estático quando a luz atravessa uma substância.

Devido à origem específica das ligações químicas, alguns dos melhores materiais piezoeléctricos operados por laser são os cristais de calcogenetos [242] e os vidros parcialmente cristalizados [243], que apresentam um controlo excecional por luz externa. Os cristais de calcogenetos têm um subsistema aniónico muito importante que fornece contribuições adicionais, incluindo devido a fonões anarmónicos [244].

A anisotropia fotoinduzida e mesmo a não-centrossimetria são de particular interesse [245]. Uma das principais razões para a utilização de cristais de calcogenetos como materiais laser é o grande número de estados de defeito catiónicos intrínsecos não estequiométricos que se situam dentro do intervalo de energia da banda. Estes últimos interagem eficazmente com a radiação laser externa, o que proporciona um enorme potencial para melhorar a polarização ótica. Por conseguinte, espera-se que a estratégia futura para a otimização dos parâmetros piezoeléctricos seja direcionada para as alterações do subsistema catiónico, que atingirá estados electrónicos desordenados mais localizados dentro do intervalo de banda e determinará a sua interação efectiva com o subsistema de fões.

A maior parte dos estudos sobre piezoeletricidade induzida por laser foram realizados na região espetral do infravermelho próximo da gama de comprimentos de onda, tipicamente até $\lambda = 3$ µm. Assim, a principal origem do efeito é a polarização laser de nuvens de electrões cristalinos. O subsistema de fões que é excitado por fões fotoinduzidos é de importância secundária [246]. Mas os anarmonismos fónicos maiores, típicos dos cristais de calcogenetos [247], podem ser diretamente excitados por radiação do infravermelho médio, como um laser de $CO_2$ que emite a $\lambda = 10,6$ μm. Por conseguinte, considerámos a possibilidade de controlar as propriedades piezoeléctricas dos cristais de calcogenetos reforçados pelo laser de $CO_2$ , que excita eficazmente o subsistema de fões e a fotopolarização dos electrões será dominante, tal como acontece com o Nd:YAG (1064 nm) e o Er:glass (1540 nm).

Foi explorada a possibilidade de monitorizar os coeficientes piezoeléctricos por irradiação laser externa. A origem da piezoeletricidade opticamente induzida é causada principalmente pela polarização opticamente induzida e pela recarga de níveis de defeitos intrínsecos, bem como por alguma contribuição de fónons anarmónicos fotoestimulados [239].

As alterações observadas nos coeficientes piezoeléctricos por excitação de lasers pulsados de $CO_2$ , CO, Nd:YAG e Er:glass IR utilizando dois feixes coerentes que se dividem espacialmente e se unem em diferentes ângulos de incidência foram consideradas em [248]. Este facto pode favorecer o aparecimento de alguns padrões de grelha anisotrópicos. Os resultados experimentais para outros calcogenetos revelaram uma maior estabilidade e eficiência destas redes [249].

Os estudos piezoeléctricos foram realizados utilizando o piezoelectric $d_{33}$ -meter (APC International, Ltd.) que permite a medição do módulo piezoelétrico na gama de 1-200 pC/V com uma precisão de 0,1 pC/V e ±2% de erro. A montagem experimental foi descrita em pormenor em [229]. A dependência da temperatura do coeficiente piezoelétrico foi medida utilizando uma câmara térmica para a gama de temperaturas de 293-357 K com estabilização de temperatura de 0,02 K. O efeito piezoelétrico induzido por laser foi estudado utilizando um díodo laser Nd:YAG de onda contínua e o seu SHG. A potência deste laser foi variada na gama de 200-400 mW. A energia espetral do fotão de 532 nm situa-se acima do limite da banda de absorção fundamental dos cristais estudados, o que confirma a origem predominantemente eletrónica das alterações fotoinduzidas nos coeficientes piezoeléctricos observados.

Sob a irradiação de um feixe de laser de potência ($\sim10^2$ mW) cujas energias dos fotões correspondem ou são superiores ao "band gap" da amostra, praticamente todo o feixe é absorvido na fina camada superficial de vários nm de espessura. Isto resulta no aquecimento local deste cristal, e o aumento de temperatura é espacialmente não uniforme. Devido ao facto de apenas um lado ser iluminado, surge um gradiente de temperatura espacial que pode criar condições adicionais para a não-centrossimetria do cristal e afetar diretamente as propriedades piezoeléctricas.

Foi utilizado no estudo um cristal $AgGaGe_3Se_8$ com a forma de um paralelepípedo de 5×5×3 $mm^3$ . A temperatura em faces opostas foi monitorizada por dois termopares (Fig. 6-1). Quando o laser é desligado, a temperatura da face iluminada começa a aumentar rapidamente 8-10 K. Um aquecimento semelhante da face escura do cristal, no entanto, é observado com um atraso e é de apenas 2-3 K (Fig. 6-2). O resultado é um gradiente de temperatura espacial. No entanto, a temperaturas correspondentes à irradiação laser (> 60 s), o efeito no coeficiente piezoelétrico não excedeu 0,06 pm/V.

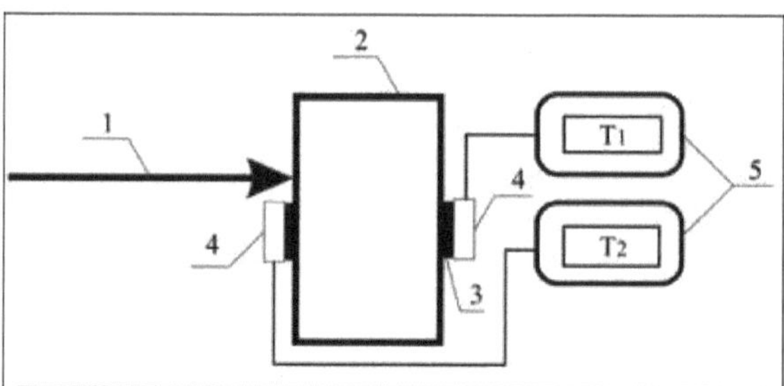


Fig. 6-1. Configuração principal para o estudo do gradiente espacial de temperatura induzido por laser: 1) feixe laser; 2) amostra de referência; 3) contactos; 4) termopar; 5) registadores de temperatura e cronómetro

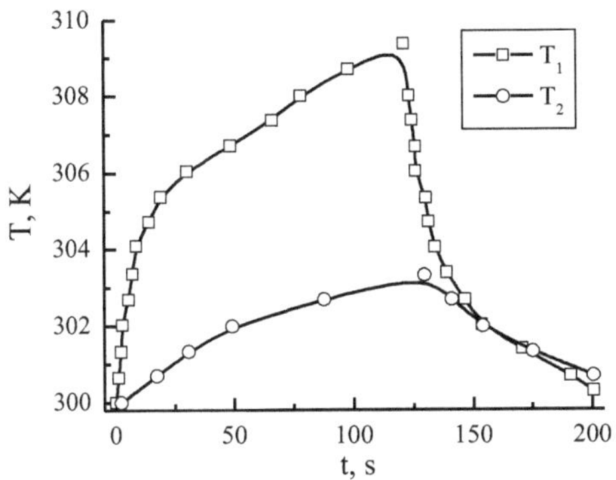


Fig. 6-2. Cinética da variação de temperatura nas faces iluminada ($T_1$ ) e escura ($T_2$ ) do cristal estudado

Assim, ao investigar o efeito piezoelétrico induzido por laser em cristais de calcogenetos com energias de fotões correspondentes ao intervalo de banda das amostras, é possível considerar o gradiente de temperatura como um dos factores nas propriedades piezoeléctricas do cristal, para além do efeito puramente induzido por laser e por temperatura.

De um ponto de vista fenomenológico, o efeito piezoelétrico é a alteração da polarização eléctrica de um material que resulta da repolarização do estado fundamental sob tensão mecânica externa.

A ausência do centro de simetria é uma condição necessária mas não suficiente para a observação do efeito piezoelétrico. Portanto, nem todos os cristais não-centrossimétricos o exibem. O efeito piezoelétrico não é observado em sólidos amorfos e policristalinos (quase isotrópicos), uma vez que isso pode levar a uma simetria esférica. A exceção é quando se tornam anisotrópicos por influência de campos externos. Este efeito pode ser observado após uma irradiação laser ou uma mudança de temperatura. Com base na fenomenologia geral acima descrita, pode esperar-se uma polarização do meio que é favorecida por uma certa não-centrossimetria espacial da distribuição da densidade de carga.

Tabela 6-1. Coeficientes piezoeléctricos dos cristais do sistema $AgGaGeS_4$ -$AgGaGe_3Se_8$

| Cristal | $d_{eff}$, pm/V, a 302 K | $d_{eff}$, pm/V, a 352 K | %alteração |
|---|---|---|---|
| $AgGaGe_3Se_8$ | 35.8 | 46.2 | 29 |

| AgGaGe $S_{2.21.6}$ Se$_{4.8}$ | 21.9 | 30.5 | 39 |
|---|---|---|---|
| AgGaGe S$_{22}$ Se$_4$ | 15.7 | 18 | 15 |
| AgGaGe S$_{1.82.4}$ Se$_{1.2}$ | 11.2 | 15.3 | 37 |
| AgGaGeS$_4$ | 9.6 | 12.4 | 29 |

A alteração das propriedades piezoeléctricas com a temperatura para os cristais de AgGaGeS$_4$ , AgGaGe$_3$ Se$_8$ e composições intermédias AgGaGe S$_{2.21.6}$ Se$_{4.8}$ , AgGaGe S$_{22}$ Se$_4$ , AgGaGe S$_{1.82.4}$ Se$_{1.2}$ foi estudada em [250]. Uma caraterística específica da estrutura destes compostos pode ser considerada como a distribuição estatística de catiões (Ge, Ga) e aniões (S, Se) nos sítios da rede e as vacâncias não estequiométricas de átomos de prata. Os valores medidos dos coeficientes piezoeléctricos estão listados na Tabela 6-1. Verifica-se que as propriedades piezoeléctricas destes compostos são dependentes da temperatura, uma vez que o módulo piezoelétrico efetivo $d_{33}$ aumenta com a temperatura.

A diminuição do módulo piezoelétrico efetivo do AgGaGe$_3$ Se$_8$ para o AgGaGeS$_4$ está, na nossa opinião, relacionada com o aumento da energia do "band gap" de 2,18 eV para 2,83 eV, respetivamente, o que por sua vez reduz a concentração de portadores livres. Um resultado semelhante foi obtido em [251], onde foi considerado o efeito dos dopantes Cu, In e Sn nas propriedades piezoeléctricas dos cristais AgGaGe$_3$ Se$_8$ . Verificou-se que a dopagem não só reduziu o band gap como também o módulo piezoelétrico à temperatura ambiente. A razão para a alteração dos valores do módulo sob substituição de catiões é a redistribuição espacial da densidade de carga eletrónica e o aparecimento de gradientes espaciais.

Ao contrário da ref. [250], os coeficientes piezoeléctricos foram determinados para diferentes componentes tensoriais em [251], que têm em conta a anisotropia dos respectivos componentes tensoriais para encontrar a constante piezoeléctrica máxima (Tabela 6-2).

Tabela 6-2. Coeficientes piezoeléctricos dos cristais AgGaGe$_3$ Se$_8$ à temperatura de 302 K

| Cristal | $d_{11}$ ,pm/V | $d_{22}$ ,pm/V | $d_{33}$ ,pm/V |
|---|---|---|---|
| AgGaGe$_3$ Se$_8$ | 6 | 14 | 33 |

| AgGaGe$_3$ Se$_8$ :Cu | 5 | 10 | 31 |
|---|---|---|---|
| AgGaGe$_3$ Se$_8$ :In | 2 | 6 | 25 |
| AgGaGe$_3$ Se$_8$ :Sn | 2 | 5 | 22 |

A anisotropia significativa de três componentes diagonais do tensor confirma uma elevada anisotropia dos cristais estudados. Tendo em conta que o valor do coeficiente piezoelétrico $d_{33}$ é máximo, este coeficiente tensorial foi investigado para as composições Ag$_x$ Ga$_x$ Ge$_{1-x}$ Se$_2$ . Os valores correspondentes são iguais a 27 pm/V, 33 pm/V, 18 pm/V, 16 pm/V para o AgGaGe$_2$ Se$_6$ , AgGaGe$_3$ Se$_8$ , AgGaGe$_4$ Se$_{10}$ , AgGaGe$_5$ Se$_{12}$ monocristais, respetivamente. Os resultados obtidos não estão bem correlacionados com a variação do intervalo de banda, mas estão em boa concordância com os cálculos de química quântica.

A dependência da temperatura do coeficiente piezoelétrico efetivo na série de cristais AgGaGeS$_4$ -AgGaGe$_3$ Se$_8$ é mostrada na Fig. 6-3.

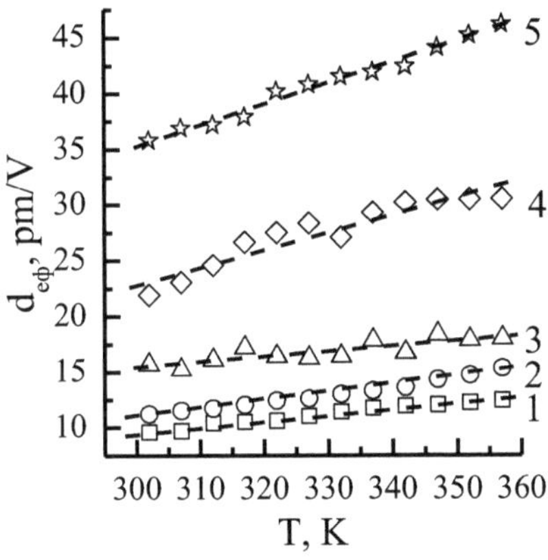


Fig. 6-3. Variação do coeficiente $d_{eff}$ no intervalo de temperatura 302-357 K para os cristais: 1-AgGaGeS$_4$ , 2-AgGaGe S$_{1.82.4}$ Se$_{1.2}$ , 3-AgGaGe S$_{22}$ Se$_4$ , 4-AgGaGe S$_{2.21.6}$ Se$_{4.8}$ , 5-AgGaGe$_3$ Se$_8$

Os efeitos térmicos conduzem a um aumento de 15-40% em $d_{eff}$ para todas as amostras. A razão para este facto pode ser uma diminuição da energia do intervalo de bandas com a temperatura e, consequentemente, uma maior concentração de portadores livres nas respectivas bandas de energia. Outra razão possível pode ser a expansão térmica dos parâmetros da rede. O valor principal na manifestação da sensibilidade à temperatura pode ser causado por uma contribuição adicional de fões para níveis de aprisionamento localizados. É sabido que os fonões anarmónicos são cruciais para os calcogenetos e os dados obtidos confirmam a viabilidade de coeficientes piezoeléctricos controlados anisotropicamente utilizando dopagem localizada. Os resultados estão bem correlacionados com a referência [251], segundo a qual as alterações substanciais nos coeficientes piezoeléctricos estão relacionadas com a distorção dos aglomerados estruturais básicos que definem o grau de acentricidade da densidade de carga.

As propriedades piezoeléctricas são sensíveis não só à temperatura mas também à irradiação laser. De acordo com [252], dois efeitos principais determinam as especificidades do transporte de portadores sob irradiação laser, a alteração da piezo-resistência devido a pequenas alterações da energia do intervalo de banda causadas pela estimulação laser e a alteração da distribuição espacial da densidade de carga que forma o chamado piezopotencial polar. A magnitude deste potencial depende da capacidade de polarização e da concentração dos estados de defeito intrínsecos. A irradiação utiliza alterações nos momentos de dipolo do estado fundamental que são fundamentais para os efeitos descritos pelos tensores de terceira ordem. Além disso, ao contrário de outros compostos, os materiais calcogenetos apresentam contribuições significativas de fões anarmónicos [244, 253] que afectam as propriedades piezoeléctricas dos cristais. Por conseguinte, o aparecimento de piezoeletricidade opticamente induzida em calcogenetos multicomponentes é causado principalmente por alterações opticamente induzidas na distribuição espacial da densidade de carga, pelo carregamento de níveis de defeitos e por alguma contribuição de fões anarmónicos fotoestimulados.

A irradiação por um laser de onda contínua (CW) de 400 mW com um comprimento de onda de 532 nm, que está próximo da energia do intervalo de banda dos cristais, leva a uma diminuição significativa do coeficiente piezoelétrico. Este facto é explicado pela redistribuição espacial da densidade de carga local pelo campo laser ótico externo. Quando o laser é desligado, os módulos piezoeléctricos são relaxados para os valores originais. A relaxação das alterações fotoinduzidas dura até dezenas de segundos, indicando o envolvimento de armadilhas intra-banda localizadas nos efeitos observados. Os compostos investigados podem suportar um grande número de ciclos de irradiação, uma vez que não foram observadas alterações irreversíveis nas propriedades dos cristais após 100 ciclos de irradiação laser. Acreditamos que este efeito pode ser utilizado para conceber dispositivos piezoeléctricos controlados por laser. A cinética das alterações piezoeléctricas fotoinduzidas para o cristal $AgGaGe_3 Se_8$ é apresentada na Fig. 6-4 como exemplo.

É mostrada uma diminuição significativa no valor do coeficiente piezoelétrico. A saturação de $d_{eff}$ foi observada de 30 a 40 segundos após a ligação do laser. Depois de desligado, $d_{eff}$ relaxa para a sua magnitude inicial. Atribuímos este último excesso ao efeito térmico que requer um relaxamento mais longo do que o efeito de fotopolarização.

A saturação e alguma diminuição da tensão piezoeléctrica foi explicada em [254] por vários mecanismos que influenciam as propriedades piezoeléctricas, por exemplo, efeitos puramente piezoeléctricos, fototérmicos e de electroestricção.

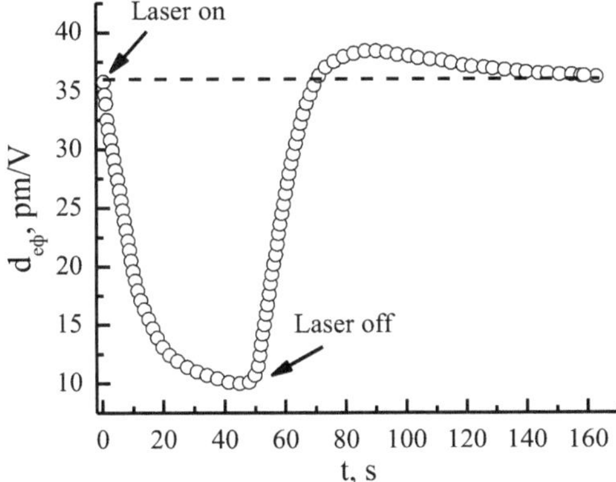


Fig. 6-4. Cinética das alterações piezoeléctricas fotoinduzidas para o cristal $AgGaGe_3 Se_8$ (estimulado por laser de onda contínua a 532 nm)

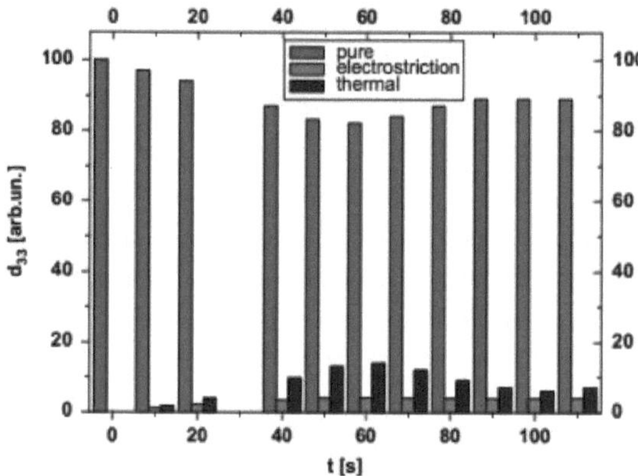

Fig. 6-5. Cinética da contribuição de diferentes mecanismos para a componente do tensor piezoelétrico $d_{33}$ para os cristais AgGaGe$_3$ Se$_8$ [254]

A contribuição de cada mecanismo para o valor total da componente do tensor piezoelétrico $d_{33}$ é apresentada na Fig. 6-5. No início da fotoexcitação existe apenas uma contribuição do mecanismo piezoelétrico puro causada pela não-centrossimetria da densidade de carga local. Posteriormente, surge a contribuição dos efeitos foto-térmicos e de electroestricção, com cinéticas foto-induzidas diferentes.

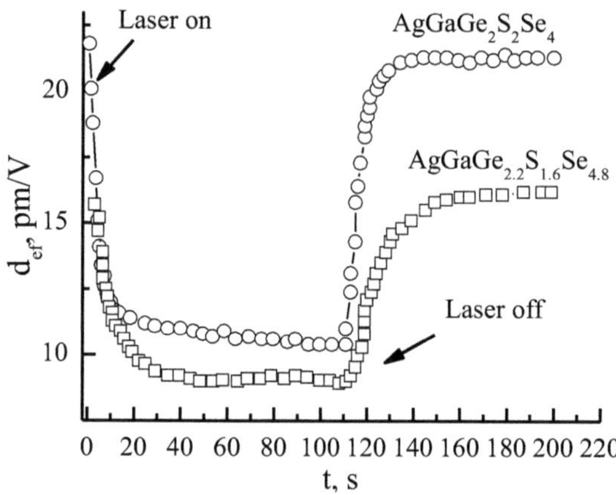


Fig. 6-6. Cinética das alterações do coeficiente $d_{eff}$ sob irradiação com um laser *cw* a 532 nm para os cristais AgGaGe S$_{22}$ Se$_4$ (1) e AgGaGe S$_{2.21.6}$ Se$_{4.8}$ (2)

A contribuição da electrostrição para o efeito piezoelétrico global é inferior à do efeito foto-térmico. Ambos os mecanismos têm um efeito mais significativo durante os primeiros 40-60 s, após o que diminuem, mostrando que o papel principal no período seguinte de fotoexcitação é a competição entre os mecanismos fototérmico e de fotopolarização, nos quais os níveis de adesão estão efetivamente envolvidos.

Os coeficientes piezoeléctricos sob irradiação com um laser cw de 400 mW a 532 nm foram determinados para os cristais do sistema $AgGaGeS_4$ - $AgGaGe_3 Se_8$ [250]. Os resultados são apresentados na Fig. 6-6 e na Tabela 6-3.

Tabela 6.3. Coeficientes piezoeléctricos dos cristais mistos$AgGaGeS_4$ - $AgGaGe_3 Se_8$

| Cristal | $d_{eff}$, pm/V, antes da irradiação | $d_{eff}$, pm/V, durante a irradiação | Variação em % |
|---|---|---|---|
| $AgGaGe_3 Se_8$ | 35.8 | 10.1 | 71.8 |
| $AgGaGe\ S_{2.21.6}\ Se_{4.8}$ | 21.9 | 10.4 | 52.5 |
| $AgGaGe\ S_{22}\ Se_4$ | 15.7 | 9.0 | 42.7 |
| $AgGaGe\ S_{1.82.4}\ Se_{1.2}$ | 11.2 | 7.0 | 37.5 |
| $AgGaGeS_4$ | 9.6 | 6.2 | 35.4 |

Um fator importante para os cristais investigados é a ocupação estatística de (Ga, Ge) e (S, Se) que causa alterações na densidade de carga eletrónica espacial local e contribui para o grande número de defeitos intrínsecos carregados dentro do intervalo de energia da banda. Estes últimos formam níveis de aprisionamento adicionais no centro do intervalo de energia e contribuem significativamente para as alterações fotoinduzidas observadas [255].

Tendo em conta a anisotropia dos componentes tensores, é possível variar as alterações foto-induzidas dos elementos piezoeléctricos controlados por laser operando diferentes alinhamentos de cristais. Assim, foi investigado o efeito piezoelétrico fotoinduzido para diferentes geometrias de componentes tensores piezoeléctricos [251]. Este facto fornece uma explicação mais clara da estratégia de fabrico de cristais com parâmetros geométricos conhecidos para obter efeitos opticamente controlados mais elevados utilizando uma simetria de cristal específica. Além disso, a importância dos defeitos locais que mostraram um efeito significativo nas propriedades piezoeléctricas é utilizada [240]. O campo externo resulta na polarização dos níveis de defeito dentro do intervalo de energia da banda (ou níveis de outra origem), conduzindo ao efeito piezoelétrico induzido pelo laser.

O laser induziu alterações nos coeficientes piezoeléctricos dos cristais $Ag_x Ga_x Ge_{1-x} Se_2$ e são semelhantes para todas as composições testadas neste sistema. Isto deve-se ao papel principal das unidades estruturais principais, nomeadamente os tetraedros $[(Ga/Ge)Se_4]$. Esta conclusão é confirmada em [251] que investigou a anisotropia dos coeficientes piezoeléctricos fotoinduzidos dos cristais $AgGaGe_3 Se_8$ dopados com iões Cu, In e Sn (Fig. 6-7).

Os resultados obtidos mostram que os valores próximos dos saltos fotoinduzidos dos coeficientes piezoeléctricos se devem ao papel principal das principais unidades químicas do cristal, enquanto as contribuições dos dopantes separados são menores. Os coeficientes piezoeléctricos observados são alterados em cerca de 17-20 pm/V e não mostram qualquer correlação com a energia do intervalo de banda, máximos de absorção de dois fotões, etc. Esta é causada pela sobreposição e variação dos efeitos foto-térmicos e pelo aparecimento adicional da fotopolarização. Esta última é renormalizada pelo campo de proteção localizado. A sua cinética será determinada pela ocupação dos níveis de adesão (armadilhas) acima referidos. Os cálculos DFT confirmam que as propriedades piezoeléctricas são determinadas pelas magnitudes dos momentos de dipolo no estado fundamental. Ao mesmo tempo, as dependências de temperatura diferem, o que pode ser devido à diferente contribuição do subsistema de fões, particularmente os fões anarmónicos.

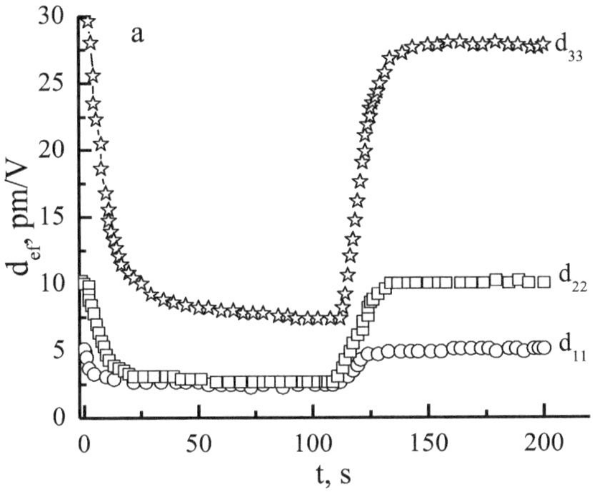

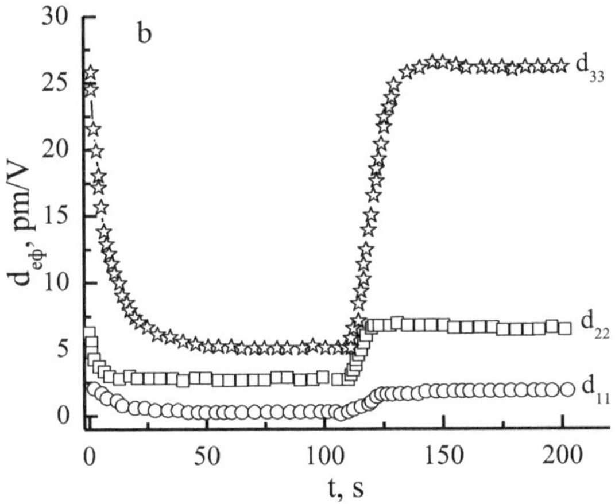

Fig. 6-7. Cinética das alterações piezoeléctricas fotoinduzidas para o cristal
AgGaGe$_3$ Se$_8$ dopado com: a) Cu, b) In


A análise das alterações fotoinduzidas e térmicas no espetro FTIR dos
cristais AgGaGe$_3$ Se$_8$ dopados com Si (30 mol.%) foi efectuada em [256]
para determinar os mecanismos predominantes (Fig.6-8). Foi utilizado o
SHG do laser Nd:YAG (532 nm), com energias espectrais superiores à

energia do intervalo de banda. Os efeitos foram diferenciados pela diferença fundamental entre o aumento do piezómodo com a temperatura e a diminuição do piezómodo sob iluminação.

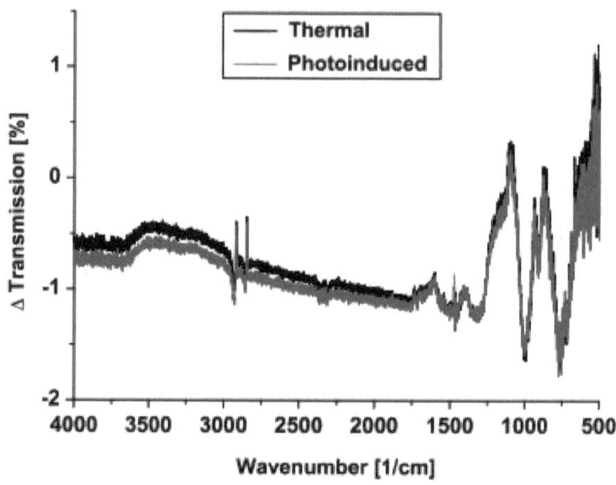


Fig. 6-8. Alterações térmicas (aquecimento de 25 a 50° C) e de transmissão fotoinduzida nos espectros FTIR para o cristal $AgGaGe_{2.1} Si_{0.9} Se_8$ [256]

A irradiação laser a $\lambda = 532$ nm não provoca qualquer deslocação adicional da posição espetral dos picos em relação à influência térmica primária (Fig. 6-8). Esta também indica que a contribuição do subsistema de fões não é o fator principal neste caso. As medições FTIR confirmam que a contribuição eletrónica pura é essencial. Após a modelação química quântica e os dados FTIR, concluiu-se finalmente que o efeito se deve principalmente à fotopolarização e que o papel do subsistema de fões não é tão importante como se supunha anteriormente.

Sob a irradiação do laser $CO_2$, os níveis localizados de aprisionamento profundo interagem efetivamente com os níveis fotoinduzidos através do subsistema de fônons. Isso foi confirmado por estudos piezoelétricos fotoinduzidos dos cristais $AgGaGeS_4$ [257] usando pulso de 3,5 μs, laser $CO_2$ de 80 mJ em $\lambda = 10,6$ μm. As alterações típicas na resposta piezoeléctrica são apresentadas na Fig. 6-9. Observa-se um aumento eficiente da piezoeletricidade, com uma ligeira saturação após 100 s de irradiação. A monitorização adicional do aquecimento térmico mostrou também um aumento limitado do aumento da temperatura da superfície local da amostra até 0,2 K. Sob irradiação pelo laser SHG de Nd:YAG e pelo laser de $CO_2$ , observou-se uma anisotropia significativa dos componentes do tensor piezoelétrico, o que é típico dos calcogenetos multicomponentes.

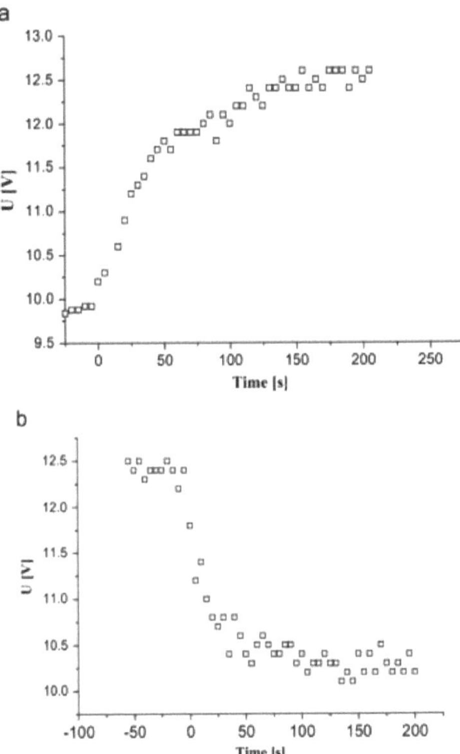

Fig. 6-9. Alterações da tensão piezoeléctrica induzidas pelo laser de IV dos cristais $AgGaGeS_4$ sob (a) e após (b) iluminação laser

Os processos de relaxação da piezoeletricidade foto-induzida demonstram a ausência de quaisquer alterações irreversíveis, com exceção dos mecanismos de foto-branqueamento/escurecimento. Este efeito é causado pelo carregamento induzido por IR do subsistema de defeitos devido a fortes interações eletrão-fão. Os estudos de absorção e fotocondutividade dependentes da temperatura confirmam o papel predominante dos defeitos intrínsecos que formam as caudas dos estados electrónicos abaixo do fundo da banda de condução. Ao mesmo tempo, a absorção foto-induzida que é detectada na região da borda de absorção fundamental confirma a influência eficiente de pulsos de laser de 10,6 µm na fotocharging de estados de defeito que causam o aumento dos coeficientes piezoelétricos. Foi assim determinado que a função principal nas alterações observadas nos coeficientes piezoeléctricos pertence às interações eletrão-fão, e o efeito dos estados de defeito carregados induzidos por IR contribui para o aumento dos coeficientes piezoeléctricos. Este efeito pode ser utilizado para conceber dispositivos piezoeléctricos controlados por laser.

Também investigámos as propriedades piezoeléctricas dos cristais do segundo grupo, ou seja, $Ag_2$ $In(Ga)_2$ $Si(Ge)S(Se)_6$ . Estas foram significativamente mais baixas em comparação com as composições $Ag_x$ $Ga_x$ $Ge_{1-x}$ $Se_2$ . Por exemplo, $d_{eff}$ para $Ag_2$ $In_2$ $SiS_6$ é igual a 0,9 pm/V, e 1,1 pm/V para $Ag_2$ $In_2$ $SiSe_6$ , em comparação com 35,8 pm/V para $AgGaGe_3$ $Se_8$ . Por conseguinte, as propriedades piezoeléctricas foram estudadas sob a irradiação simultânea de dois feixes de laser coerentes [248].

É sabido que os cristais de calcogenetos são muito sensíveis à radiação laser infravermelha externa e que a luz coerente é de particular interesse. É necessária a irradiação simultânea do feixe fundamental e da sua iluminação SHG, ou seja, a frequência fundamental e a frequência dupla do feixe coerente (polimento ótico). Este tratamento, que leva ao aparecimento de alguma anisotropia mesmo no vidro, está intimamente relacionado com os efeitos NLO de terceira ordem que formam a anisotropia espacial do meio [258]. Por esta razão, foram utilizados dois feixes coerentes separados no espaço para formar padrões de difração numa vasta gama espetral. Normalmente, esta grelha é não-centrossimétrica e pode causar efeitos adicionais estimulados pelo laser, como SHG, electro-ótica e piezoeléctrica. A utilização da luz é uma ferramenta poderosa para a afinação contínua da acentricidade da densidade de carga, que determina as susceptibilidades NLO macroscópicas de terceira ordem [259].

As propriedades piezoeléctricas fotoinduzidas foram medidas por um método semelhante ao descrito em [239], utilizando um esquema de dois canais com feixes de frequência fundamental e de frequência dupla incidentes em ângulos diferentes. O esquema para o estudo das alterações fotoinduzidas coerentes é apresentado na Fig. 6-10.

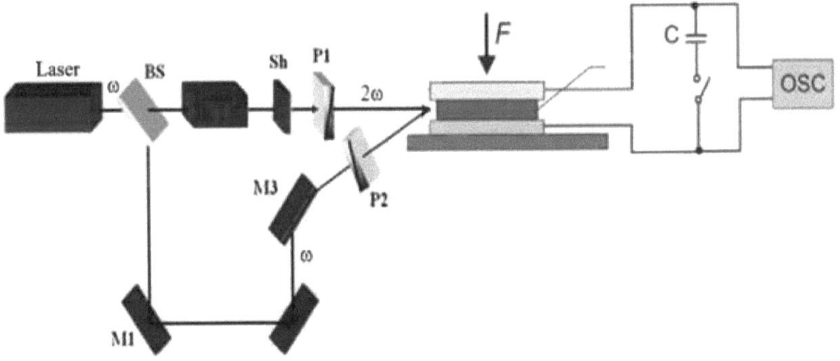


Fig. 6-10. Diagrama da configuração principal para o estudo, com dois feixes, das alterações coerentes fotoinduzidas por polimento ótico

O primeiro feixe foi duplicado em frequência ao propagar-se através do monocristal de KTP cortado nos ângulos de concordância de fase, e o segundo feixe incidiu num determinado ângulo sobre a amostra por meio de espelhos M1, M2, M3 e polarizadores. A monitorização espacial das propriedades piezoeléctricas utilizou uma ponta de elétrodo que se deslocava sobre a superfície da amostra. Sob iluminação com lasers de nano/micro impulsos de segundo ($CO_2$ , CO, Nd:YAG e Er:vidro), os ângulos de incidência óptimos foram estabelecidos como sendo iguais a 18-26° . O processo de irradiação bicolor durou 2 a 3 minutos e as medições foram efectuadas para o feixe de sonda fundamental durante 10 s. Foram recolhidas estatísticas metrológicas em mais de 200 pontos da superfície. Os resultados obtidos são apresentados na Fig. 6-11.

A irradiação laser $CO_2$ tem claramente um efeito substancial no aumento das propriedades piezoeléctricas (Fig. 6-11), com uma forte alteração dos coeficientes piezoeléctricos. Ao mesmo tempo, a eficiência de saída não depende significativamente da geometria de irradiação, ao contrário do laser Nd:YAG a $\lambda = 1064$ nm, em que cores diferentes reflectem diferentes magnitudes das alterações piezoeléctricas induzidas pelo laser. O tratamento com laser Er:glass produz uma imagem semelhante à do laser Nd:YAG. Assim, a piezoeletricidade fotoinduzida tem alguma inomogeneidade espacial devido à iluminação da superfície. Observou-se um maior contraste entre os máximos e os mínimos da piezoeletricidade no caso do laser de $CO_2$ , e para os lasers de Nd:YAG e de Er:vidro verificaram-se valores intermédios de piezoeletricidade.

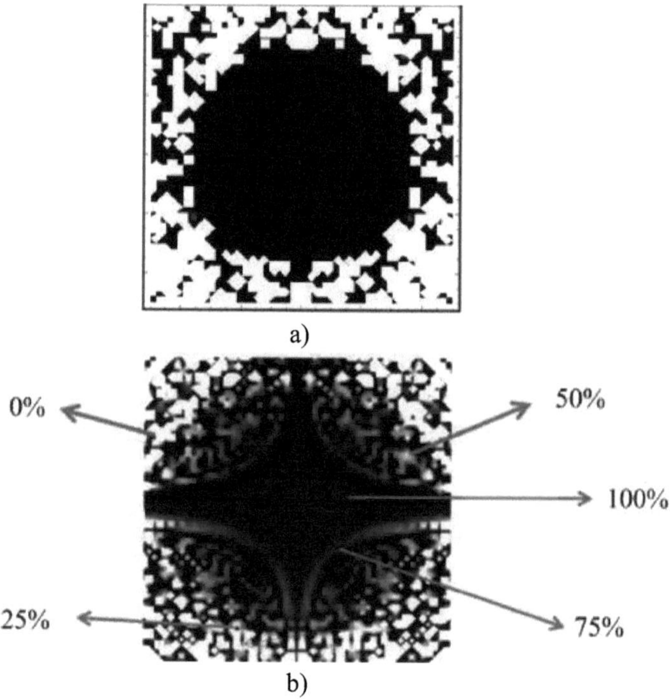


Fig. 6-11. Gráfico de contorno espacial da piezoeletricidade foto-induzida sob laser de $CO_2$ (a) e laser de Nd:YAG (b). A cor branca representa a superfície sem alteração da piezoeletricidade. As cores pretas significam as alterações máximas da piezoeletricidade (100% na figura). As outras cores correspondem a valores piezoeléctricos intermédios

O comportamento geral da piezoeletricidade foto-induzida a diferentes densidades de potência para vários lasers é mostrado na Fig. 5-18. As alterações foto-induzidas óptimas foram observadas com uma relação de intensidade de 50:50 para a frequência fundamental e para a frequência dupla. Os ângulos de incidência óptimos para o laser $CO_2$ foram 21-24° .

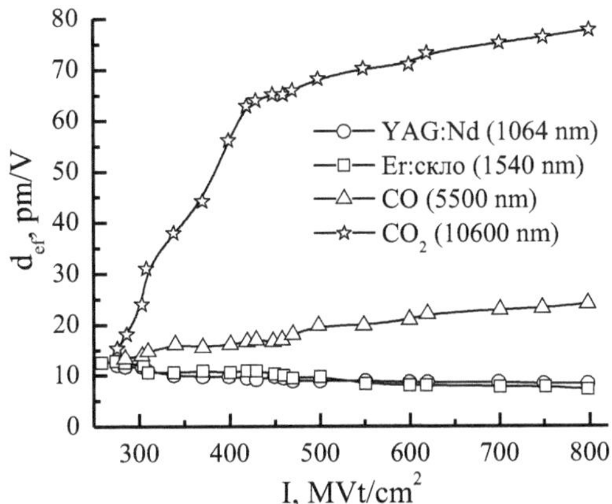


Fig. 6-12. Dependência dos coeficientes piezoeléctricos sob irradiação bicolor da densidade de potência. Os resultados são apresentados para os ângulos óptimos entre os dois feixes foto-indutores

As alterações piezoeléctricas máximas foram observadas durante a iluminação com laser de $CO_2$ (Fig. 6-12), possuindo um ganho muito grande (de 12 pm/V a 78 pm/V). O processo de ganho não é monótono em comparação com o bombeamento. No início, $d_{eff}$ aumenta drasticamente com a densidade de potência até 400 $MW/cm^2$ , e depois diminui com uma eventual saturação. Isto confirma mais uma vez que, inicialmente, o papel principal da acentricidade fotoinduzida da distribuição da densidade de carga é criado pela excitação ressonante de fonões anarmónicos fotoinduzidos e devido ao gradiente espacial de temperatura resultante da irradiação das amostras (este último não excede 5-6 K). A cinética do processo de saturação mostra uma certa diminuição da acentricidade espacial da densidade de carga eletrónica devido à inclusão de excitações multifotónicas. O comprimento de onda de 10,6 μm é importante neste caso, uma vez que, por exemplo, os feixes bicolores de CO a 5,5 μm provocam um ganho pelo menos 4 vezes inferior. Por conseguinte, espera-se que os mecanismos primários causem a excitação do subsistema de fões, incluindo os fões anarmónicos.

Para os outros dois lasers com comprimentos de onda fundamentais de 1540 nm e 1064 nm, foi observado um comportamento substancialmente diferente à medida que os coeficientes piezoeléctricos diminuem. Por conseguinte, a contribuição do subsistema de fões é menos substancial. Em regra, os processos resultam da competição entre a polarização do subsistema de electrões e a fotoexcitação do subsistema de fões anarmónicos. Este último é predominante com o $CO_2$ e a irradiação laser de CO, e o primeiro é o caso com os lasers de Er:vidro e Nd:YAG.

A importância da ressonância anarmónica fotoexcitada foi confirmada no estudo do segundo SHG nos cristais $Ag_{0.98}$ $Cu_{0.02}$ $GaGe_3$ $Se_8$ após a irradiação por lasers Er:vidro, Nd: YAG e $CO_2$ [219]. As respectivas dependências são apresentadas na Fig. 6- 13. A irradiação com laser de $CO_2$ produz uma maior intensidade de SHG em comparação com os lasers de Er:vidro e Nd:YAG. A excitação fotoinduzida efectiva do subsistema de fões foi sugerida como o principal mecanismo responsável pelo efeito observado, o que confirma os nossos resultados. É importante salientar que o tratamento prolongado com laser a densidades de potência até 600 $MW/cm^2$ não causa a destruição fototérmica essencial das amostras.

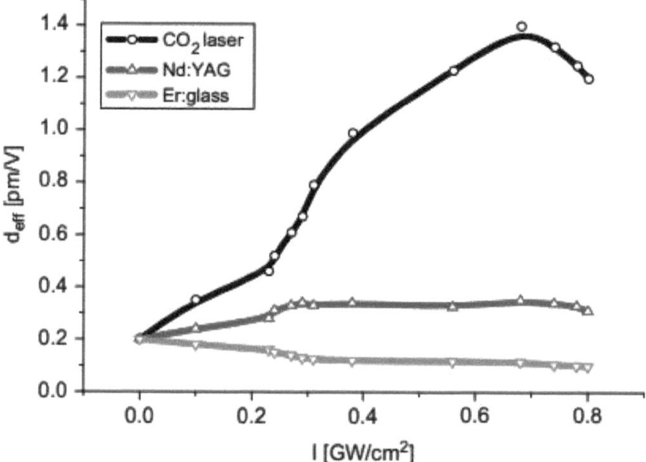


Fig. 6-13. Dependência da intensidade do SHG ótico foto-induzido em função da densidade de potência para os cristais $AgGaGe_3$ $Se_8$ dopados com Cu (duração do impulso de $CO_2$ 3,3 µs; Nd:YAG, 12 ns; Er: vidro, 55 ns, taxa de repetição 10 Hz) [219]

Os efeitos observados são importantes não só para aplicações práticas em dispositivos semicondutores laser. São também importantes para criar o conceito geral de calcogenetos complexos para melhorar o seu desempenho laser.

As investigações realizadas abrem uma nova oportunidade para a utilização de materiais de calcogenetos sintetizados uma vez em diferentes dispositivos, muitas vezes devido a alterações controladas por laser das constantes ópticas correspondentes. Anteriormente, acreditava-se que cada cristal crescido tinha parâmetros ópticos fixos que não mudavam ou mudavam pouco durante a operação do laser. A nossa investigação mostra a capacidade de alterar estes parâmetros até um certo nível sem a necessidade de síntese de novos cristais.


## 6.2. Grelhas induzidas por laser

Os padrões de grelha induzidos por laser resultam da interação de dois feixes coerentes incidentes em alguns ângulos correspondentes aos ângulos de concordância de fase. Este fenómeno é causado pela interferência NLO de duas ondas coerentes que atravessam um meio anisotrópico. As grelhas induzidas por laser obtidas têm dois parâmetros importantes: profundidade e período de modulação espacial. A profundidade dos buracos da rede pode ser variada através da alteração da potência do laser e o período através da variação do comprimento de onda e do ângulo entre os feixes de laser.

A possibilidade de conceber grelhas totalmente polidas opticamente nos cristais $Ag_2\ Ga_2\ SiSe_6$ foi investigada em [260]. Os cristais foram iluminados por um laser de Er:vidro pulsado. Os feixes laser coerentes foram formados pela divisão do feixe incidente em dois espaços separados. O feixe original tinha o comprimento de onda fundamental de 1540 nm e o segundo foi formado duplicando a frequência através do corte do cristal KTP no ângulo de concordância de fase. O sinal foi registado por uma câmara CCD. Após 1 minuto de tratamento, observou-se o interferograma apresentado na Fig. 6-14.

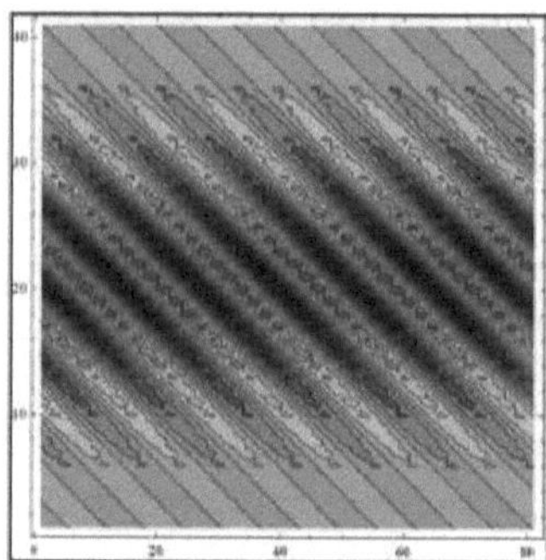

Fig. 6-14. Esquema geral da rede opticamente estimulada nos cristais $Ag_2$ $Ga_2$ $SiSe_6$ (densidade de potência 400 MW/cm$^2$ , duração 1 min)

A rede foi observada numa gama muito estreita de ângulos 20-21° em relação à superfície da amostra. Além disso, as imagens fotográficas são claramente visíveis apenas em determinados rácios de intensidade entre os feixes principal e de dupla frequência, que variam entre 4:1 ... 6:1. Após 2-3 minutos, o processo foi saturado com frequências mais elevadas (Fig. 6-15).

As grelhas formadas relaxaram durante alguns segundos após a paragem da irradiação sem quaisquer alterações irreversíveis. É importante que a formação de tais redes exija portadores de carga foto-induzidos que determinem a fotocondutividade de um composto e contribuam para a formação de grelhas ópticas.

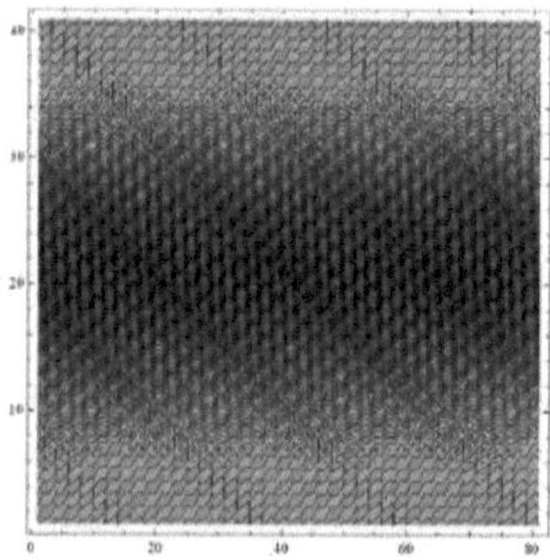

Fig. 6-15. Esboço geral das redes nos cristais $Ag_2$ $Ga_2$ $SiSe_6$ (densidade de potência 400 MW/cm$^2$ , duração 3min)

O efeito observado tem origem na coexistência das susceptibilidades de segunda e terceira ordem. O efeito ótico de segunda ordem correspondente, ou seja, o SHG, é relativamente fraco nos cristais $Ag_2 Ga_2 SiSe_6$ (~ 0,5 pm/V @ 1064 nm). No entanto, um tratamento ótico bicolor adicional resulta na formação de grelhas estáveis e numa maior resposta piezoeléctrica.

Uma comparação das propriedades ópticas não lineares de compostos semelhantes, $AgGaSe_2$, $AgGaSi_3 Se_8$ e $GaSe$-$AgGaSe_2$ revelou que o papel dominante neste efeito pertence às unidades estruturais $[(Ga/Si)Se_4]$. Este facto foi confirmado por cálculos DFT de química quântica, segundo os quais o momento de dipolo do estado fundamental é de cerca de 9,8 D para os tetraedros $[SiSe_4]$ e de 7,8 D para os tetraedros $[GaSe_4]$, o que é meia ordem de grandeza superior ao dos outros poliedros em $Ag_2 Ga_2 SiSe_6$.

Podemos concluir dos resultados obtidos que $Ag_2 Ga_2 SiSe_6$ é um material promissor para a gravação dinâmica de imagens holográficas.

O efeito da geometria de irradiação na formação de padrões induzidos opticamente foi investigado em [248] na birrefringência fotoinduzida dos cristais $Ag_2 Ga_2 SiS_6$ sob iluminação por dois feixes coerentes de laser $CO_2$ a 10,6 μm (Fig. 6-16).

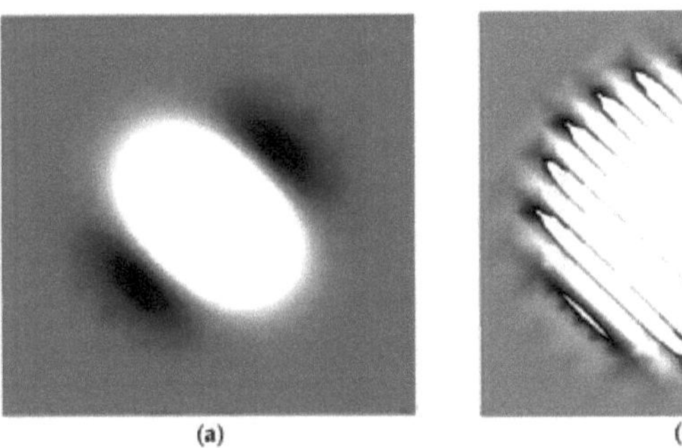



Fig. 6-16. Alterações na birrefringência espacial foto-induzida em $Ag_2 Ga_2 SiSe_6$ sob potência de iluminação de 500 $MW/cm^2$ : a) ângulo de incidência 30°, (b) ângulo de incidência 24°

As grelhas observadas induzidas por IR confirmam que a frequência das grelhas assim formadas é sensível à geometria da irradiação. As grelhas estão intimamente relacionadas com a interação de dois feixes coerentes em ângulos diferentes devido às condições de correspondência de fase. Por conseguinte, a geometria de irradiação é crucial para a observação das estruturas periódicas dos fotões.

Os padrões de interferência podem ser controlados através da variação da frequência espacial. É importante que os padrões desapareçam num período de 10-35 ms após a irradiação ter sido desligada. É crucial que não sejam observadas alterações irreversíveis induzidas pela fotografia.

A distribuição espacialmente não uniforme das alterações fotoinduzidas indica o aparecimento de grelhas espaciais e os resultados experimentais mostram o aumento da distribuição espacial fotoinduzida com o aumento da potência do laser. Assim, os cristais $Ag_2 Ga_2 SiS_6$ podem ser materiais promissores para a imagiologia holográfica dinâmica.

As propriedades gerais das susceptibilidades ópticas de terceira ordem para cristais inorgânicos indicam um potencial adicional para o crescimento de parâmetros fotoinduzidos por uma transição para nanocristalitos.

Os nanocristalitos (NC) foram preparados por trituração de cristais a granel com uma trituração acústica adicional seguida de separação de tamanhos. O tamanho e a distribuição do tamanho dos NC foram monitorizados por TEM num dispositivo TEM JEOL 2010 com uma resolução de 0,4 nm. A Fig. 6-17 mostra uma distribuição típica dos tamanhos dos NC.

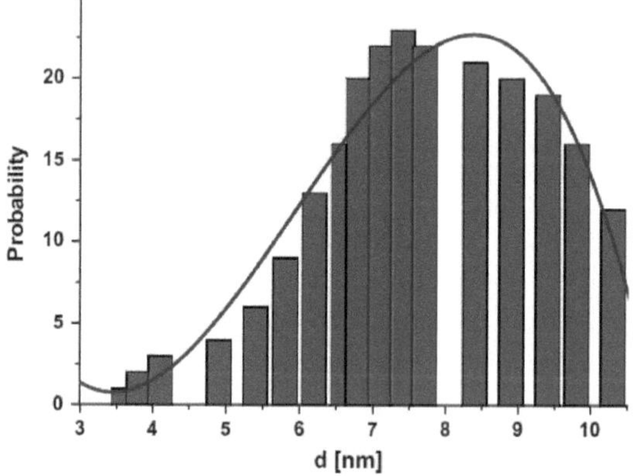

Fig. 6-17. Distribuição típica do tamanho das nanopartículas com base em dados TEM

A investigação de NC requer amostras de pó imersas em matriz polimérica. A disposição esquemática desta tecnologia é mostrada na Fig. 6- 18.

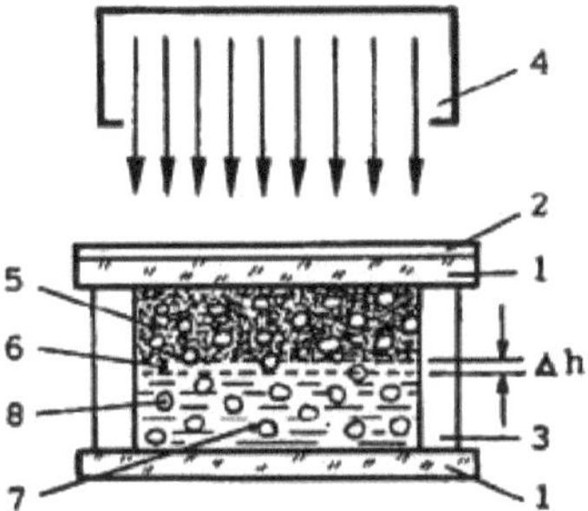


Fig. 6-18. Preparação da amostra NC: 1) placa de quartzo; 2) eléctrodos transparentes de $SnO_2$ ; 3) paredes; 4) feixe de laser UV; 5) fotopolímeros endurecidos; 6) camada intermédia; 7) composição líquida

Os nanopós preparados são imersos numa matriz de fotopolímero. De seguida, utiliza-se radiação ultravioleta para polimerizar a matriz (fotossolidação), tal como descrito em [261]. Foi aplicado um campo elétrico externo ao polímero para uma ordenação adicional. O tratamento foto-induzido utilizou dois feixes divididos de laser de Er:vidro com um comprimento de onda de 1540 nm.

O efeito da potência de irradiação durante o processamento bicolor (polimento ótico) na formação de grelhas ópticas para os nanocompósitos La-Ga-S-O-Dy foi investigado em [262]. Verificou-se que, durante a irradiação com dois feixes coerentes de um laser Nd:YAG de nanossegundos a 1064 nm e 532 nm, o perfil espacial da absorção fotoinduzida varia consoante a densidade de potência do laser (Fig. 6-19). Todas as experiências foram realizadas com um rácio igual de intensidades para dois feixes estimulados por laser em interação. Como já foi referido, a distribuição espacial não uniforme das alterações fotoinduzidas confirma o aparecimento de padrões espaciais quase periódicos. O aumento da distribuição espacial fotoinduzida com o aumento da densidade de potência do laser.

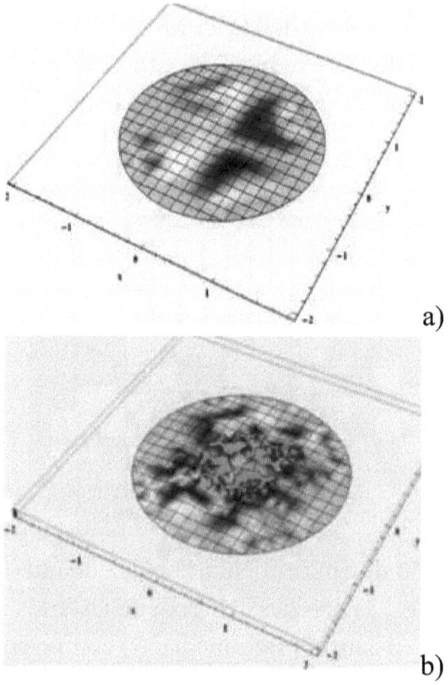


Fig. 6-19. Perfil de absorção fotoinduzida sob diferentes potências laser: (a) 100 MW/cm$^2$ , (b) 450 MW/cm$^2$

Os calcogenetos multicomponentes são atualmente de grande interesse para a conceção e desenvolvimento de dispositivos fotovoltaicos promissores [263, 264]. Entre estes, os materiais mais promissores são as películas finas $CuInS_2$ [265] e $Cu\ ZnSnS_{24}$ [266], com uma eficiência máxima de conversão de até 16%. Foram utilizados vários métodos para melhorar a sua eficiência [267, 268], principalmente com vista a modificações complexas do conteúdo químico, diferentes métodos de deposição química, principalmente electroquímicos, mas a possibilidade de radiação laser coerente externa não foi praticamente considerada. Por conseguinte, o tratamento de camadas activas de calcogenetos por ondas laser externas foi utilizado em [269] para aumentar a absorção effectiva, que é da maior importância para a eficiência da conversão fotoeléctrica.

A utilização de calcogenetos tira partido dos elevados anarmonismos fónicos que aumentam a fotopolarização e a respectiva absorção. Além disso, a presença de nanocristalitos com tamanhos de 20-100 nm imita a formação de nanotubos locais que aumentam a absorção de luz. Ao mesmo tempo, o feixe de laser externo nos calcogenetos provoca uma polarização adicional do meio. De particular interesse e perspetiva é a formação de grelhas que produzem um campo elétrico constante que contribui para a amplificação dos momentos de dipolo.

A absorção fotoinduzida foi estudada utilizando excitação externa por um laser de Er:vidro. O feixe de laser fundamental de diâmetro variável 0,5-4 mm foi dividido por um divisor de feixe. As caraterísticas cinéticas observadas da absorção fotoinduzida são apresentadas na Fig. 6-20.

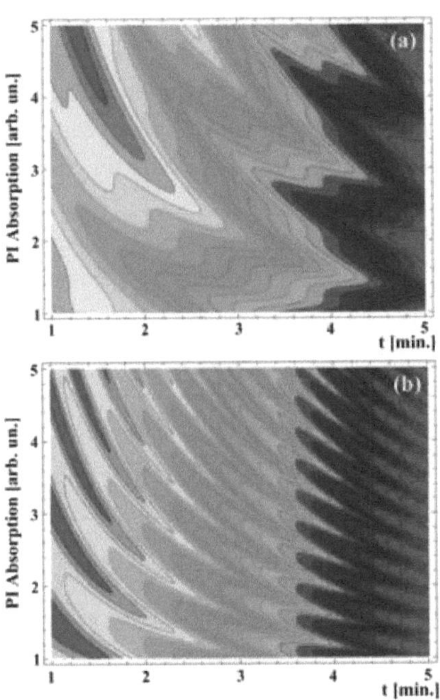


Fig. 6-20. Cinética de absorção fotoinduzida para: a) CuInS$_2$ , e b) Cu ZnSnS nanofilmes[24]

As linhas de absorção fotoinduzida formam quase-grades simples (Fig. 6-20) que indicam a possível polarização fotoinduzida dos materiais e a interferência coerente interna. Cores diferentes indicam magnitudes diferentes de absorção fotoinduzida, o que mostra uma diferença significativa entre $CuInS_2$ e $Cu\ ZnSnS_{24}$. Assim, foi estabelecida a possibilidade de aumentar a eficiência da conversão de energia solar sob a influência de luz laser externa para as camadas de calcogenetos de $CuInS_2$ e $Cu\ ZnSnS_{24}$ [269]. O efeito é causado por um aumento da absorção efectiva, que se deve a um aumento da fotopolarização. Por conseguinte, para as células solares que contêm nanocristalitos de calcogenetos, é possível obter um certo aumento da eficiência de conversão utilizando a irradiação externa de laser estimulada por laser [270].

O processo é relativamente lento para os nanocompósitos $CuInS_2$, e as gamas de absorção são mais suaves. Este facto deve-se aos diferentes momentos de dipolo locais do estado fundamental destes compostos. Por exemplo, o papel dominante no caso de $Cu\ ZnSnS_{24}$ NCs pertence às unidades $[SnS_4]$ com ligação predominantemente covalente. Esta elevada covalência provoca uma resposta mais rápida ao campo polarizado externo. As ligações são mais iónicas no caso do $CuInS_2$, o que provoca alguma polarização local.

De acordo com os resultados, é de esperar que os processos fotoinduzidos sejam mais rápidos para os NCs dos compostos do primeiro grupo (estruturas derivadas do tipo $GeSe_2$ em que os tetraedros formam uma estrutura 3D indicando uma grande componente de ligação covalente) do que para o segundo grupo (empacotamento fechado de tetraedros em torno de catiões indicando uma maior fração de ligação iónica).

A investigação realizada abre uma nova perspetiva sobre a utilização de material calcogeneto sintetizado uma vez em diferentes dispositivos devido a alterações das constantes ópticas controladas por laser. Anteriormente, acreditava-se que cada cristal crescido tem parâmetros ópticos fixos que não mudam ou mudam apenas um pouco durante a operação. Os nossos estudos demonstraram a capacidade de alterar estes parâmetros, até um certo grau, sem a necessidade de crescimento de novos cristais.

**Referências ao capítulo 6**

23  Plasmões de comutação: Aglomerados de nanopartículas de
7   ouro com casca de cobre e calcogeneto com ressonâncias

Plasmónicas NIR selecionáveis de metal/semicondutor / M. A. H. Muhammed, M. Döblinger, J. Rodríguez-Fernández. *J. Am. Chem. Soc.* 2015. Vol. 137, P. 11666-11677

23 Progresso em piezotrónica e piezo-fotónica. / Z. L. Wang, *Adv.*
8   *Mater.* 2012. Vol. 24. 4632-4646.

23 Propriedades piezoeléctricas e elásticas da cerâmica vítrea ZnF
9   $-PbO-TeO_{22}$ : $TiO_2$ / N. Narasimha Rao, I. V. Kityk, V. Ravi Kumar, P. Raghava Rao, B. V. Raghavaiah, P. Czaja, P. Rakus, N. Veeraiah / *J. Non-Cryst. Solids.* 2012. Vol. 358. P. 702-710.

24 Crescimento e caraterísticas piezoeléctricas de cristais de $La_2$
0   CaB $O_{1019}$ dopados com iões $Pr^{3+}$ / K. Ozga, A. Majchrowski, N. AlZayed, E. Michalski, L. Jaroszewicz, P. Rakus, I. V. Kityk, M. Nabialek, M. Szotaf . *J. Cryst. Growth.* 2012. Vol. 344. P. 27-30.

24 Polarização eléctrica induzida pela orientação ótica de centros
1   dipolares em piezoeléctricos não polares. A. Grachev, A. Kamshilin. *Opt. Express.* 2005. Vol.13, № 21. P. 8565-8570.

24 Reação de permuta catiónica foto-induzida de nanocristais de
2   calcogenetos de germânio sintetizados por reação de fotólise a laser em fase gasosa / Yoon Myung, Hyung Soon Im, Chang Hyun Kim, Chan Su Jung, Yong Jae Cho, Dong Myung Jang, Han Sung Kim, Seung Hyuk Back e Jeunghee Park . *Chem. Commun.* 2013. Vol. 49. P. 187-189.

24 Vidros calcogenetos em optoelectrónica. / A. M. Andriesh
3   *Semiconductors.* 1998. Vol. 32, № 8. P. 867-872.

24 Mecanismo de efeitos ópticos reversíveis fotoinduzidos em As
4   amorfo $S_{23}$ . / O. I. Shpotyuk, J. Kasperczyk, I. V. Kityk. *J. Non-Cryst. Solids.* 1997. Vol. 215, № (2-3). P. 218-225.

24 Não linearidades ópticas em vidros calcogenetos e suas
5   aplicações. / A. Zakery, S. R. Elliott Berlim : Springer-Verlag Berlin and Heidelberg GmbH Co., 2007. 202 p.

24 Efeitos foto-induzidos no vidro e vitrocerâmica $GeS_2$
6   estimulados por lasers verdes e de infravermelhos / B. Xue, V. Nazabal, M. Piasecki, L. Calvez, A. Wojciechowski, P. Rakus, P. Czaja, I. V. Kityk. *Mater. Lett.* 2012. Vol. 73. P. 14-16.

24 Monserrat B., Engel E. A., Needs R. J. Interações elétron-fônon
7 gigantes em cristais moleculares e a importância do acoplamento não quadrático. *Phys. Rev. B.* 2015. Vol. 92. P. 140302.

24 Um novo efeito da piezoeletricidade induzida pelo laser $CO_2$ em
8 cristais de calcogenetos $Ag_2 Ga_2 SiS_6$ / O. V. Parasyuk, G. L. Myronchuk, A. O. Fedorchuk, A. M. El-Naggar, A. Albassam, A. S. Krymus, I. V. Kityk. *Crystals.* 2016. Vol. 6. P. 107 (12pp).

24 Cristais de $Tl_4 SnS_3$ , $Tl_4 SnSe_3$ e $Tl_4 SnTe_3$ como novos
9 materiais optoelectrónicos induzidos por infravermelhos / I. Barchij, M. Sabov, A. M. El-Naggar, N. S. AlZayed, A. A. Albassam, A. O. Fedorchuk, I. V. Kityk. *J. Mater. Sci. Mater. Electron.* 2016. Vol. 27. P. 3901-3905.

25 Fotocondutividade e piezoeletricidade operada por laser nos
0 cristais Ag-Ga-Ge-(S,Se) e soluções sólidas / M. El-Naggar, A. A. Albassam, G. L. Myronchuk, O. V. Zamuruyeva, I. V. Kityk, P. Rakus, O. V. Parasyuk, J. Jędryka, V. Pavlyuk, M. Piasecki. *Mater. Sci. Semicond. Process.* 2018. Vol. 86. P. 101-110.

25 Caraterísticas específicas da fotocondutividade e da
1 piezoeletricidade fotoinduzida em cristais dopados com $AgGaGe_3 Se_8$ / I. V. Kityk, G. L. Myronchuk, O. V. Parasyuk, A. S. Krymus, P. Rakus, A. El- Naggar, A. Albassam, G. Lakshminarayana, A. O. Fedorchuk. *Opt. Mater.* 2017. Vol. 63. P. 197-206.

25 Efeito piezo-ótico fotoinduzido em filmes de ZnO dopados com
2 Er. / T. M. Williams, D. Hunter, A. K. Pradhan, e I. V. Kityk. *Appl. Phys. Lett.* 2006. Vol. 89. P. 043116.

25 Geração de segundo harmónico estimulada por IV em vidros $Sb_2$
3 $Te_2 Se\text{-}BaF \text{-}PbCl_{22}$ . / I. V. Kityk. *J. Mod. Opt.* 2004. Vol. 51. P. 1179-1189.

25 Efeitos piezoeléctricos induzidos por laser em cristais de
4 calcogenetos / I. V. Kityk, N. AlZayed, P. Rakus, A. A. AlOtaibe, A. M. El-Naggar, O. V. Parasyuk. *Physica B.* 2013. Vol. 423. P. 60-63.

25 Alteração das propriedades ópticas induzida por laser em
5 películas finas de calcogenetos $Sb S_{1040} Se_{50}$ : Uma investigação

através de medições FTIR e XPS / R. Naik, S. Jena, R. Ganesan, N. K. Sahoo. *Phys. Status Solidi B*. 2014. Vol. 251. P. 661-668.

25 6 Piezoeletricidade induzida por laser em monocristais de calcogenetos $AgGaGe_{3-x} Si_x Se_8$ / W. Kuznik, P. Rakus, K. Ozga, O. V. Parasyuk, A. O. Fedorchuk, L. V. Piskach, A. Krymus e I. V. Kityk. *Eur. Phys. J. Appl. Phys.* 2015. Vol. 70. P. 30501.

25 7 Caraterísticas induzidas por infravermelhos dos semicondutores cristalinos $AgGaGeS_4$ / G. Ye. Davydyuk, G. L. Myronchuk, G. Lakshminarayana, O. V. Yakymchuk, A. H. Reshak, A. Wojciechowski, P. Rakus, N. AlZayed, M. Chmiel, I. V. Kityk, O. V. Parasyuk. *J. Phys. Chem. Solids*. 2012. Vol. 73, № 3. P. 439-443.

25 8 Secção isotérmica do sistema Ag S-PbS-$GeS_{22}$ a 300 K e a estrutura cristalina de Ag $PbGeS_{24}$ / Y. Kogut, A. Fedorchuk, A. Zhbankov, Y. Romanyuk, I. Kityk, L. Piskach, O. Parasyuk. *J. Alloy. Compd.* 2011. Vol. 509. P. 4264-4267.

25 9 Birrefringência em cromóforo convidado-hospedeiro contendo Ru induzida por campo acústico / G. Lemercier, C. Andraud, I. V. Kityk, J. Ebothe, B. Robertson. *Chem. Phys. Lett.* 2004. Vol. 400. P. 19-22.

26 0 Síntese e estrutura de novos cristais $Ag_2 Ga_2 SiSe_6$ : materiais promissores para a gravação dinâmica de imagens holográficas / O. V. Parasyuk, V. V. Pavlyuk, O. Y. Khyzhun, V. R. Kozer, G. L. Myronchuk, V. P. Sachanyuk, G. S. Dmytriv, A. Krymus, I. V. Kityk, A. M. El-Naggar, A. A. Albassamh e M. Piasecki. *RSC Adv.* 2016. Vol. 6. P. 90958-90966.

26 1 Síntese e propriedades de cristais Sn $P_{22} Se_6$ de dimensão nanométrica incorporados em hospedeiros fotopoliméricos / I. V. Kityk, R. I. Mervinskii, J. Kasperczyk, S. Jossi. *Mater. Lett.* 1996. Vol. 27, № 4-5. P. 233-237.

26 2 Influência dos tamanhos das nanopartículas na absorção foto-induzida de nanocompósitos de vidro La-Ga-S-O-Dy / G. Lakshminarayana, K. Rusek, A. M. El-Naggar, A. A. Albassam, M. Kolcun, G. Myronchuk. *Physica E*. 2016. Vol. 81. P. 290-293.

263 Demonstração de uma célula fotoelectroquímica CZTS bifacial sintetizada por sol-gel. / P. K. Sarswat, M. L. Free. *Phys. Status Solidi A.* 2011. Vol. 208, № 12. P. 2861-2864.

264 Preparação e caraterização de um novo $CuInS_2$ . / H. Cherfouh, T. Chari, A. Guermoune, M. Siaj, B. Marsan. Elétrodo compósito de grafeno, para aplicação em células solares electroquímicas: Actas da 219ª Reunião da Sociedade Eletroquímica (ECS), 1870, Curran Associates, Nova Jersey, 2011.

265 Estudo dos níveis de armadilha por técnicas eléctricas em películas finas de $CuInSe_2$ *do tipo p* preparadas por deposição em banho químico / N. A. Zeenath, P. K. V. Pillai, K. Bindu, M. Lakshmy, K. P. Vijayakumar. *J. Mater. Sci.* 2000. Vol. 35, № 10. P. 2619-2624.

266 Avaliação da fotoactividade da camada de depleção em películas finas de $Cu\ ZnSnS_{24}$ . / P. K. Sarswat, M. L. Free *Thin Solid Films.* 2012. Vol. 520, № 13. P. 4422-4426.

267 Captura de luz em células solares plasmónicas ultrafinas / V. E. Ferry, M. A. Verschuuren, H. B. T. Li et al. *Opt. Express.* 2012. Vol. 18, № 13. P. A237-A245.

268 Ebrahim S., Morsi I., Soliman M. M. A novel $CuInS_2$ . Polyaniline base heterojunction solar cell, in: Actas da Conferência Internacional sobre Automação e Sistemas de Controlo (ICCAS'10), IEEE, Gyeonggi-Do, 2010. P. 366-369.

269 Funcionamento fotoinduzido por absorção do nanocristalito de calcogeneto que contém células solares / M. El-Naggar, A. Albassam, K. Ozga, J. Jedryka, M. Szota, G. Myronchuk. *Arch. Metall. Mater.* - 2016. - Vol. 61, № 4. - P. 1953-1956.

270 Chalcogenetos materiais para termoeletricidade, células solares e detectores de radiação / M. Piasecki, I. V. Kityk, I. Barchiy, G. L. Myronchuk, O. V. Parasyuk, O. Y. Khyzhun, A. O. Fedorchuk, M. G. Brik. Conferência Internacional de Física, Roménia, Timisoara, 26-28 de maio, Timisoara: Universidade Ocidental de Timisoara, 2016. CM-I01

# I want morebooks!

Buy your books fast and straightforward online - at one of world's fastest growing online book stores! Environmentally sound due to Print-on-Demand technologies.

Buy your books online at
**www.morebooks.shop**

Compre os seus livros mais rápido e diretamente na internet, em uma das livrarias on-line com o maior crescimento no mundo! Produção que protege o meio ambiente através das tecnologias de impressão sob demanda.

Compre os seus livros on-line em
**www.morebooks.shop**

Printed by Books on Demand GmbH, Norderstedt / Germany